国家"十二五"重点图书

规模化生态养殖技术丛书

规模化生态蛋鸡养殖技术

郑长山　谷子林　主编

中国农业大学出版社

·北京·

内 容 简 介

本书简要介绍了国内外生态养鸡技术的生产现状及发展趋势,从生态养鸡适宜品种选择、生态养鸡场建设、营养与饲料配制、生态养殖技术、卫生消毒与防疫、环境保护技术、产品认证、生态养殖投资效益分析等内容。作者针对我国生态养鸡的现状好纯在问题,结合自己多年的生产实践经验及科研成果,吸纳了国内外先进适用的技术,从多方面阐述了生态养鸡新的技术及相关新理念,对生态养鸡具有较强的指导意义。本书适合生态养鸡场(户)、基层畜牧兽医技术人员和农业院校的相关师生阅读参考。

图书在版编目(CIP)数据

规模化生态蛋鸡养殖技术/郑长山,谷子林主编,—北京:中国农业大学出版社,2012.8

ISBN 978-7-5655-0565-2

Ⅰ.①规… Ⅱ.①郑… ②谷… Ⅲ.①卵用鸡-饲养管理 Ⅳ.①S831.4

中国版本图书馆 CIP 数据核字(2012)第 155674 号

书　名	规模化生态蛋鸡养殖技术
作　者	郑长山　谷子林　主编

策划编辑	林孝栋　赵　中	责任编辑	石　华
封面设计	郑　川	责任校对	陈　莹　王晓凤
出版发行	中国农业大学出版社		
社　址	北京市海淀区圆明园西路 2 号	邮政编码	100193
电　话	发行部 010-62818525,8625	读者服务部	010-62732336
	编辑部 010-62732617,2618	出 版 部	010-62733440
网　址	http://www.cau.edu.cn/caup	E-mail	cbsszs @ cau.edu.cn
经　销	新华书店		
印　刷	涿州市星河印刷有限公司		
版　次	2013 年 1 月第 1 版　2014 年 9 月第 5 次印刷		
规　格	880×1 230　32 开本　11 印张　300 千字		
印　数	61 201～68 200		
定　价	20.00 元		

主　编　郑长山　谷子林

副主编　魏忠华　李　英　李　茜

编　者　（以姓氏笔画为序）

孙凤莉　许书长　谷子林　吴秀楼　李　英

李　茜　李建明　李海涛　陈　辉　郑长山

侯海锋　赵　超　赵慧秋　曹建新　葛　剑

墨锋涛　魏忠华

总　序

　　改革开放以来，我国畜牧业飞速发展，由传统畜牧业向现代畜牧业逐渐转变。多数畜禽养殖从过去的散养发展到现在的以规模化为主的集约化养殖方式，不仅满足了人们对畜产品日益增长的需求，而且在促进农民增收和加快社会主义新农村建设方面发挥了积极作用。但是，由于我们的畜牧业起点低、基础差，标准化规模养殖整体水平与现代产业发展要求相比仍有不少差距，在发展中，也逐渐暴露出一些问题。主要体现在以下几个方面：

　　第一，伴随着规模的不断扩大，相应配套设施没有跟上，造成养殖环境逐渐恶化，带来一系列的问题，比如环境污染、动物疾病等。

　　第二，为了追求"原始"或"生态"，提高产品质量，生产"有机"畜产品，对动物采取散养方式，但由于缺乏生态平衡意识和科学的资源开发与利用技术，造成资源的过度开发和环境遭受严重破坏。

　　第三，为了片面追求动物的高生产力和养殖的高效益，在养殖过程中添加违禁物，如激素、有害化学品等，不仅损伤动物机体，而且添加物本身及其代谢产物在动物体内的残留对消费者健康造成严重的威胁。"瘦肉精"事件就是一个典型的例证。

　　第四，由于采取高密度规模化养殖，硬件设施落后，环境控制能力低下，使动物长期处于亚临床状态，导致抗病能力下降，进而发生一系列的疾病，尤其是传染病。为了控制疾病，减少死亡损失，人们自觉或不自觉地大量添加药物，不仅损伤动物自身的免疫机能，而且对环境造成严重污染，对消费者健康形成重大威胁。

　　针对以上问题，2010年农业部启动了畜禽养殖标准化示范创建活动，经过几年的工作，成绩显著。为了配合这一示范创建活动，指导广大养殖场在养殖过程中将"规模"与"生态"有机结合，中国农业大学出版社策划了《规模化生态养殖技术丛书》。本套丛书包括《规模化生态蛋鸡养殖技术》、《规模化生态肉鸡养殖技术》、《规模化生态奶牛养殖技术》、《规模化生态肉牛养殖技术》、《规模化生态养羊技术》、《规模化生态养兔技术》、《规模化生态养猪技术》、《规模化生态养鸭技术》、《规模化生态养鹅技术》和《规模化生态养鱼技术》十部图书。

《规模化生态养殖技术丛书》的编写是一个系统的工程,要求编著者既有较深厚的理论功底,同时又具备丰富的实践经验。经过大量的调研和对主编的遴选工作,组成了十个编写小组,涉及科技人员百余名。经过一年多的努力工作,本套丛书完成初稿。经过编辑人员的辛勤工作,特别是与编著者的反复沟通,最后定稿,即将与读者见面。

细读本套丛书,可以体会到这样几个特点:

第一,概念清楚。本套丛书清晰地阐明了规模的相对性,体现在其具有时代性和区域性特点;明确了规模养殖和规模化的本质区别,生态养殖和传统散养的不同。提出规模化生态养殖就是将生态养殖的系统理论或原理应用于规模养殖之中,通过优良品种的应用、生态无污染环境的控制、生态饲料的配制、良好的饲养管理和防疫技术的提供,满足动物福利需求,获得高效生产效率、高质量动物产品和高额养殖利润,同时保护环境,实现生态平衡。

第二,针对性强,适合中国国情。本套丛书的编写者均为来自大专院校和科研单位的畜牧兽医专家,长期从事相关课程的教学、科研和技术推广工作,所养殖的动物以北方畜禽为主,针对我国目前的饲养条件和饲养环境,提出了一整套生态养殖技术理论与实践经验。

第三,技术先进、适用。本套丛书所提出或介绍的生态养殖技术,多数是编著者在多年的科研和技术推广工作中的科研成果,同时吸纳了国内外部分相关实用新技术,是先进性和实用性的有机结合。以生态养兔技术为例,详细介绍了仿生地下繁育技术、生态放养(林地、山场、草场、果园)技术、半草半料养殖模式、中草药预防球虫病技术、生态驱蚊技术、生态保暖供暖技术、生态除臭技术、粪便有机物分解控制技术等。再如,规模化生态养鹅技术中介绍了稻鹅共育模式、果园养鹅模式、林下养鹅模式、养鹅治蝗模式和鱼鹅混养模式等,很有借鉴价值。

　　第四,语言朴实,通俗易懂。本套丛书编著者多数来自农村,有较长的农村生活经历。从事本专业以来,长期深入农村畜牧生产第一线,与广大养殖场(户)建立了广泛的联系。他们熟悉农民语言,在本套丛书之中以农民喜闻乐见的语言表述,更易为基层所接受。

　　我国畜牧养殖业正处于一个由粗放型向集约化、由零星散养型向规模化、由家庭副业型向专业化、由传统型向科学化方向发展过渡的时期。伴随着科技的发展和人们生活水平的提高,科技意识、环保意识、安全意识和保健意识的增强,对畜产品质量和畜牧生产方式提出更高的要求。希望本套丛书的出版,能够在一系列的畜牧生产转型发展中发挥一定的促进作用。

　　规模化生态养殖在我国起步较晚,该技术体系尚不成熟,很多方面处于探索阶段,因此,本套丛书在技术方面难免存在一些局限性,或存在一定的缺点和不足。希望读者提出宝贵意见,以便日后逐渐完善。

　　感谢中国农业大学出版社各位编辑的辛勤劳动,为本套丛书的出版呕心沥血。期盼他们的付出换来丰硕的成果——广大读者对本书相关技术的理解、应用和获益。

中国畜牧兽医学会副理事长　

2012 年 9 月 3 日

前　言

近年来,我国蛋鸡养殖业从农村家庭副业生产方式逐渐过渡到区域化、规模化、集约化的生产模式,在一些地方成为农民增收、农村经济持续稳定发展的助推剂,有力地促进了广大农村的经济发展,其产值占畜牧业产值的半壁江山。蛋鸡养殖业的快速发展,也带动了种植、饲料加工等相关行业的发展,成为促进农村经济和农民增收的重要力量。但"小规模,大群体"是我国蛋鸡养殖的主体生产方式。鸡场总体布局混乱、设施简陋、疾病频发、粪污问题突出,已成为制约蛋鸡业发展的重要因素。在这样的一个产业基础上,蛋鸡饲养业如何进行优化、提升和发展,是值得我们研究的一个重要问题。

随着我国人民生活水平的不断提高和农产品准入制度的实行,家禽生产标准化、清洁化问题凸现出来。一方面,人们为了身体健康,减少"病从口入",崇尚无公害食品,生产安全、优质的鸡蛋乃大势所趋。另一方面,欧、美、日等经济体早就实行农产品市场准入制度,无公害农产品成了进入市场的最低门槛。在国内,北京、上海已在全国率先实行了食用农产品质量安全市场准入。生产安全、优质畜禽产品和减少畜牧业对环境的污染已引起世界各国的重视。为促进我国蛋鸡产业的健康发展,必须改变思维定式,走生态畜牧业的发展道路。

为适应我国蛋鸡生态养殖的新形势,我们组织了一批长期从事蛋鸡生产的科技工作者,查阅了国内外有关生态养鸡的资料,并将近几年我们完成的河北省科技厅"绿色食品鸡蛋生产技术体系"、"有机食品鸡蛋生产技术体系"、"北方土石区县域百万生态养鸡规范化技术开发与示范"、"蛋鸡规模化健康养殖关键技术集成与示范",农业部公益性科研专项"优质土鸡蛋生产关键技术研究与示范"和"国家蛋鸡产业技术体系"等研究成果收录本书。本书集规模化生态养鸡理论、养殖技术、

1

生态环境保护及产品认证于一体,内容新颖,技术先进,实用性强,是目前生态养鸡方面较系统、全面的专著。本书对科研人员、大专院校师生、生产技术人员具有重要的参考价值。

在完成相关科研项目和编写本书过程中,有诸多专家提出了宝贵意见,在此一并致谢。

由于蛋鸡规模化生态养殖这项新技术尚待不断完善及系统化,限于作者水平,书中不妥之处,敬请同行和广大读者批评指正。

编　者

2012 年 5 月

目　录

第一章

蛋鸡规模化生态养殖投资效益分析

导　读　本章介绍了中小鸡场的定义、鸡场生产力的计算方法，笼养蛋鸡生态养殖投资效益分析、放养蛋鸡生态养殖投资效益分析，以及提高生态蛋鸡养殖效益的思路。

第一节　中小鸡场的定义及其生产力概念

一、中小鸡场规模的定义

养鸡规模是一个相对的量的概念，不同时期、不同地区、不同品种，甚至不同饲养方式有不同的定义。目前为止也没有一个统一的说法。根据现阶段我国养鸡产业发展状况，结合多数农村家庭养鸡的实际，中小规模鸡场定义为，以产蛋商品鸡为单位，笼养蛋鸡饲养规模在 1 万～3 万只，生态放养在 5 000 只左右。

之所以这样定义,第一,目前我国多数家庭鸡场以这样的规模居多;第二,这样的规模的效益比较理想,适应了当前生产力水平;第三,这样的规模,以家庭为主体,利用家庭的主要劳动力,在不雇工或少雇工的前提下,使鸡场正常运转。即通过简单的劳动组合获得较高的劳动效率和效益。

二、鸡场生产力的计算方法

作为以产蛋为主要生产方向的鸡场,经济效益的获得涉及以产蛋为主的多性能项目的统计,如:开产日龄、产蛋量、产蛋率、蛋重、总产蛋量、产蛋期体重、产蛋期料蛋比、产蛋期存活率等指标。

(1)开产日龄 ①对个体来说,开产日龄是从初生雏孵出起,到产第 1 枚蛋止,这段时间的天数。②对群体来说,笼养蛋鸡为产蛋率达到 50％的日龄,这种方法可以衡量鸡的早熟程度和饲养管理水平。③对以土鸡为主要鸡种的生态放养方式的鸡场来说,开产日龄是指群体产蛋率达到 5％的日龄。

(2)产蛋量 有 2 种表示方法,即入舍母鸡产蛋量和母鸡饲养只日产蛋量。

入舍母鸡产蛋量枚=统计期内总产蛋数(枚)÷入舍母鸡数(只)

母鸡饲养只日产蛋量枚=统计期内总产蛋量(枚)÷(统计期内累加饲养只日数÷统计期日数)

2 种表示方法具有不同的含义。入舍母鸡产蛋量不仅表示鸡群产蛋量的高低,还反映鸡群死亡淘汰的多少,是目前普遍采用的一种表示方法。母鸡饲养指日产蛋量将中途死亡和淘汰的鸡除掉,按照实际存栏的鸡数计算,反映的是鸡群的实际产蛋量,表明鸡的个体生产能力。但是,使用这种表示方法的越来越少。

(3)产蛋率 指母鸡统计期内产蛋百分比。用入舍母鸡产蛋率和饲养只日产蛋率表示。

入舍母鸡产蛋率＝统计期内总产蛋数（枚）÷（入舍母鸡数×统计期日数）×100％

饲养只日产蛋率＝统计期内总产蛋数（枚）÷统计期内累加饲养只日数×100％

（4）蛋重　指蛋的大小，以克为单位。①个体记录从42周龄开始连续称3个蛋求其平均数；②群体记录从42周龄开始连续称3天的蛋求其平均数。大型鸡场可以抽取5％，求平均数。

（5）总产蛋重　指一定时期内产蛋的总重量。

总产蛋重（千克）＝［蛋重（克）×产蛋量（枚）］÷1 000

（6）产蛋期体重　用开产体重和产蛋期末体重表示。称重时的数量不能少于100只，求其平均数，用克或千克表示。

（7）产蛋期料蛋比　指产蛋期耗料量与总产蛋重之比，单位均为千克。即每生产1千克鸡蛋所消耗的饲料量。

料蛋比＝产蛋期耗料量（千克）÷总产蛋重（千克）

（8）产蛋期存活率＝［入舍母鸡数－（死亡数＋淘汰数）］÷入舍母鸡数×100％　笼养蛋鸡饲养现代配套系蛋鸡，一般135～150日龄开产，200日龄左右达到产蛋高峰期，产蛋率维持在90％以上，一般达到10～17周，450日龄之后产蛋率迅速下降。因此，满足产蛋期的营养需求，保持良好的生产环境，减少应激，降低死淘率，延长产蛋高峰期，减缓产蛋率下降速度，是提高生产性能和养鸡效益的有效措施。

生态放养蛋鸡饲养的鸡种有两种类型，一种是地方良种，以充分利用其对环境的适应性、对恶劣条件的抗逆性以及优良的产品品质，但是其生产性能远远低于现代配套系。根据实践经验和生产调查，产蛋高峰期较配套系降低20～25个百分点；另一种是现代配套系。所选择的配套系体型较小，适应性和抗病力较强。但是，与笼养相比，其高峰期产蛋率低10～15个百分点。

限制生态放养鸡生产性能的因素主要是营养和环境。营养供应不足,运动消耗量过大,以及环境的变化和应激因素增多,极大地影响生态放养鸡生产性能。这也是生产过程中应该重视的问题。

第二节　笼养蛋鸡生态养殖投资效益分析

一、养殖周期

蛋鸡的饲养周期可分为两个阶段:前一阶段为生长期,即从孵化出雏到开产这一段时间,即 0～150 天,或 5 个月左右的时间;第二阶段为产蛋期,即从开始产蛋到最后被淘汰的时期,一般为 12 个月,即从 5 月龄开产到 17 月龄淘汰。

二、养殖成本

蛋鸡的养殖成本,可包括以下几部分:①雏鸡费。近年市场价格在 3.0 元/只左右。②饲料。饲料成本＝饲料消耗量×饲料价格。

(1)消耗量　①生长期(0～5 个月),根据以往生产经验,从育雏期到育成期 150 天,每只鸡大约消耗饲料 8.5 千克。②产蛋期(5～17 个月),平均每只鸡每天消耗饲料约 120 克,每月消耗 3.6 千克饲料,产蛋期一年(12 个月)一共消耗饲料 3.6 千克×12＝43.2 千克。③一只鸡一个生命周期共消耗饲料为 8.5 千克＋43.2 千克＝51.7 千克。

(2)饲料价格　近年饲料平均价格约 2.55 元/千克。饲料成本＝51.7×2.55＝131.835(元)

(3)防疫费　①生长期(0～5 个月)一般情况下,生长期 5 个月每只鸡的防疫费约 2.2 元/只。②产蛋期(5～17 个月),一般情况下,产蛋期免疫和药物使用较少,防疫费用在没有大的疫情发生的情况下,生长期 12 个月每只鸡的防疫费用约 1 元/只。因此，一只鸡一个养殖周期防疫费用合计约 2＋1＝3(元/只)。

(4)水、电费　0.5 元左右。

(5)总成本合计(未计人工成本)　在不计人工成本的前提下，蛋鸡养殖总成本＝雏鸡＋饲料＋防疫费＋水电费，即 3＋111.78＋3＋0.5＝118.28(元)。

三、养殖收益

(1)鸡蛋收入(蛋价×产蛋量)　平均每只蛋鸡在一个养殖周期内(17 个月)产蛋约 17 千克，按照近年市场普通鸡蛋的平均价格为 3.2 元/斤。鸡蛋收入＝34 斤×3.2 元/斤＝108.8(元)

(2)淘汰鸡收入　蛋鸡在 17 个月后，即产蛋 1 年后一般都要淘汰出售。近年平均价格，淘汰鸡毛重价格在 4 元/斤左右，淘汰鸡平均毛重约为 4 斤，淘汰鸡平均售价＝4×4＝16(元)

(3)鸡粪收入　鸡粪是优质的有机肥料。近年来我国各地大棚蔬菜和有机作物种植如火如荼开展，对有机肥料的需求日益增加，因此，呈现供不应求的状况。鸡粪的价格也逐年攀升。按照近年的平均价格计算，每立方米的售价在 65 元左右。根据生产经验，鸡粪便生产量与采食饲料量的关系：$X＝A×0.65÷1\,000$。式中，$X＝$粪便量(米^3)，$A＝$饲料采食量(千克)，0.65＝系数。按照每只鸡一个生命周期采食量 51.7 千克计算，其粪便生产量为 $X＝51.7×0.65÷100＝0.0\,336$ 米^3，每只鸡的粪便售价＝0.0 336×65 元＝2.18(元)。

(4)总收益合计　总收益合计＝鸡蛋收入＋淘汰鸡收入＋鸡粪收入，即 108.8 元＋16.0 元＋2.18 元＝126.98 元；一只蛋鸡毛收入＝总收益合计－成本，即 126.98 元－118.28 元＝8.7 元。如果一个 1 万只鸡的养殖规模，年毛收入在 87 000 元左右；若 3 万只规模，效益可达261 000 元。

由于设备投资差距较大，不同地区的劳动力成本也有较大的差异，因此,本计算方式没有将设备折旧和人员工资计算在内。如果按照一般的折旧和劳动力成本,一只鸡设备折旧 1 元,一个劳动力年 2 万元计算,1 万只鸡鸡场需要劳动力 1.5 人,3 万只需要 4 人,这样的规模一个生产周期利润分别达到 4.7 万元和 15.1 万元。

四、提高生态蛋鸡养殖效益的思路

以上是按照普通生产方式和普通鸡蛋及淘汰鸡的计算方式进行大体的效益估算。事实上,生态养鸡采用现代技术生产绿色鸡蛋,其鸡蛋的价格和淘汰鸡的价格会远远超过普通鸡蛋。按照较普通鸡蛋和淘汰鸡提高 30% 的价格计算,鸡蛋售价为 4.16 元/市斤,淘汰鸡售价 5.6 元/市斤。如果将鸡粪进行深加工生产花卉肥料,或复配成微量有机肥,价格要翻 2 番。①一只鸡一个生产周期生产的鸡蛋售价(元)= 34 斤×4.16 元/斤=141.44(元),②一只淘汰鸡的售价(元)=4 斤× 5.6 元/斤=22.4(元),③一只鸡一个生产周期生产肥料的售价(元)= 0.0 336米^3×65 元/米^3×4 斤=8.72(元)。如此计算,利用现代技术,同样饲养一只鸡,其效益会由 8.7 元提高到 54.28 元,一个万只鸡场年毛利 50 多万元,效益十分可观。

因此,建议鸡场进行绿色鸡蛋认证,对鸡蛋和鸡肉进行加工或包装,打入超市,其效益会显著提高。

第三节　放养蛋鸡生态养殖投资效益分析

一、养殖周期

生态放养鸡的饲养周期分为 3 个阶段:第一阶段为育雏期,与笼养蛋鸡相似,一般 6~8 周;第二阶段为放养前期,也称作育成期,从 8 周以后到 150 日龄;第三阶段为放养后期,也就是产蛋期,从 150 日龄到淘汰,可为 12 个月,也可提前,主要根据市场而定。

二、养殖成本

生态放养鸡的养殖成本,可包括以下几部分:①雏鸡费。与普通配套系商品代蛋鸡雏鸡略低或持平,按照 3.0 元/只计算。②饲料。饲料成本＝饲料消耗量×饲料价格。

(1)消耗量　①育雏期(0~7 周),育雏期的根据多年生产观察,以往生产经验,雏鸡生长到 7 周每只鸡可消耗饲料 725 克。②育成期(8 周至150 日龄),共计 101 天。放养鸡在此阶段可以充分利用野外天然草场的植物饲料资源和昆虫等动物性饲料,一般每天少量补充饲料。根据以往经验,该阶段每天的补充饲料数量每只鸡 25~55 克之间,平均按照 40 克计算。全程每只鸡消耗饲料 4 040 克。③产蛋期(5 月龄至淘汰),按照 17 月龄淘汰计算。产蛋期间每只鸡每天补充饲料一次(个别恶劣天气除外),每次补充饲料 90 克左右。共计消耗饲料 32 400 克。这样,全期消耗饲料量＝0.725＋4.04＋32.4＝37.165(千克)。

(2)饲料价格　生态放养鸡补充的饲料营养略低于笼养蛋鸡,因此价格也相应低一些,按照 2.25 元/千克计算即可。饲料成本＝37.165千克×2.25 元/千克＝83.62(元)。

(3)防疫费　生态放养鸡的免疫程序相对简单,免疫次数和用药量远远低于笼养蛋鸡。根据多年生产经验,一只鸡一个生产周期按照2.5 元计算即可。

(4)水、电费　其水电的用量也远远低于笼养,同样按照 0.5 元计算。

(5)总成本合计(未计人工成本)　在不计人工成本的前提下,生态放养鸡养殖总成本＝雏鸡＋饲料＋防疫费＋水电费,即 3 元＋83.62元＋2.5 元＋0.5 元＝89.62(元)。

三、养殖收益

(1)鸡蛋收入(蛋价×产蛋量) 在良好的生态放养条件下,一只鸡在一个养殖周期内(17个月)产蛋约170枚,约15.5市斤。按照近年市场土鸡蛋的平均价格为7元/斤。鸡蛋收入=15.5斤×7元/斤=108.5(元)。

(2)淘汰鸡收入 生态放养鸡,尤其是放养的土鸡,淘汰鸡受到市场青睐,价格远远高于笼养蛋鸡。按照近年的平均市场行情计算,淘汰鸡毛重价格在9元/斤左右,淘汰鸡平均毛重约为3.25斤,淘汰鸡平均售价=9×3.25=29.25(元)。

(3)鸡粪收入 生态放养鸡,白天在野外活动,夜间进入鸡舍。因此,其粪便直接肥田,提高放养场地的肥力。根据生产经验,其可收集的粪便约为笼养鸡的一半。为了计算的方便,每只鸡一个生产周期鸡粪售价按照1元计算即可。

(4)总收益合计 ①总收益合计=鸡蛋收入+淘汰鸡收入+鸡粪收入,即108.5元+29.25元+1元=138.75(元);②一只蛋鸡毛收入=总收益合计-成本,即138.75元-89.62元=49.13(元)。如果一个5 000只鸡的鸡场,年收入20多万元。

以上计算方法没有将设备折旧和劳动力投入计算在内。事实上,生态放养鸡的设备比较简单,但由于其野外放养,劳动力投入较大。一个5 000只规模的鸡场需要一个劳动力。按照年工资2万元计算,设备折旧按照每个生产周期0.5元计算,这样的鸡场一个生产周期利润17.5万多元。

四、提高生态蛋鸡养殖效益的思路

规模化生态放养鸡是近年来发展起来的新生事物,符合生态畜牧业的发展方向,更加迎合了广大消费者日益增长的优质动物性食品消费的欲望。其环境优良,饲料生态,鸡蛋和鸡肉质量上乘,是目前动物性食品中的佼佼者,价格不菲在情理之中。

为了提高生态放养鸡的经济效益,需进一步提供生态蛋鸡养殖增效的思路:①鸡蛋产量和质量取决于养殖环境。要选择可食牧草丰富的放养场地,以优质草场、林地和果园为较理想的放养场地。丰富优质的草地资源,可以降低饲料的补充量,提高鸡蛋质量。②鸡种的选择。优质地方品种和一些现代鸡种。一定适合放养方式,适应性和抗病力强,奔跑范围广。生产中发现,以现代鸡种与地方鸡种杂交生产的商品代,兼具产蛋性能、产品质量和适应性的优点。③环境和鸡蛋进行有机认证。经过认证的有机鸡蛋其市场销售价格远远高于普通鸡蛋价格。如果生态放养方式生产的鸡蛋按照普通鸡蛋去销售,是没有利润的。④产品包装和市场开发。通过不同形式和规格的包装,以满足不同消费人群的需求。由于生态放养生产的鸡蛋,特别是经过有机认证之后,其属于高档动物性食品,消费人群与普通鸡蛋大不相同,应该在市场开发方面下功夫,包括宣传和广告。

思考题

1. 中小鸡场是怎样定义的?

2. 鸡场生产力的计算方法有几种? 有何意义?

3. 笼养蛋鸡生态养殖投资效益如何?

4. 放养蛋鸡生态养殖投资效益如何?

5. 怎样提高生态蛋鸡养殖效益?

第二章

蛋鸡规模化生态养殖概述

导　读　本章介绍了我国蛋鸡养殖现状及国内外生态养殖的发展现状,并对蛋鸡生态养殖发展前景及我国鸡蛋产品消费特点、趋势进行了分析,对指导蛋鸡生态养殖具有重要的意义。

第一节　我国蛋鸡养殖现状

我国养鸡源于 7 000 多年前的新石器时代,历史悠久。但养鸡业长期以来由于一直是庭院散养、农家副业,历经天灾人祸,发展十分缓慢,新中国成立前夕全国仅有鸡 2.5 亿只。新中国成立后,养鸡业得到迅速发展。特别是 20 世纪 80 年代以来,随着改革开放的深入、人民生活水平的提高、先进科学技术的普及应用,我国养鸡业发展迅猛。2008年鸡蛋总产量达到 2 296.87 万吨(约占全球 40%),分别是 1949 年、1978 年鸡蛋总产量的 84.65 倍和 8.70 倍。随着鸡蛋产量的增加,蛋鸡产业产值也不断增加,2003 年突破千亿元大关后,目前已经形成种鸡、蛋鸡、鸡蛋零售、饲料、兽药疫苗相关产业年产值超过 3 500 亿元的庞大产业链。其主要特点有以下几点。

一、蛋鸡产业结构不断调整、优化

随着畜牧产业的快速发展,我国蛋鸡产业结构得到不断调整,结构优化,产业结构效率、产业结构水平不断提高。

近年来,在我国禽蛋产品中,鸡蛋产量占禽蛋总产量的比例稳定在 85%,其他禽蛋产量稳定在 15%(其中鸭蛋为 12%,鹅蛋和鹌鹑蛋等其他禽蛋产量比例稳定在 3%)。新品种的开发与引进,促进了禽蛋结构进一步优化,加速了禽蛋生产由传统的数量增长型向效益增长型过渡。

二、产品结构日趋多样化

总体看,我国居民鸡蛋消费结构比较单一,主要以鲜蛋消费为主,鲜蛋消费量占我国鸡蛋总产量的 90%,而鸡蛋加工不到 4%,其余作为鲜蛋出口或损失掉。但随着科学技术发展和消费者偏好变化,我国蛋鸡产业不断以市场为导向,鸡蛋产品结构不断优化且呈现多样性特点:一是鲜蛋产品的功能多样化。消费者在追求基本营养之外,对鲜蛋的功能追求也越来越普遍,从而促使高碘鸡蛋、富硒鸡蛋、高能鸡蛋、低胆固醇鸡蛋等鲜蛋的供给增加。二是鲜蛋的安全性能逐步增强,安全鸡蛋受到高收入消费者的青睐。目前,我国部分蛋鸡养殖场已经通过国家无公害、绿色和有机鸡蛋的生产认证,较之传统鸡蛋来说,安全鸡蛋的生产比例将越来越高。三是鸡蛋制品多样化。虽然我国鸡蛋加工转换程度较低,但鸡蛋制品加工的潜力却很大。目前我国加工蛋品种类主要有:液蛋制品(液全蛋、液蛋黄和液蛋白等)、冰蛋制品(冰全蛋、冰蛋黄、冰蛋白等)、干燥蛋制品(普通及加糖全蛋、蛋白及蛋黄粉等)以及鸡蛋深加工产品(溶菌酶、卵转铁蛋白、蛋清多肽、卵黄抗体、卵磷脂和卵高磷蛋白等)。

三、产业优势布局基本形成

(一)生产区域集中

我国蛋鸡主产区主要分布在华北、华东和东北地区等粮食主产区,其中鸡蛋产量排在前6位的省份是河北、河南、山东、辽宁、江苏和四川。在蛋鸡密集饲养区,生产方式落后,养鸡场、饲料加工厂、兽药销售点、鸡蛋经销商相互穿插,按照国家无公害标准很难找到符合条件的鸡场。近年来,由于密集养殖区鸡蛋市场价格波动幅度大、禽流感发病严重、运输费用增加、沿海地区进口饲料便宜、养鸡设施的改善等影响,北方许多原来养蛋鸡多的地方存栏量在迅速减少,如河北同比减少了10%以上;过去靠调进鸡蛋的地区,由于养殖技术的解决和地产鸡蛋价格贵的原因致使养殖量大幅增加,如广东、广西等地区。

(二)市场区域集中

近七、八年来,蛋鸡养殖呈全国性发展趋势,许多省份蛋鸡养殖发展迅速,基本形成了国内5大鸡蛋消费市场。根据2008年计算的各省城镇和农村居民人均户内鸡蛋消费量,我国鸡蛋消费市场主要集中于东北和华北地区。具体来说,目前按照户内人均消费量来看,我国的鸡蛋市场布局有以下特征:一是天津市、北京市、辽宁省、上海市,其人均户内鸡蛋消费量最高(11~16千克/人);二是山东省、黑龙江、江苏省、安徽省、河北省等,其人均户内鸡蛋消费量较高(7~11千克/人);三是吉林省、山西省、福建省、广东省、浙江省、河南省、重庆市(5~7千克/人);四是湖北省、内蒙古、陕西省、四川省、江西省、青海省、宁夏回族自治区、新疆维吾尔自治区、湖南省、云南省、广西壮族自治区、甘肃省、海南省及贵州省(2~5千克/人);五是西藏,人均年户内鸡蛋消费量最低,2008 年人均年鸡蛋消费量仅为 1.35 千克。

四、满足了消费者的营养需求,保障了食物安全

(一)满足了消费者的需求

随着蛋鸡产业快速发展,我国居民年人均鸡蛋占有量不断提高。2008 年我国人均年占有鸡蛋量达到发达国家水平(人均占有量为 17.3 千克),基本能保证我国每人每天消费一个鸡蛋。2008 年我国居民人均年消费鸡蛋 15.6 千克,平均每日消费 42.65 克鸡蛋,每日可从鸡蛋中获取蛋白质 5.33 克。

(二)为消费者提供了廉价的蛋白质

鸡蛋和猪肉、羊肉等畜产品为人类提供了动物蛋白。经过比较可看出,当前我国鸡蛋的蛋白质价格相对于猪肉、羊肉、牛肉和鸡肉来说,其价格仅仅为 0.064 元/克,分别是猪肉蛋白质价格的 29%,羊肉蛋白质价格的 34%,牛肉蛋白质价格的 28%,鸡肉蛋白质价格的 58%(表 2-1)。因此,蛋鸡产业的健康发展为我国消费者提供了廉价的蛋白质供给。

表 2-1　主要畜禽产品提供的蛋白质价格比较

项目	猪肉	羊肉	牛肉	鸡肉	鸡蛋
全国平均价格/(元/千克)	21.22	33.64	30.84	15.02	8.04
蛋白质含量/%	9.5	17.7	13.3	13.5	12.5
蛋白质价格/(元/克)	0.223	0.190	0.232	0.111	0.064

资料来源:价格来源于中国畜牧业协会发布的 2008 年 10 月中旬全国平均价格。

(三)产品质量安全程度不断提高

随着我国蛋鸡产业快速、稳步发展,鸡蛋产品质量安全监管不断加

强,有关法律法规、管理制度及技术标准不断完善,鸡蛋产品质量安全监控体系进一步健全,兽药和饲料添加剂管理力度进一步加大,有力地提高了我国鸡蛋产品质量的安全水平。

五、促进就业与农民增收

目前,我国蛋鸡产业从业人员约为 1 000 万人,年产值超过 1 500 亿元,还带动了饲料工业、兽药和疫苗生产、设备制造业等上、下游相关产业的发展,拓宽了社会从业人员就业渠道、增加了就业机会,缓解了中国目前的就业压力;同时,蛋鸡养殖业的发展为农民增收提供了良好的条件,农民养殖蛋鸡既可以防止荒废土地,又为当地的经济和产业的发展做了贡献,最重要的是农民收入的增加,有利促进了农村地区的稳定和发展。

第二节　蛋鸡生态养殖发展前景

一、蛋鸡生态养殖的概念

蛋鸡生态养殖就是从农业可持续发展的角度,根据鸡的生物学特性,运用生态学、营养学原理,将传统养殖方法和现代科学技术相结合,解决蛋鸡生产的生态环保、无公害、规模化、标准化、安全优质等问题,实现基础设施完善、管理科学、资源节约、环境友好、追求着产量、质量、效益和环境的统一,既要注重"安全和优质"双重质量保证,又要实现"环境与经济"双重效益。

蛋鸡生态养殖在生产中要兼顾"优质、高效、安全、生态",建立起规模化生态养鸡技术体系和生产体系。①技术方面要解决鸡种优选、饲养管理、营养调控、设施建设、健康保健、标准制定、实用生产模式等问题，形成一整套成熟的现代化生产技术；②生产方面要建立和完善良种繁育、饲料供应、设备生产、防疫灭病、产品加工、储运营销、经营管理、环境保护等产业链条，实现蛋鸡产业化生产。

二、蛋鸡生态养殖与以往蛋鸡养殖的区别

蛋鸡生态养殖既不是传统的柴（土）鸡散养，也有别于普通的蛋鸡笼养，它有以下特点。

（1）品种　并非都是配套系鸡种及传统的本地（土）鸡种，而是以"优质、高效"生产鸡蛋为目标的多种适宜品种，既包括国外引进的现代配套系鸡种、国产节粮型蛋鸡，又包括经过选育的地方鸡种。

（2）规模　笼养鸡，不是几百只、上千只的"小规模、大群体"饲养，而是单栋不少于 5 000 只，规模在万只及以上的适度规模养殖。放养鸡，不是一家一户十只八只的零星散养，而是以规模养殖为基础（上千只为起点）的饲养群体。

（3）鸡舍及设施　笼养鸡，采用半开放或密闭式鸡舍，自动供料、自动清粪、湿帘降温、乳头饮水。放养鸡，不是在庭院垒砌的传统的日出而起、日落而归的小鸡窝，而是在放养地建造的既可以防风避雨，又可以产蛋休息，还可以人工管理的鸡舍。

（4）饲料　笼养鸡按可消化氨基酸配制日粮，添加酶、益生元等无公害饲料添加剂，饲料"优质、安全"。放养鸡，并非完全靠鸡到外面自由采食野食，而是天然饲料和人工饲料相互补充，植物饲料、动物饲料和微生物饲料合理搭配的类天然饲料。

（5）防病　建立良好的疾病监测及防控体系，减少疾病的发生。

（6）管理　笼养鸡采取全进全出，管理科学、规范。放养鸡，不是只放不养的粗放管理，而是根据鸡的生物学特性、放养鸡的特殊规律、放养地的环境条件、季节气候等因素而设计的严格的管理方案，精细管理。

（7）组织　不是一家一户自发盲目发展，而是有组织、有计划地进行。既有政府的宏观指导，又有科技部门和科技人员的广泛参与，更有经济实体、龙头企业牵头，实施产供销一体化组织。

三、规模化生态养鸡发展前景

随着我国人民生活水平的不断提高和农产品准入制度的实行，鸡蛋生产标准化、清洁化问题凸显出来。一方面，人们为了身体健康，减少"病从口入"，崇尚无公害食品，生产安全、优质的鸡蛋乃大势所趋。另一方面，欧美日等经济体早就实行农产品市场准入制度，无公害农产品成了进入市场的最低门槛。在国内，北京、上海已在全国率先实行了食用农产品质量安全市场准入。生产安全、优质鸡蛋产品和减少畜牧业对环境的污染已引起世界各国的重视。蛋鸡业要顺应国际和国内市场对鸡蛋安全性和营养性的要求，采取针对性措施，加快原有蛋鸡生产方式的转型，尽快形成新型的生产方式，发展规模化生态养鸡。

规模化生态养鸡，鸡场周围生态环境良好，场区布局合理，设施配套齐全，饲养管理规范，鸡生产性能高，鸡蛋产品"优质、安全"，符合当前市场需求，具有广阔的发展前景。

第三节　国内外生态养殖的发展现状

一、国外生态养殖发展状况

20 世纪 90 年代中后期以来，国际上生态养殖的研究内容主要涉及养殖生态环境的保护与修复，疫病防治，绿色药物研发，优质饲料配制，产品质量安全等领域。

在国外，为提高劳动生产率，发达国家蛋鸡饲养业大都走过了从传统的农场户外(或庭院式)饲养到高度自动化的层架式鸡笼系统的演变过程，如今在某种程度上又要回归到自然放养的方式。如荷兰的鸡舍系统的变革，反映着人们"绿色意识"对蛋鸡饲养业的巨大影响。①荷兰对层架式鸡笼下方的传送带作了改进，使之能够对上面的鸡粪进行空气干燥，这样既可以降低鸡粪的运输成本、减少氨的排放，其余热还能改善鸡舍内的小气候。②机械化和计算机化在降低生产成本、增加每平方米生产能力方面起到了重要作用。③乳头饮水器提供饮用水，可以防止水的外溢和污染。④使用轨道自动上料车或按定时装置运转的自动链式饲喂器可以提高饲喂的自动化水平。⑤鸡笼产蛋计数器、饮水消耗计量器和自动化的笼养鸡称重等装置组成了一套高效的蛋鸡健康和生产能力的监测系统。

　　层架式鸡笼系统狭隘的空间，引起了人们关于家禽"福利"问题的争论。近年来消费者对较"人道"方式生产的鸡蛋需求量日益增长。为了使蛋鸡的生活条件更加符合"动物福利"标准，蛋鸡产业界在研究更适合鸡群生活习性的各种类型鸡舍，包括自由散养式鸡舍或栖架式鸡舍系统。如有一种新式的鸡舍已经试验了相当一段时间：它是一种更为"人道"的系统，在鸡舍的长廊上组装了几层架子，母鸡可在不同层架子之间自由走动，甚至还可在层架间飞来飞去。有人把这种新式鸡舍称为"鸟类饲养系统"。在铺有垫草的鸡舍里，养鸡密度每平方米最多为7只。这种新式鸡舍所产的鸡蛋，被认为是"自由放养"生产的鸡蛋。荷兰饲料生产商和供应商必须遵循"良好生产操作规范"(GMP)。为了确保饲料的安全性，饲料必须达到所有法定标准，达到 ISO 9001 质量体系认证标准及"危害分析和关键控制点"(HACCP)认证。

二、国内生态养殖发展状况

　　我国是蛋鸡养殖大国，也是传统养殖模式弊端的最大受害国。由于长期以来养殖基础设施差、基础理论研究薄弱、养殖技术及管理水平较低、盲目追求短期效益等原因,世界贸易壁垒的打破并未迅速给我国养殖业带来春天,相反一度刺激了我国低水平养殖的急剧膨胀,大量产品良莠不齐涌上市场,又在出口通道上遭遇绿色屏障;与此同时,随着人们食品健康消费意识的提高,"激素滥用、色素添加投喂、药残"等风波或传闻,让国人对鸡蛋消费产生疑虑。如果说 20 世纪 90 年代初暴发性疾病冲击波唤醒了国人的健康养殖意识,那么,日趋严重的生态危机、市场危机、诚信危机无异于当头棒喝,使越来越多的人清醒地认识到发展生态养殖、迎头赶超国际先进水平,是我国蛋鸡养殖业走出低谷的唯一出路。

近年来,我国蛋鸡生态养殖研究蓬勃发展,在优化养殖环境、疫病防治、优质饲料配制、药物及饲料添加剂监管等方面取得了一定成效。但是,我国蛋鸡生态养殖研究的广度与深度还十分有限,加上对生态养殖概念理解和认识上存在一定的片面与分歧,许多具体的"生态养殖模式"尚处于尝试、探索阶段。

三、我国的蛋鸡生态养殖与国外的差距

(一)基础设施、设备等条件差

我国蛋鸡养殖业尤其是工厂化养殖过程所用的设施条件还不够完善,机械化、自动化程度不够高,养殖污染物处理设备落后。国外有先进的工厂化养殖如自动化控制技术、污染物达标排放等。

(二)养殖技术落后

目前,我国养殖技术普遍落后,饲养管理水平低,饲料搭配不当利用率低,浪费严重,养殖污染严重。而国外大多采用转化效率高的优质配合饲料,饲养管理水平高。

(三)生态养殖的意识差、淡薄

国外发达国家的养殖与环境保护紧密结合起来,注重人类生存环境与养殖业的协调发展,早已形成生态养殖意识。而我国的养殖业普遍还处于粗放型养殖状态,养殖户的素质普遍还比较低,不注重养殖技术的提高,并且环保意识不够,生态养殖的意识不高。

第四节　我国鸡蛋产品消费特点及趋势

一、我国鸡蛋产品消费特点

我国是鸡蛋生产大国,总产量居世界第 1 位,但蛋的利用较单一。首先蛋品加工业还处于起步阶段。从世界蛋品产业结构来看,发达国家的蛋品加工量可占到鲜蛋总量的 50%,而我国的蛋品加工量还不到 4%,与发达国家相去甚远。小小一枚鸡蛋就可孕育一个生命,足可见其营养价值之高、系统之完善,可以说鸡蛋"浑身都是宝",但目前,我国对蛋品的利用主要还是以粗蛋消费为主。其次皮蛋、咸蛋、茶叶蛋、糟蛋等传统蛋制品在我国历史悠久,因其独特的风味特点和文化含蕴,深受消费者青睐,其销量仅次于鲜蛋的制品类型,也是我国蛋制品出口的主要形式。

二、我国鸡蛋产品消费趋势

随着科学技术发展和消费者偏好变化,我国蛋鸡产业不断以市场为导向,鸡蛋产品结构不断优化且呈现多样性特点。

(一)洁蛋:未来市场的主流

洁蛋是指带壳鲜蛋产出后,经过清洁、消毒、干燥、分级、涂膜保鲜、喷码等工艺进行特别处理的产品。它去除了脏蛋蛋壳上残留的粪便、泥土、羽毛、血斑等污染物,杀灭了蛋壳上部分残留细菌,延长了鲜蛋的货架期,有利于保护消费者的健康。一些发达国家,如美国、德国、日本规定蛋产出后必须经过处理,成为清洁蛋后才能进入市场流通,其清洁消毒率近100%。而目前我国市场上销售的大部分鲜蛋没有经过清洗,更谈不上消毒,蛋壳上有饲料、羽毛和粪便等污染物,还往往带有大肠杆菌和沙门氏菌等病菌,严重影响了鲜蛋的食用安全性,导致鲜蛋出口面临很严重的绿色壁垒问题。

在全球经济一体化的环境下,我国蛋品业面临的竞争越来越激烈,如何与国际接轨,突破这一绿色壁垒,湖北神丹公司率先将"洁蛋"概念引入中国,并开发了相应产品投放市场,开启了我国鲜蛋消费的新革命。2009年6月9日,保洁蛋湖北省地方标准评审会议召开。保洁蛋地方标准的拟定,不仅对全国鲜蛋健康消费、保洁蛋加工生产起到重要的推动作用,而且对维护消费者健康、控制危害社会公共安全的疫病传播也有重大意义。可以预见,随着洁蛋加工技术的普及与提高,人们健康消费理念的增强,洁蛋加工和消费将会是我国蛋品业发展的必然趋势。

(二)功能蛋

消费者在追求基本营养之外,对鲜蛋的功能追求也越来越普遍,从而促使高碘鸡蛋、富硒鸡蛋、高能鸡蛋、低胆固醇鸡蛋等鲜蛋的供给增加。

(三)安全鸡蛋

21世纪,食品安全问题已成为继人口、资源、环境问题后的第4大社会问题。"民以食为天,食以安为先",食品与人类的生存和健康密切相关。由于我国禽蛋产量巨大，食用人群广，有关蛋品安全问题时有发生，特别是三聚氰胺事件发生后，又相继在蛋品中检出。蛋品安全问题事件的发生，不仅严重危害人们的身体健康，也影响了人们对蛋品的消费和蛋品的进出口贸易。

截至 2007 年，我国现有与禽蛋生产、质量和安全相关的国家标准和行业标准 126 项，地方标准 134 项，专门针对禽蛋制定的标准仅 35 项。在禽蛋生产质量安全标准化体系建设方面仍存在诸多问题：①现行标准分布不平衡，体系不健全；②标准间重复现象严重；③部分标准的制定缺乏科学性、时效性；④与国际接轨不够等。2009 年 6 月 1 日，我国实施了新的"食品安全法"。新法律从食品的生产、销售、监管等环节为食品安全加上了重重保险，"从农田到餐桌"对食品安全进行全程控制，再次给我国的蛋品加工业提出了新的要求。目前，我国部分蛋鸡养殖场已经通过国家无公害、绿色和有机鸡蛋的生产认证，较之传统鸡蛋来说，安全鸡蛋的生产比例将越来越高。

(四)鸡蛋精深加工及副产物利用

虽然我国鸡蛋加工转换程度较低，但鸡蛋制品加工的潜力却很大。目前我国加工蛋品种类主要有：液蛋制品（液全蛋、液蛋黄和液蛋白等）、冰蛋制品（冰全蛋、冰蛋黄、冰蛋白等）、干燥蛋制品（普通及加糖全蛋、蛋白及蛋黄粉等）以及鸡蛋深加工产品（溶菌酶、卵转铁蛋白、蛋清多肽、卵黄抗体、卵磷脂和卵高磷蛋白等）。

事实上，仅将蛋品作为食用性鲜蛋加工销售，获得的利润十分有限。而对蛋品进行精深加工，从中提取活性物质，例如从蛋清中提取抗氧化肽、卵转铁蛋白、溶菌酶等，从蛋黄中提取卵磷脂、高磷蛋白、免疫球蛋白等，这些物质具有重要的生物活性，在食品医药等领域应用十分广泛。对于加工副产物——蛋壳、蛋壳上的残留蛋清和蛋壳膜来说，除了从蛋清中提取溶菌酶外，还可利用蛋壳中的无机钙生物置换成有机钙，从蛋壳膜中提取透明质酸、唾液酸等，这些物质在化工、化妆品、医药及食品行业亦有很高的应用价值，且国内外需求量很大。

对蛋品进行精深加工及副产物综合利用所产生的附加值远远高于鲜蛋销售可获得的利润,行业应加大蛋品深加工的力度,把"废品"变成新产品,实现利润的最大化。蛋品的精深加工及其副产物的利用,具有广阔的前景。需要注意的是目前国内绝大部分产品仍处于研究开发阶段,在看好其市场前景的同时,更应该注重产品品质的提高,包括产品的安全性、有效性和均匀性等,不能只顾眼前利益,而应将其作为可持续发展的产业来经营。

思考题

1.蛋鸡生态养殖的含义是什么?

2.蛋鸡生态养殖与以往蛋鸡养殖有何区别?

3.我国的蛋鸡生态养殖与国外的差距有哪些?

4.当前我国鸡蛋产品消费特点?今后的发展趋势是什么?

第三章

鸡蛋品质及影响因素

导　　读　鸡蛋品质受多种因素的影响。主要包括遗传因素的影响（如品种），环境因素引起的产蛋母鸡的生理状况、营养状况和健康状况的影响，集蛋频率、运输条件和贮存条件的制约等。

第一节　衡量鸡蛋品质的指标

一、质量性状

主要有蛋壳质量、蛋黄颜色、鸡蛋重量、蛋黄系数、鸡蛋哈氏单位等。

(一)蛋壳的质量

蛋壳的质量包括比重、蛋壳变形值、蛋壳厚度、蛋壳相对重、蛋壳强度等多项指标。良好的蛋壳质量有利于减少鸡蛋的破损率、提高种蛋的孵化率。蛋壳的厚度是衡量蛋壳质量的主要指标,正常的厚度为0.30～0.40毫米,厚度微小的变化对蛋壳破损率有很大的影响。蛋壳质量与蛋的入孵率及鸡苗质量有关,因而蛋壳质量是衡量种鸡、蛋鸡生产成绩好坏的十分重要的指标之一。

(二)蛋黄的颜色

这是一项与鸡蛋的营养成分没有直接关系的指标,但是随着人们消费水平的提高,消费者对食物的感官要求也不断提高,1981年国际标准将蛋黄色级为4～5的蛋规定为可食蛋,而出口要求蛋黄颜色达到8级以上才合格。为了迎合消费者的这种需要,采用技术手段提高蛋黄颜色是很有必要的。

(三)蛋黄系数

蛋黄系数的增加表明蛋黄的表面张力提高,是蛋黄膜坚固程度的体现。

(四)鸡蛋哈氏单位

蛋白质量是鸡蛋新鲜度的重要物质基础。通常用蛋白高度、哈氏单位、蛋白pH值3个指标来衡量鸡蛋的新鲜度。一般情况下,蛋白高度越高则表明鸡蛋越新鲜,但蛋白高度与鸡蛋大小有关,因此用哈氏单位来衡量鸡蛋新鲜度更具科学性。哈氏单位越高,表示蛋白黏稠度越好、蛋白品质越高。蛋白品质分级标准为:AA级,哈氏单位>72;A级,哈氏单位为60～72;B级,哈氏单位<60。

二、营养物质含量

营养物质含量主要有鸡蛋含水量、胆固醇含量、磷脂质含量、蛋白质含量、蛋黄相对重、全蛋中营养物质含量、氨基酸含量。

(一)鸡蛋含水量

鸡蛋含水量的高低是衡量鸡蛋营养含量的重要指标之一,鸡蛋含水量越高说明它的有价值部分越低,可购买性越差。

(二)胆固醇含量

胆固醇是细胞膜的重要组成成分,在生理状态下,主要参与组成细胞膜结构、细胞内通讯、电子传递并且还是生长发育的物质基础,因此,它是人类维持正常生理活动的必需物质。然而血液中胆固醇含量过高又会引起高血压、动脉粥样硬化等一系列心脑血管疾病。因此为了维护人体健康,保持机体内一定水平的胆固醇是必需的。西方国家对于胆固醇能够增加心脑血管疾病的发病率的研究早有报道,并且推荐人体每天摄入的胆固醇量以不超过 300 毫克为宜,而蛋黄中胆固醇含量约占蛋黄重的 4%,为 200～250 毫克/枚。

(三)磷脂质含量

磷脂质具有降低胆固醇、软化血管、降低血压、提高记忆力的效果,因此蛋黄中磷脂质的含量是评价鸡蛋优劣的重要指标之一。但多年来对蛋黄中磷脂质含量的研究比较少。

(四)蛋白质含量和蛋黄相对重

鸡蛋中含有丰富的优质蛋白质,有人认为鸡蛋中的蛋白质能够几乎全部被吸收利用。遗传因素、饲料中蛋白质水平是影响鸡蛋中蛋白质含量的主要因素。

蛋黄中的营养十分丰富,蛋黄相对重也是衡量鸡蛋营养价值的重要指标。蛋黄大则市场价值较高,受蛋品加工者的关注和消费者的欢迎。利用蛋黄比率作为选择性状不仅可以增加干物质的产量,也可以增加蛋黄重量。

(五)鸡蛋全蛋中营养物质含量

鸡蛋营养成分主要包括含水率、粗蛋白、粗脂肪、粗灰分、钙、磷和氨基酸的含量,属于鸡蛋的内在品质。

三、气味和滋味

气味和滋味指内容物的气味和滋味,涉及适口性,要求纯正、浓郁,无异味。

第二节　影响鸡蛋品质的因素

一、品种

蛋鸡的品种是影响鸡蛋品质的首要因素。不同品种或品系的鸡所产蛋的质量不同。地方品种,如柴鸡、乌鸡、绿壳蛋鸡等在生产优质鸡蛋方面,与外来品种,如海兰、罗曼等相比,具有显著优势。生产的鸡蛋具有蛋黄颜色鲜亮、磷脂质含量高、蛋黄相对较重的特点。蛋黄胆固醇含量报道不一,可能与饲养环境有关。

不同品种(品系)母鸡所产的蛋重也有差别。一般来说,中型蛋鸡比轻型蛋鸡产的蛋大;褐壳蛋系的蛋重大于白壳蛋系。不同品种蛋鸡所产的蛋,破损率差别较大,一般本地鸡低于国外引进鸡和杂交鸡;褐壳蛋系低于白壳蛋系。

　　郭春燕等(2007)作了 40 周龄尼克粉鸡、仿草鸡、青壳蛋鸡蛋品质测定。结果表明不同品种鸡蛋的蛋品质存在差异。①蛋黄颜色深浅依次为仿草鸡＞尼克粉鸡＞青壳蛋鸡，极显著差异($P<0.01$)；②蛋重，仿草鸡蛋及青壳蛋鸡蛋的分别为 48 克、41.5 克，显著低于尼克粉鸡蛋($P<0.01$)；③蛋黄比率，仿草鸡蛋 0.321 明显高于尼克粉鸡($P<0.01$)；④哈氏单位以青壳蛋鸡(68 周龄)最高($P<0.05$)，该性状的遗传力为 0.2～0.5，可通过育种提高哈氏单位。

　　王立克等(2005)测定了 32～36 周龄的蛋用罗曼褐鸡、淮南鸡、闽中麻鸡(培育品种)鸡蛋的营养成分。罗曼褐鸡和闽中麻鸡鸡蛋内的水分，分别比淮南鸡高 2.59 和 1.91 个百分点($P<0.05$)，结果说明淮南鸡鸡蛋的营养物质高于闽中麻鸡和罗曼褐鸡。①粗蛋白含量以淮南鸡最高，分别比闽中麻鸡、罗曼褐鸡高 0.23 和 0.67 个百分点($P>0.05$)。②淮南鸡、闽中麻鸡蛋内的粗脂肪含量分别比罗曼褐鸡高 2.91 和 2.14 个百分点($P<0.05$)。③胆固醇含量分别高 3.18 毫克/克(24.20％)和 2 156 毫克/克(19 148％)，差异显著($P<0.01$)。胆固醇含量和粗脂肪含量均以淮南鸡蛋最高，闽中麻鸡蛋次之，罗曼褐鸡蛋最低，见表 3-1。

表 3-1　品种间鸡蛋营养成分比较

项目	水分/％	粗蛋白/％	粗脂肪/％	胆固醇/ (毫克/克)	钙/％	磷/％
罗曼褐鸡	76.26± 0.06	51.39± 2.48	32.51± 0.94	13.14± 0.86[b]	0.39± 0.02	0.53± 0.05
淮南鸡	73.67± 0.34	52.06± 1.53	35.42± 0.31	16.32± 1.09[a]	0.38± 0.03	0.50± 0.03
闽中麻鸡	75.58± 0.83	51.83± 1.20	34.65± 2.53	15.70± 1.13[a]	0.40± 0.02	0.55± 0.06

注:除水分和胆固醇外，其他物质都是基于干物质的测定结果。

　　高素敏等(2008)测得，每枚卢氏绿壳鸡(地方品种)蛋中胆固醇含量为 197.38 毫克,低于鸡蛋胆固醇的平均含量 213 毫克的水平,比王立克等(2005)研究的罗曼褐鸡、闽中麻鸡、淮南鸡的鸡蛋分别低 23.63 毫克、43.93 毫克、30.38 毫克。

二、营养

在供给平衡蛋白质、能量日粮的情况下增加母鸡采食量可以提高蛋重。对在产蛋后期产特大蛋较多的品种、品系,降低日粮蛋白质水平可降低蛋重和提高蛋的均匀度。使用富含亚油酸的饲料原料,如红花籽油、玉米油、大豆油和棉籽油等,可以增加蛋重。

在一定范围内,鸡蛋的蛋白质含量随着饲料中赖氨酸的增加而增加。饲料中鱼粉、蚕蛹比例过大会使蛋中含有一些腥味,而棉籽饼过多则会使蛋黄会出现红色、绿色、褐色、黄绿色等杂色。

影响蛋壳质量的营养因素主要有钙、磷、钠、钾、氯、锰、铜、锌等矿物质及维生素 D 和维生素 C 等。①蛋鸡日粮一般应含钙 3.5%～4.5%,且需与磷保持适宜的比例(1.5～2)∶1;②锰、铁可促进蛋壳形成,缺乏时会影响蛋壳膜的形成;③铜过多会影响其他微量元素的平衡,过少则会造成蛋壳膜缺乏完整性、均匀性,在钙化过程中导致蛋壳起皱褶;④缺锌会使碳酸酐酶活性降低,导致蛋壳钙沉积不均而产砂皮蛋。

三、饲料

蛋黄呈现黄色,但深浅不一,从淡黄色到橘黄色不等,这主要与其含有色素的种类和数量有关。蛋黄中的色素主要是叶黄素,包括黄体素和玉米黄质等,前者呈黄色,后者呈橘红色。而这些色素主要来源于饲料,故饲喂黄玉米、苜蓿草粉、干藻粉等含叶黄素较高的饲料,蛋黄颜色较深,反之蛋黄颜色就会变淡。由于叶黄素溶于脂类,所以饲料中添加油脂有利于叶黄素在蛋黄中的沉积而增加蛋黄的颜色。在饲料中添加抗氧化剂,有利于防止色素氧化,提高色素对蛋黄的着色作用。在蛋鸡生产中,有时也添加人工合成色素,如辣椒红、叶黄体、紫黄质、玉米黄质等。

每吨饲料中含有 7～8 克叶黄素时,一般会有理想的蛋黄颜色;低于 5 克时,蛋黄颜色太浅。饲喂棉籽、饲料中脂肪过少、饲料中钙过多以及饲料经长期储藏而使天然色素减少等,都会造成蛋黄着色差。使用高水平维生素及日粮含有抗氧化剂时蛋黄颜色会加深。

四、饲养环境

(一)环境温度

①高温使蛋鸡的呼吸加快,二氧化碳排出量增多,降低蛋壳腺制造蛋壳的能力;②蛋鸡采食量减少,钙的摄取减少而磷的排泄量增多,结果血液酸碱不平衡,蛋壳变薄;③血液中游离钙与蛋白质和乳酸结合,引起血钙急剧下降,进而降低蛋壳质量。因此,饲养管理环境温度超过30℃,鸡蛋破损率增加。

(二)光照时间和强度

光照时间长短和强度大小,对蛋壳质量有明显影响。一般光照时间维持在 16～17 小时,突然换料、断料、断水、噪声、天气变化、鸡舍转群、疫苗接种、外界惊扰、密度过大等都会对鸡产生强烈应激反应,引起鸡体内的肾上腺素、皮质类固醇和可的松等激素水平的增高,造成产蛋下降,降低蛋壳质量。

(三)鸡舍设备状况

产蛋鸡舍设备状况可以影响蛋壳质量。鸡笼结构、鸡笼排列方式、集蛋系统和盛蛋容器等都对破蛋率有影响。机械集蛋较人工集蛋破蛋率高。浅型鸡笼鸡蛋从产蛋点到集蛋地带的距离短,所以破蛋率低。笼底坡度从 7°增加到 11°,破蛋率升高。但坡度过小,因蛋不易滚出,常被鸡踩破同样破蛋率升高。

(四)饲养方式

饲养方式能够影响鸡蛋品质。与笼养相比,林地、山场放养能够改善鸡蛋品质,在蛋壳厚度、蛋黄颜色、蛋黄中磷脂质含量和降低蛋黄含水量、蛋黄中胆固醇含量方面明显的优点。民间有家养柴鸡所产鸡蛋香味浓厚、营养丰富的说法就源于此。

五、健康状况

疾病是影响鸡蛋品质的一个重要因素。产蛋下降综合征会造成蛋鸡产无色蛋、薄壳蛋、软壳蛋、无壳蛋、畸形蛋等。褐壳蛋蛋壳表面粗糙,褪色,如白灰、灰黄粉样,蛋白呈水样,蛋黄色淡,有时蛋白中混有血液异物等。原因在于当病原体侵入鸡体后,可直接发生或继发引起不同程度生殖道病理变化,输卵管出现水肿、充血或出血,严重时造成坏死、黏膜上皮脱落,使蛋壳腺体合成和分泌钙及色素机能部分或完全丧失。几乎所有与呼吸系统有关的疾病都会影响褐壳蛋的颜色,并且还会影响蛋壳强度。

霉菌毒素中毒及患寄生虫病时会引起蛋黄色泽异常。发生腹泻性疾病时,会使泄殖腔被粪便污染而致蛋表面有粪迹,维生素 K、维生素 A 缺乏症可致卵巢或输卵管出血而产血斑蛋,鸡体内寄生虫如果在蛋形成时被包入蛋内,会产下含有寄生虫的蛋。

产蛋期间,预防治疗常发病或混合感染时投服的药物,如磺胺类、呋喃类、喹乙醇等,均会降低鸡体色素沉积能力,直接影响鸡蛋质量。

第三节 不同饲养方式对蛋品质的影响

一、不同饲养方式对鸡蛋主要质量性状的影响

我们选择 3 个不同蛋鸡品种(柴鸡、绿壳蛋鸡和农大褐 3 号),进行 2 种不同饲养方式(笼养和放养)的对比试验。饲养条件基本相同。结果如表 3-2 所示。

表 3-2 不同饲养方式下鸡蛋品质对比

品种	饲养方式	蛋重/克	蛋形指数	蛋黄颜色	蛋黄系数	哈氏单位	蛋壳厚度毫米	蛋壳相对重
柴鸡	笼养	43.38± 2.15	74.21± 2.84	8.40± 0.55	46.43± 1.89	92.19± 2.13	0.378± 0.024	10.65± 0.55
	放养	43.50± 1.83	74.38± 2.46	11.60± 0.89*	50.45± 2.22*	94.16± 3.04	0.417± 0.025*	11.42± 0.59
绿壳蛋鸡	笼养	48.41± 1.35	77.09± 0.62	6.20± 0.45	46.70± 0.37	96.34± 1.26	0.357± 0.009	11.22± 0.50
	放养	46.13± 1.45	75.11± 1.56	10.60± 0.55*	49.53± 2.42*	98.63± 2.81	0.418± 0.009*	11.38± 0.30
农大褐3	笼养	50.40± 3.20	78.52± 2.86	7.20± 0.84	45.01± 1.59	81.55± 3.21	0.334± 0.020	11.11± 1.03
	放养	46.38± 1.58*	74.93± 2.01	8.80± 0.45	49.78± 1.90*	84.42± 6.14	0.347± 0.017	11.93± 1.06

(一)放养对蛋壳质量的影响

我们的研究(2004)表明各品种放养鸡组的蛋壳厚度、蛋壳相对重均比对应的笼养组提高,其中柴鸡和绿壳蛋鸡蛋壳厚度提高均达到了

显著水平（$P<0.05$）。这是由于放养鸡组全部采用自然光照，而笼养鸡组采用自然光照和人工光照相结合的方式，因此放养鸡组在光照时间上要少于笼养鸡组，导致蛋在蛋壳腺中逗留的时间增长，从而改善了蛋壳质量。

影响蛋壳质量的营养因素有很多，其中主要有钙、磷、维生素、矿物质。钙是影响蛋壳质量的最主要营养因素，一般认为蛋鸡日粮中的钙含量在3％～4％是适宜的。若为提高蛋壳质量而将钙的供应量提高到超过鸡的需要量，只会使蛋壳质量更加糟糕，出现大量的沙壳蛋，而且蛋壳更加薄。蛋壳的质量不仅与日粮中钙的含量有关，还与钙源、钙原料的粒度、钙原料的饲喂时间有关。姚来顺等（1992）实验证明下午3:00一次性饲喂全日的耗料量，其蛋壳质量显著优于早上8:00一次性饲喂全日的耗料量。蒙吉恩等（1974）研究证明含不同钙水平的日粮在不同的时期饲喂，母鸡对钙的需要量和吸收量也明显不同。王晓霞等试验证明石粉粒度对蛋壳强度、蛋壳重及单位面积蛋壳重都有极显著影响。蛋壳的质量可因实行非24小时光照而得到显著改善，这是因为延长蛋的形成期可以改变排卵时间，蛋在蛋壳腺中逗留的时间比实行24小时光照多，蛋壳的钙化期延长的缘故。

在2004年我们研究表明，根据柴鸡产蛋率低、户外放养可自由采食野外食物的特点，可以将饲料中钙、磷含量分别降至2.8％和0.28％，并且证明该钙、磷含量能够满足放养柴鸡的生产需要，并且蛋壳质量均能够达到合格的水平。

（二）放养对蛋黄颜色的影响

饲料中的着色物质对蛋黄颜色的影响非常重要。这些着色物质主要是叶黄素类。叶黄素主要有黄体素、玉米黄质、隐黄素、柑橘黄素、虾黄素5种。其中黄体素、玉米黄质广泛存在于玉米蛋白粉、苜蓿粉、万寿菊粉等植物中，具有良好的着色效能。虾黄素存在于虾、蟹、牡蛎、昆虫等动物体内。

色素的吸收主要是在小肠进行的，叶黄素首先与胆盐结合，形成混合微胶粒,进入小肠黏膜表面静水层,一部分叶黄素在小肠黏膜中重新酯化,另一部分以扩散方式进入淋巴和血液循环,通过转运过程到达各个靶组织起着色作用。研究表明,蛋黄的色素沉积过程相对比较简单,色素被机体吸收后不发生任何结构改变直接转移到卵巢,在产蛋高峰期,从家禽肠道吸收的色素几乎不沉积到除蛋黄以外的其他任何组织,且均匀沉积到蛋黄中的色素表现相当稳定,几乎不发生任何化学变化。

蛋黄的颜色主要受遗传的影响和饲料中着色物质的影响。不同品种的鸡在色素的沉积上存在差异。程忠刚等(2001)认为叶黄素能否聚于表皮,由一对染色体基因(W—w)决定,显性基因 w 抑制叶黄素的沉积,使皮肤成为白色,隐性基因,则使皮肤成为黄色。吴孝兵(2002)认为来航鸡沉积色素的能力比白洛克强,新汉普夏鸡胫部颜色显著深于白洛克。

大量的研究表明,无论什么品种放养鸡的蛋黄颜色显著高于笼养鸡的蛋黄颜色。在我们的试验中柴鸡和绿壳蛋鸡放养显著优于笼养($P<0.05$),原因主要是放养鸡可以自由接触绿地,自由采食草料及一些富含角黄素的甲壳类、昆虫、蜘蛛等动物,同时比较低的产蛋率也为色素在蛋黄中的沉积提供了较长的时间。

(三)放养对鸡蛋蛋重、蛋黄系数的影响

现代鸡种放养组的蛋重明显低于对应的笼养组,这可能是由于放养条件下鸡群采食饲料具有随意性,往往造成营养的不足或不均衡所致。柴鸡(土鸡)和绿壳蛋鸡由于觅食能力强,放养对其蛋重影响不大。蛋黄系数的增加表明蛋黄的表面张力提高,是蛋黄膜坚固程度的体现,3 个品种情况相似,放养高于笼养($P<0.05$),说明放养条件下鸡体的健康状况要好于笼养。

(四)放养对鸡蛋哈氏单位的影响

3 个品种的共同特点是放养提高了哈氏单位,但差异不显著($P>$

0.05),这主要是由于鸡蛋中蛋白质的沉积与鸡自身对蛋白质的同质化能力有关,而这种能力主要是由遗传性能决定的。

二、不同饲养方式对鸡蛋主要营养物质含量的影响

我们测定了上述几种鸡蛋的主要营养物质含量,结果见表3-3。

表 3-3　不同饲养方式对鸡蛋主要营养物质含量的影响　　　%

品种	饲养方式	蛋清水分含量	蛋黄水分含量	蛋黄中胆固醇含量	蛋黄中磷脂质的含量	蛋清中蛋白质含量	蛋黄中蛋白质含量	蛋黄相对重
柴鸡	笼养	88.16±0.57	49.77±0.89	1.50±0.05	13.35±0.29	9.62±0.54	16.68±0.30	30.73±0.97
	放养	86.66±0.71*	47.40±0.90*	1.40±0.10*	14.51±0.47*	10.43±0.82*	17.28±0.41	32.20±1.10
绿壳蛋鸡	笼养	87.67±0.92	50.53±2.37	1.55±0.10	13.50±0.30	10.38±0.27	16.71±0.34	29.26±0.89
	放养	86.71±0.28	48.03±0.91*	1.33±0.08*	14.21±0.37*	10.54±0.38	17.38±0.43	30.55±1.65
农大褐3	笼养	88.10±0.56	51.39±3.88	1.59±0.11	9.50±0.90	9.53±0.22	13.44±1.88	26.92±2.21
	放养	86.21±1.72*	46.86±2.69*	1.46±0.08*	10.56±0.35*	10.41±0.40*	14.53±1.03	28.48±2.84

(一)放养对鸡蛋含水量的影响

放养鸡组的蛋清含水量均比对应的笼养鸡组降低,其中柴鸡和农大褐3号达到显著程度($P < 0.05$),蛋黄含水量放养鸡各品种显著低于笼养鸡($P < 0.05$)。这可能是因为笼养鸡的日饮水量高于放养鸡组的缘故。

(二)放养对蛋黄中胆固醇和磷脂质含量的影响

各品种的放养鸡的蛋黄中胆固醇含量均显著低于对应的笼养鸡

（$P<0.05$），这可能是由于放养鸡可以自由的采食绿草、甲壳类动物，从而增加了饲料中可溶性纤维、壳聚糖的含量，从而使蛋黄中胆固醇含量显著降低。

不同的饲养方式对蛋黄中磷脂质含量也有影响，我们的试验表明，各品种的放养鸡组均明显高于对应的笼养鸡组（$P<0.05$），其机理有待于进一步的研究。

（三）放养对鸡蛋中蛋白质含量和蛋黄相对重的影响

在我们的试验中，放养鸡的蛋清中蛋白质含量、蛋黄中蛋白质含量均高于笼养组，其中蛋清中蛋白质含量柴鸡和农大褐3号达到显著水平（$P<0.05$）。柴鸡和绿壳蛋鸡的蛋黄相对重高于农大褐3号。放养有提高蛋黄相对重的趋势，但均未达显著水平（$P>0.05$）。

（四）放养对鸡蛋全蛋中营养物质含量的影响

根据我们测定，放养的柴鸡蛋的干物质率显著高于现代笼养鸡（京白）鸡蛋（$P<0.01$），说明柴鸡蛋的含水量也低。放养柴鸡蛋的全蛋脂肪含量明显高于现代笼养鸡（京白）鸡蛋（$P<0.05$），萨希等（2002）认为脂肪主要存在于蛋黄中，产蛋率低的鸡，生长卵泡达到成熟时的时间长，即卵黄积累的过程需要的时间长，脂肪的含量可能与此有关。脂肪含量高，也是农村放养鸡的鸡蛋味道香的主要原因。柴鸡蛋的全蛋粗蛋白含量也较高（$P<0.05$），这可能是由于放养鸡产蛋率低，蛋白质沉积时间长的缘故，同时柴鸡蛋的含水量低也使得蛋白质含量相对升高。放养柴鸡蛋的粗灰分也显著高于现代笼养鸡（京白）蛋，但在钙、磷含量上两种鸡蛋无显著差异（$P>0.05$），这与王思珍等（2003）的报道相一致。具体结构如表3-4所示。

表 3-4　全蛋常规营养成分比较

项目	干物质率/%	粗蛋白/%	粗脂肪/%	粗灰分/%	钙/(毫克/千克)	磷/(毫克/千克)
柴鸡蛋（放养）	27.00±0.57**	12.75±0.37*	10.12±0.64*	1.90±0.29*	765.00±64.34	2070.40±61.57
现代笼养鸡蛋（京白）	25.54±0.12	12.14±0.18	9.13±0.18	1.13±0.11	746.20±45.90	2104.8±40.31

鸡蛋中总氨基酸含量现代笼养鸡（京白）稍高于柴鸡,结果如表 3-5 所示。这与表 3-4 中所测定的粗蛋白含量有差异,说明在柴鸡蛋的蛋白质中非氨基酸含氮物占有稍高的比例。

表 3-5　鸡蛋中氨基酸含量对比　　　　　　　　%

项目	现代笼养鸡（京白）	柴鸡（放养）	项目	现代笼养鸡（京白）	柴鸡（放养）
天冬氨酸	4.33	4.35	异亮氨酸	2.12	2.18
苏氨酸	2.23	2.15	亮氨酸	4.08	3.9
丝氨酸	2.44	2.37	酪氨酸	1.87	1.8
谷氨酸	2.39	2.76	苯丙氨酸	2.51	2.45
甘氨酸	1.45	1.44	赖氨酸	3.08	2.96
丙氨酸	2.81	2.82	组氨酸	1.04	1.25
胱氨酸	1.00	0.94	精氨酸	2.74	2.55
缬氨酸	3.27	3.49	脯氨酸	2.12	2.26
蛋氨酸	1.74	1.42	氨基酸总量	41.22	41.09

全蛋干样中总氨基酸含量现代笼养鸡（京白）要高于柴鸡,但谷氨酸含量柴鸡蛋要比现代笼养鸡（京白）鸡蛋高 15.48%,而谷氨酸是重要的风味物质,这可能是柴鸡蛋风味优于笼养鸡蛋的另一原因。

思考题

1. 衡量鸡蛋品质的指标有哪些?

2. 影响鸡蛋品质的因素有哪些?

3. 不同饲养方式对蛋品质有何影响?

第四章

蛋鸡生态养殖品种选择

导　　读　本章介绍了生态养殖鸡种选择原则、国外引进配套系蛋鸡种、国内培育配套系蛋鸡种、国内地方鸡种的外貌特征及生产性能。充分了解和掌握这些鸡的特性及性能，并根据当地的自然资源，选择适宜的生态养殖品种，对提高养殖效益具有重要的意义。

中国养鸡业的发展经历了传统的散养、笼养的过程，今后则以生态养殖为主。最初由散养转为笼养就是为了增加鸡肉、鸡蛋产品的数量来满足消费者的需求。发展至今，养鸡业形成现代笼养与放养并存的状态。发展现代生态蛋鸡笼养对提高鸡蛋产量与产品的质量，具有重要的意义。同时，利用林地、草山草坡、果园、农田等资源，实行放养和舍养相结合的规模生态养殖，增加养殖效益，满足不同消费者消费欲望和消费意识，要实现此目的就必须在众多的鸡品种中选择合适的笼养与放养品种。我国养鸡历史悠久，在长期的饲养实践中经过自然选择和人工选择，形成了许多各具特点的优良地方品种。而且，最近几十年，为了促进中国养鸡业的发展从国外引进了一些品种（配套系），国内也培育出了一系列优良的新品种（配套系），所有这些都为我国蛋鸡业的发展奠定了坚实的基础。

第一节 鸡种选择原则

一、产蛋量高

产蛋量是蛋鸡的一个重要经济指标。无论是现代蛋鸡笼养还是放养，都应选择产蛋量高的品种，如此料蛋比才会低，养鸡效益才会高。

二、适应性广、抗病力强

在品种的选择上应选择对环境、气候适应性强，抗病能力高的品种。放养和笼养相比，鸡所处的生存环境差。例如，冬天没有保暖措施，自由野外活动导致接触病原物质的概率增加。

三、体重、体型大小适中

笼养鸡选择体型大小适中节粮型鸡种，有利于环境控制及节省饲料。放养时，应当选择那些体重偏轻，体躯结构紧凑、结实，个体小而活泼好动，觅食能力强的鸡种，野外可采食青草和昆虫等。这些物质作为饲料资源，一方面可以减少全价饲料的使用、节约资金；另一方面这些物质所含的成分能够改善鸡产品的品质。对大型鸡种来说，体躯硕大、肥胖，行动笨拙，不适于野外生活。

四、产品畅销，市场欢迎

由于不同地区消费者的嗜好不同，因此，不同地区应根据当地的消费习惯选择适宜的品种。绿色健康食品是目前消费的主流，在蛋鸡的养殖中也应当遵循这一特点，着重选择那些能够提供优质产品的品种，符合市场的需求。例如，放养时选择绿壳蛋鸡、本地土鸡等，鸡蛋受市场欢迎，鸡也能卖个好价钱。

第二节　笼养蛋鸡生态养殖品种

笼养蛋鸡生态养殖品种要求产蛋量高、产品一致性好，主要有从国外引进了一些品种（配套系），国内培育出了一系列优良的新品种（配套系），也包括经过选育的一些地方品种。

一、国外引进配套系鸡种

(一)海兰

海兰蛋鸡为我国多家蛋种鸡场直接从美国海兰国际公司（Hy-line International）引进的著名蛋鸡商业配套系（引祖代）鸡种。共分为海兰褐、海兰白、海兰灰 3 个配套系。

1.海兰褐

（1）外貌特征　海兰褐的商品代初生雏，母雏全身红色，公雏全身白色，可以自别雌雄。但由于母本是合成系，商品代中红色绒毛母雏中有少数个体在背部带有深褐色条纹，白色绒毛公雏中有部分在背部带有浅褐色条纹。商品代母鸡在成年后，全身羽毛基本（整体上）红色，尾部上端大都带有少许白色。该鸡的头部较为紧凑,单冠,耳叶红色,也有带有部分白色的。皮肤、喙和胫黄色。体型结实,基本呈元宝形。

(2)生产性能　具体如表 4-1 所示。

表 4-1　海兰褐商品代生产性能

项目	生产性能
生长期(至 17 周)成活率/%	97
生长期饲料消耗/(千克/只)	5.62
17 周龄体重/(千克/只)	1.40
产蛋期高峰产蛋率/%	94～96
饲养至 60 周龄产蛋数/(枚/只)	249～257
饲养至 80 周龄产蛋数/(枚/只)	358～368
饲养至 110 周龄产蛋数/(枚/只)	487～497
60 周龄入舍母鸡产蛋数/(枚/只)	245～253
80 周龄入舍母鸡产蛋数/(枚/只)	348～358
110 周龄入舍母鸡产蛋数/(枚/只)	465～475
至 60 周龄成活率/%	97
至 80 周龄成活率/%	94
达 50%产蛋率日龄	142
平均蛋重(26 周龄)/克	58.5
平均蛋重(32 周龄)/克	61.6
平均蛋重(70 周龄)/克	64.4
饲养日产蛋总重(18～80 周龄)/千克	22.3
入舍母鸡产蛋总重(18～80 周龄)/千克	21.7
32 周龄体重/千克	1.91
70 周龄体重/千克	1.98
蛋黄和蛋清	极优
蛋壳强度	极优
38 周龄蛋壳颜色	87

续表 4-1

项目	生产性能
56 周龄蛋壳颜色	85
70 周龄蛋壳颜色	81
哈氏单位(38 周龄)	90
哈氏单位(56 周龄)	84
哈氏单位(70 周龄)	81
平均日耗料(18~80 周龄)/(克/(只·天))	107
20~60 周龄料蛋比	2.02：1
20~80 周龄料蛋比	2.07：1
蛋壳颜色	褐色

2.海兰白

(1)外貌特征 海兰白鸡的父系和母系均为白来航,全身羽毛白色、单冠、冠大、耳叶白色,皮肤、喙和胫的颜色均为黄色,体型轻小清秀,性格活泼好动。商品代初生雏鸡全身绒毛为白色,通过羽速鉴别雌雄,成年鸡与母系相同。

(2)生产性能 具体如表 4-2 所示。

表 4-2 海兰白商品代生产性能

项目	生产性能
生长期(至 18 周)成活率/%	97
生长期饲料消耗/(千克/只)	5.70
18 周龄体重/(千克/只)	1.28
产蛋期(自 20 周龄至 14 个月产蛋期)	90~94
高峰产蛋率/%	
入舍母鸡产蛋数/(枚/只)	294~315
产蛋期成活率/%	90~94
达 50%产蛋率日龄	161
32 周龄平均蛋重/(克/枚)	56.7
70 周龄平均蛋重/(克/枚)	64.8

续表 4-2

项目	生产性能
32 周龄体重/千克	1.6
70 周龄体重/千克	1.7
料蛋比	(2.1～2.3)∶1

3.海兰灰

(1)外貌特征 海兰灰的父本与海兰褐为同一父本,母本来自白来航,单冠,耳叶白色,全身羽毛白色,皮肤、喙和胫的颜色均为黄色,体型轻小清秀。海兰灰的商品代初生雏鸡全身绒毛为鹅黄色,有小黑点成点状分布,可以通过羽速鉴别雌雄,成年鸡背部成灰浅红色,翅间、腿部和尾部成白色,皮肤、喙和胫的颜色均为黄色,体型轻小清秀。

(2)生产性能 具体如表 4-3 所示。

表 4-3 海兰灰商品代生产性能

项目	生产性能
生长期(至 18 周)成活率/%	96～98
生长期饲料消耗/(千克/只)	6.0～6.5
18 周龄体重/(千克/只)	1.45
产蛋期(至 80 周)成活率/%	93～95
达 50%产蛋率日龄	152
高峰产蛋率/%	92～94
入舍鸡至 74 周龄产蛋数/枚	305
入舍鸡至 80 周龄产蛋数/枚	331～339
30 周龄平均蛋重/克	61.0
50 周龄平均蛋重/克	64.5
70 周平均蛋重/克	66.4
料蛋比	(2.1～2.3)∶1
饲养日产蛋总重量(19～72 周龄)/克	19.1
72 周龄体重/千克	2.0
蛋壳颜色	粉色
平均日耗料(19～80 周)/(克/(只·天))	105

(二)伊萨

伊萨蛋鸡由法国伊萨公司培育的四系配套杂交鸡。

1. 伊萨褐

(1)外貌特征 雏鸡根据羽色自别雌雄,成年母鸡羽毛呈深褐色并带有少量白斑。

(2)生产性能 具体如表4-4所示。

表4-4 伊萨褐商品代生产性能

项目	生产性能
0~18周龄存活率/%	98
19~76周龄存活率/%	93.7
0~18周龄耗料/千克	6.65
产蛋期平均日耗料/(克/(只·天))	110~118
料蛋比	(2.06~2.16):1
达50%产蛋率日龄	140~147
高峰产蛋日龄	175~182
8周龄体重/千克	0.68
18周龄体重/千克	1.54~1.60
76周龄体重/千克	1.90~2.05
21周龄平均蛋重/克	52.0
76周龄平均蛋重/克	65.6
全期平均蛋重/克	62.8
至72周龄入舍母鸡产蛋数/枚	320
至76周龄入舍母鸡产蛋数/枚	339
高峰产蛋率/%	94~96
至72周产蛋总重/千克	20.03
至76周产蛋总重/千克	21.3
90%以上产蛋率的周龄数/周	26
至76周龄时产蛋率/%	76.6
蛋壳颜色	褐色

2. 伊萨婷特

(1)外貌特征　商品代婷特羽色全白。

(2)生产性能　具体如表4-5所示。

表4-5　伊萨婷特商品代生产性能表

项目	生产性能
18～60周龄存活率/%	95.4
18～72周龄存活率/%	94
产蛋期平均日耗料/(克/(只·天))	110～115
料蛋比	2.1∶1
达50%产蛋率日龄	140～147
高峰产蛋日龄	175～196
12周龄体重/千克	1.01～1.05
20周龄体重/千克	1.66～1.74
32～72周龄体重/千克	1.90～2.01
28周龄平均蛋重/克	60.0
40周龄平均蛋重/克	62～63
60周龄平均蛋重/克	64～65
72周龄平均蛋重/克	65～66
32周龄时哈氏单位	86.5～87.55
66～72周龄时哈氏单位	78.5～81.5
高峰产蛋率/%	94.5～95
90%以上产蛋率的周龄数/周	22
18～60周龄入舍产蛋数/枚	242～255
18～72周龄入舍产蛋数/枚	308～316
蛋壳颜色	粉色

3. 伊萨玫瑰

(1)外貌特征　玫瑰羽色主白色带浅褐。

(2)生产性能　具体如表4-6所示。

表 4-6 伊萨玫瑰商品代生产性能

项目	生产性能
18～60 周龄存活率/%	95.6
18～72 周龄存活率/%	94.2
达 50%产蛋率日龄	140
高峰产蛋周龄/周	25～32
超过 90%产蛋率的周龄数/周	23
12 周龄体重/千克	1.00～1.04
20 周龄体重/千克	1.64～1.70
32～72 周龄体重/千克	1.82～2.00
28 周龄平均蛋重/克	56.1
40 周龄平均蛋重/克	59
60 周龄平均蛋重/克	62
72 周龄平均蛋重/克	62.6
18～60 周龄入舍产蛋数/枚	245～251
18～72 周龄入舍产蛋数/枚	328～333
蛋壳颜色	粉色

(三)尼克

由美国尼克国际(辉瑞)公司培育的配套系杂交鸡。

1.尼克白

(1)外貌特征 具有来航鸡的一般外形特征,如单冠、全身羽毛白色、皮肤黄色,蛋壳白色等。

(2)生产性能 具体如表 4-7 所示。

表 4-7 尼克白商品代生产性能

项目	生产性能
0～18 周龄成活率/%	95～98
19～80 周龄成活率/%	88～94
达 50%产蛋率日龄	154
高峰期产蛋率/%	89～95

续表 4-7

项目	生产性能
60 周龄入舍母鸡产蛋数/枚	220～235
80 周龄入舍母鸡产蛋数/枚	315～335
18～60 周龄料蛋比	(2.1～2.3):1
18～80 周龄料蛋比	(2.13～2.35):1
18 周龄体重/千克	1.261～1.306
80 周龄体重/千克	1.792～1.882
60 周龄平均蛋重/克	64
80 周龄平均蛋重/克	65

2. 尼克红

(1)**外貌特征** 由美国尼克国际公司培育的棕红壳蛋鸡配套系。

(2)**生产性能** 具体如表 4-8 所示。

表 4-8　尼克红商品代生产性能

项目	生产性能
0～20 周龄成活率/%	96～98
20 周龄体重/千克	1.59
达 50% 产蛋率日龄	150～161
高峰期产蛋率/%	96～98
76 周龄入舍鸡产蛋数/枚	303～325
平均蛋重/克	63～65
76 周龄总蛋重/千克	19.1～20.6
产蛋期成活率/%	91～94
料蛋比	(2.2～2.3):1
76 周龄体重/千克	2.2

3. 尼克珊瑚粉

(1)**外貌特征** 由美国尼克国际公司培育的粉红壳蛋鸡配套系。

(2)**生产性能** 具体如表 4-9 所示。

表 4-9　尼克珊瑚粉商品代生产性能

项目	生产性能
0～20 周龄成活率/%	96～98
20 周龄体重/千克	1.46～1.50
达 50%产蛋率日龄	140
达 90%产蛋率日龄	155
76 周龄入舍鸡产蛋数/枚	315～326
平均蛋重/克	60～63
76 周龄总蛋重/千克	19.5～20.8
产蛋期成活率/%	91～94
料蛋比	(2.1～2.3)∶1
76 周龄体重/千克	1.95
蛋壳颜色	淡粉色

(四)罗曼

由原联邦德国农业部罗曼畜禽育种公司培育而成。

1. 罗曼白

其生产性能如表 4-10 所示。

表 4-10　罗曼白商品代生产性能

项目	生产性能
达 50%产蛋率日龄	148～154
高峰产蛋率/%	92～95
72 周龄入舍鸡产蛋数/枚	295～305
平均蛋重/克	62.5
料蛋比	(2.1～2.3)∶1
0～18 周龄耗料/千克	6.0～6.4
20 周龄体重/千克	1.30～1.35
产蛋末期体重/千克	1.75～1.85
育成期成活率/%	96～98
产蛋期死淘率/%	4～6

2.罗曼褐

罗曼褐商品蛋鸡是德国罗曼动物饲养优选公司培育的世界著名蛋用鸡种,具有产蛋早、产蛋期长、蛋个大、饲料报酬高、抗病力强等优点。其生产性能如表 4-11 所示。

表 4-11　罗曼褐商品代生产性能

项目	生产性能
0～20 周龄成活率/%	97～98
20 周龄体重/千克	1.7
0～20 周耗料/千克	7.4～7.8
达 50%产蛋率日龄	140～150
产蛋期成活率/%	94～96
高峰期产蛋率/%	92～94
平均蛋重/克	63.5～64.5
产蛋期平均日耗料/(克/(只·天))	110～120
料蛋比	2.15∶1
每只入舍蛋鸡 12 个月产蛋/枚	285～295
蛋壳颜色	褐色

3.罗曼粉

(1)外貌特征　商品代为白色,羽色一致,蛋色一致是该品种所特有。

(2)生产性能　具体如表 4-12 所示。

表 4-12　罗曼粉商品代生产性能

项目	生产性能
0～20 周龄成活率/%	97～98
0～20 周龄饲料消耗/千克	7.3～7.8
20 周龄体重/千克	1.40～1.50
20～72 周龄成活率/%	94～96
50%产蛋率日龄	140～150
20～72 周龄年产蛋数/(枚/只)	300～310

续表 4-12

项目	生产性能
20～72 周龄年产蛋数总重/(千克/只)	19.0～20.0
35 周龄蛋重/(克/枚)	62.8
72 周龄蛋重/(克/枚)	68
产蛋全期蛋重/(克/枚)	64～65
72 周龄累计产蛋量/千克	19～21
耗料量/(克/(只·天))	110～118
料蛋比	(2.0～2.2)∶1
78 周龄体重/千克	1.8～1.9
蛋壳颜色	粉红

二、国内培育配套系鸡种

(一)京红京粉

北京市华都峪口禽业有限责任公司,利用引进的优秀育种素材和良种基地长期的选育基础,将常规育种技术与数量遗传、现代分子生物学技术有机结合,建立健全育种及良种繁育体系,并围绕品种培育过程有针对性地开展营养需要、饲料配方、孵化管理、疾病净化与防治、饲养管理技术、环境控制等一系列配套技术的研究,全方位地提高新品种的科技含量和产品质量,降低生产成本,打造出具有自主知识产权、适合我国饲养环境的蛋鸡新配套系——京红 1 号和京粉 1 号。

新配套系于 2009 年通过国家畜禽遗传资源委员会的审定,其生产性能经农业部家禽品质监督检验测试中心(北京)测定,新品种父母代种鸡和商品代蛋鸡的生长、产蛋、繁育性能以及蛋品质等各方面均已达到国际、国内领先水平,于 2009 年 3 月 18 日获得《畜禽新品种(配套系)证书》。

1.京红 1 号

(1)外貌特征 体型中等结实,呈元宝形。全身羽毛呈红褐色,单冠红色,冠齿4～7个,眼圆大有神,虹彩内圈为黄色、外圈为橘红色,瞳孔为黑色,耳叶红色,喙、胫、皮肤呈黄色,四趾,无胫羽。母雏全身绒毛呈棕红色,少数个体背部有深褐色条纹,公雏全身绒毛呈白色。雏鸡可羽色自别雌雄。

(2)生产性能　具体如表4-13所示。

表4-13　京红1号商品代蛋鸡主要生产性能

项目	指标
18周龄体重/克	1 500～1 600
达50%产蛋率日龄	142～149
高峰产蛋率/%	93～96
72周龄入舍母鸡产蛋数/枚	298～307
72周龄母鸡饲养日产蛋数/枚	308～318
72周产蛋总重/千克	19.4～20.3
料蛋比	(2.1～2.2)∶1
0～18周龄累计耗料量/(克/只)	6 300～6 800
0～18周龄平均成活率/%	96～98
19～72周龄平均成活率/%	92～95
72周龄体重/克	1 890～1 990

2.京粉1号

(1)外貌特征　体型轻小清秀,背部、胸腹部羽毛呈灰浅红色,翅间、腿部和尾部呈白色,单冠红色,耳叶白色,眼圆有神,虹彩橘红色,瞳孔黑色,冠齿5～7个,喙、胫、皮肤均为黄色,四趾无胫羽。雏鸡全身绒毛为鹅黄色,有小黑点成点状分布全身,公雏为慢羽,母雏为快羽,可羽速自别雌雄。

(2)生产性能　具体如表4-14所示。

表4-14　京粉1号商品代蛋鸡主要生产性能

项目	指标
18周龄体重/克	1 380～1 480
达50%产蛋率日龄	140～148

续表 4-14

项目	指标
高峰产蛋率/%	93～96
72 周龄入舍母鸡产蛋数/枚	296～306
72 周龄母鸡饲养日产蛋数/枚	307～316
72 周产蛋总重/千克	18.9～19.8
料蛋比	(2.1～2.2)∶1
0～18 周龄累计耗料量/(克/只)	6 100～6 600
0～18 周龄平均成活率/%	96～98
19～72 周龄平均成活率/%	93～96
72 周龄体重/克	1 860～1 960

(二)京白 939

大午京白 939 是我国自主培育的优秀高产粉壳蛋鸡配套系,是在原北京白鸡和种禽褐的选育基础上,经大量的配合力和生产性能测定和筛选培育而成的,具有耗料少、产蛋多、蛋壳色泽明快、蛋重适中、抗逆性强等特点,广泛适合于我国气候特点与地域条件下饲养。

1. 外貌特征

(1)雏鸡 全身为花羽,主要为白羽,但有在头部、背部或腹部有几片黑羽;另一种在头部、背部或腹部有片状红羽(占 30%)。母鸡为快羽,公鸡为慢羽,属于羽速自别雌雄。

(2)成年鸡 全身为花羽,一种是白羽与黑羽相间,另一种在头部、颈部、背部或腹部相杂红羽。单冠,冠大而鲜红,冠齿 5～7 个,肉垂椭圆而鲜红,体型丰满,耳叶为白色;喙为褐黄色,胫、皮肤为黄色。

2. 生产性能

具体如表 4-15 所示。

表 4-15　京白 939 商品代蛋鸡生产性能

项目	指标
0~18 周龄平均成活率/%	96~98
0~18 周龄累计耗料量/(千克/只)	6.0~6.4
18 周龄体重/克	1 330~1 380
达 50% 产蛋率日龄	140~150
高峰产蛋率/%	94~95
72 周龄入舍母鸡产蛋数/枚	270~280
72 周龄入舍母鸡产蛋总重/千克	16.7~17.4
72 周龄母鸡饲养日产蛋数/枚	290~300
72 周龄母鸡饲养日产蛋总重/千克	18.0~18.6
平均蛋重/克	60~63
料蛋比	(2.30~2.33)∶1
19~72 周龄平均成活率/%	92~94
72 周龄体重/克	1 700~1 800

(三)农大矮小鸡

农大 3 号节粮小型蛋鸡是由中国农业大学育种专家经多年培育的优良蛋用品种。1998 年通过农业部鉴定,1999 年获得国家科技进步二等奖,2003 年通过国家品种审定。农大 3 号节粮小型蛋鸡主要有两种产品类型,一种是小型褐壳蛋鸡,商品代鸡产褐壳蛋;另一种是小型浅褐壳蛋鸡,商品代鸡产浅褐壳蛋。这两种配套系的父本相同,都是矮小褐壳蛋系(W 系),D 系和 C 系是褐壳蛋配套品系,LB 和 LC 是白壳蛋配套品系。在生产中,为了充分利用父母代母鸡的杂种优势,一般使用三系配套。

商品代 3 号褐和 3 号粉主要采用快慢羽鉴别,鉴别率 98% 以上。羽毛颜色,3 号褐以红羽为主,有少量白羽;3 号粉以白羽为主,有少量红羽。其生产性能如表 4-16 所示。

表 4-16 农大 3 号商品代生产性能

性能指标	3 号褐	3 号粉
育雏育成期(1～120 日龄)成活率/％	＞96	＞96
产蛋期成活率/％	＞95	＞95
50％产蛋日龄	146～156	145～155
高峰产蛋率/％	＞94	＞94
72 周龄入舍鸡产蛋数/枚	281	282
72 周龄饲养日产蛋数/枚	290	291
平均蛋重/克	53～58	53～58
后期蛋重/克	61.5	61.0
产蛋总重/千克	15.7～16.4	15.6～16.7
120 日龄母鸡体重/千克	1.25	1.20
成年体重/千克	1.60	1.55
育雏育成期耗料/千克	5.7	5.5
产蛋期平均日耗料/克	90	89
高峰期日耗料/克	95	94
料蛋比	(2.06～2.10)∶1	(2.01～2.10)∶1

第三节 放养蛋鸡生态养殖品种

放养蛋鸡生态养殖品种则以经过选育的一些地方品种为主,但近年研究发现,从国外引进的一些品种(配套系)及国内培育出的一些优良的新品种(配套系)放养效果也不错,选择放养鸡种时因地而异。

一、蛋用型地方鸡种

(一)仙居鸡

1.产地与分布

仙居鸡(又名梅林鸡)原产地为浙江省台州地区,仙居县是重点产区,在其邻近的临海、天台、黄岩等地亦有分布。

2.外貌特征

该品种鸡体型结实、紧凑,秀丽、小巧,性格活泼,动作灵敏,容易受惊。羽色有黄、白、黑、花和紫色等,颈部多为黄色、肉色或青色等。仙居鸡结构紧凑,体态匀称,全身羽毛紧密贴体,尾羽高翘,背平直,骨骼纤细。雏鸡绒羽黄色,但深浅不同,间有浅褐色,喙、胫、趾呈黄色或青色。成年鸡头部适中,颜面清秀。单冠,冠齿5~7个,母鸡冠矮,公鸡冠直立,高3~4厘米。耳叶椭圆形。肉垂薄中等大小,眼睑薄,虹彩多呈橘黄色。公鸡羽毛主要是黄色,梳羽、蓑羽色较浅有光泽,主翼羽红夹黑色,镰羽和尾羽均黑。母鸡羽毛色较杂,以黄为主,尚有少数白羽、黑羽。颈羽颜色较深,主翼羽羽片半黄半黑,尾羽黑色。尚有少数白羽、黑羽。

3.生产性能

仙居鸡体型小,生长速度中等,早期增重慢,属于早熟品种,180日龄时,公鸡体重1 256克,母鸡体重为953克,半净膛屠宰率公鸡为85.3%,母鸡为85.7%;全净膛屠宰率公鸡为75.2%,母鸡为75.7%。经选育后的仙居鸡,目前在放牧饲养条件下,公鸡90日龄体重可达1.5千克,母鸡120日龄可达1.3千克,平均料肉比为3.2:1。

仙居鸡一般在150~180日龄开产,年产蛋量在180~200枚,最高可达270~300枚,蛋重平均为42克,蛋壳以浅褐色为主,蛋形指数为1.36。因体小而灵活配种能力强,可按公母比1:(16~20)配种,受精率为94.3%,受精蛋孵化率为83.5%。该品种有一定就巢性,一般就巢母鸡占鸡群 10％～20％之间，多发生于 4～5 月份，1 月龄育雏成活率为 96.5％。

(二)白耳黄鸡

1.产地与分布

白耳黄鸡(又名白耳银鸡、江山白耳鸡、上饶地区白耳鸡)。主产于江西上饶地区广丰、上饶、玉山三县和浙江的江山市。以其全身羽毛黄色，耳叶白色而得名，是我国稀有的白耳鸡种。

2.外貌特征

该鸡以体型较小，体重较轻，羽毛紧凑、后躯宽大、耳白(白耳，耳叶大，呈银白色，似白桃花瓣)、三黄(黄羽、黄喙、黄脚)为主要的特征。成年公鸡身体呈船形，羽毛棕红色，肉垂长、软而薄，呈鲜红色，虹彩金黄色。头部羽毛短、呈橘红色，梳羽深红色，其他羽毛呈浅黄色。母鸡体型小，呈三角形，全身羽毛黄色，肉垂较短，单冠直立，冠齿为 4～6 个，呈淡红色，头细小，喙短稍弯，眼大有神，虹彩橘红色，喙黄色，有时喙端褐色。胸部发达，后躯宽大，性情温顺，行动灵活，觅食力强。公母鸡的皮肤和胫部呈黄色，无胫羽。

3.生产性能

白耳黄鸡原为蛋用型鸡种，体型小，60 日龄平均体重公鸡为435.78 克，母鸡为 411.5 克。150 日龄公鸡体重为 1 265 克，母鸡为1 020 克。成年公鸡体重 1.37 千克，母鸡体重 1.5 千克。成年鸡半净膛屠宰率公鸡为 83.33％，母鸡为 85.25％；全净膛屠宰率公鸡为76.67％，母鸡为 69.67％。

开产日龄平均为 150 天，年产蛋 180 枚，蛋重为 54 克，蛋壳深褐色，壳厚 0.34～0.38 毫米，蛋形指数 1.35～1.38。在公母鸡配比为1∶(12～15)的情况下，种蛋受精率为 92.12％，受精蛋孵化率94.29％，入蛋孵化率为 80.34％。

(三)绿壳蛋鸡

绿壳蛋鸡是我国刚培育开发成功的优秀特禽,据中科院遗传研究所血型测定结果表明:黑羽绿壳蛋鸡是一个国内外罕见的特异性遗传基因群。该鸡选育时,在兼顾体型外貌全黑、绿壳和产蛋量三大性状指标的前提下重点突出鸡蛋品质的选育。绿壳蛋鸡的肉质和蛋质特别优良,哈氏单位高于其他鸡种,蛋黄中的β球蛋白和γ球蛋白高。肌肉中各种氨基酸明显高于其他鸡种,尤其是赖氨酸、谷氨酸、天冬氨酸含量特别高。

国内许多家禽育种场开展绿壳蛋鸡的培育,并且都形成了自己的品种特征。目前养殖的绿壳蛋鸡主要有以下几个品种。

1. 黑羽绿壳蛋鸡

东乡黑羽绿壳蛋鸡由江西省东乡县农科所和江西省农科院畜牧所培育而成。体型较小,产蛋性能较高,适应性强,羽毛全黑、乌皮、乌骨、乌肉、乌内脏,喙、趾均为黑色。母鸡羽毛紧凑,单冠直立,冠齿5～6个,眼大有神,大部分耳叶呈浅绿色,肉垂深而薄,羽毛片状,胫细而短,成年体重1.1～1.4千克。公鸡雄健,鸣叫有力,单冠直立,暗紫色,冠齿7～8个,耳叶紫红色,颈羽、尾羽泛绿光且上翘,体重1.4～1.6千克,体型呈V形。大群饲养的商品代,绿壳蛋比率为80％左右。该品种经过5年4个世代的选育,体型外貌一致,纯度较高,其父系公鸡常用来和蛋用型母鸡杂交生产出高产的绿壳蛋鸡商品代母鸡,我国多数场家培育的绿壳蛋鸡品系中均含有该鸡的血缘。但该品种抱窝性较强(15％左右),因而产蛋率较低。

2. 三凰绿壳蛋鸡

三凰绿壳蛋鸡由江苏省家禽研究所(现中国农科院家禽研究所)选育而成。有黄羽、黑羽两个品系,其血缘均来自于我国的地方品种,单冠、黄喙、黄腿、耳叶红色。开产日龄155～160天,开产体重母鸡1.25千克,公鸡1.5千克;300日龄平均蛋重45克,500日龄产蛋量180～185枚,父母代鸡群绿壳蛋比率97％左右;大群商品代鸡群中绿壳蛋比率 93%～95%。成年公鸡体重 1.85～1.9 千克，母鸡 1.5～1.6 千克。

3.三益绿壳蛋鸡

三益绿壳蛋鸡由武汉市东湖区三益家禽育种有限公司杂交培育而成，其最新的配套组合为东乡黑羽绿壳蛋鸡公鸡做父本，国外引进的粉壳蛋鸡做母本，进行配套杂交。商品代鸡群中麻羽、黄羽、黑羽基本上各占 1/3，可利用快慢羽鉴别法进行雌雄鉴别。母鸡单冠、耳叶红色、青腿、青喙、黄皮；开产日龄 150～155 天，开产体重 1.25 千克，300 日龄平均蛋重 50～52 克，500 日龄产蛋量 210 枚，绿壳蛋比率 85%～90%，成年母鸡体重 1.5 千克。

4.新杨绿壳蛋鸡

新杨绿壳蛋鸡由上海新杨家禽育种中心培育。父系来自于我国经过高度选育的地方品种，母系来自于国外引进的高产白壳或粉壳蛋鸡，经配合力测定后杂交培育而成，以重点突出产蛋性能为主要育种目标。商品代母鸡羽毛白色，但多数鸡身上带有黑斑；单冠，冠、耳叶多数为红色，少数黑色；60% 左右的母鸡青脚、青喙，其余为黄脚、黄喙；开产日龄 140 天（产蛋率 5%），产蛋率达 50% 的日龄为 162 天；开产体重 1.0～1.1 千克，500 日龄入舍母鸡产蛋量达 230 枚，平均蛋重 50 克，蛋壳颜色基本一致，大群饲养鸡群绿壳蛋比率 70%～75%。

5.招宝绿壳蛋鸡

招宝绿壳蛋鸡由福建省永定县雷镇闽西招宝珍禽开发公司选育而成。该鸡种和江西东乡绿壳蛋鸡的血缘来源相似。母鸡羽毛黑色，黑皮、黑肉、黑骨、黑冠。开产日龄较晚，为 165～170 天，开产体重 1.05 千克，500 日龄产蛋量 135～150 枚，平均蛋重 42～43 克，商品代鸡群绿壳蛋比率 80%～85%。

6.昌系绿壳蛋鸡

昌系绿壳蛋鸡原产于江西省南昌县。该鸡种体型矮小，羽毛紧凑，未经选育的鸡群毛色杂乱，大致可分为 4 种类型：白羽型、黑羽型（全身羽毛除颈部有红色羽圈外，均为黑色）、麻羽型（麻色有大麻和小麻）、黄羽型（同时具有黄肤、黄脚）。头细小，单冠红色；喙短稍弯，呈黄色。体重较小,成年公鸡体重 1.30～1.45 千克,成年母鸡体重 1.05～1.45 千克,部分鸡有胫毛。开产日龄较晚,大群饲养平均为 182 天,开产体重 1.25 千克,开产平均蛋重 38.8 克,500 日龄产蛋量 89.4 枚,平均蛋重 51.3 克,就巢率 10％左右。

绿壳蛋鸡性情温和,喜群居,抗病力强,全国各地均可饲养。养殖方法与土鸡一样,主食五谷杂粮,喜食青草、青菜,可进行笼养、圈养和散养。

其蛋壳绿色,蛋白浓厚,蛋黄呈橘黄色,含有大量的卵磷脂、维生素 A、B、E,属于高维生素、高微量元素、高氨基酸、低胆固醇、低脂肪的理想天然保健食品。经常食用能增强免疫功能、降低血压、软化血管。这对我国发病率不断上升的高血压、冠心病、高血脂、中风等心脑血管疾病无疑带来了福音。另外,它还可以增强儿童智力,对婴幼儿发育不良、儿童厌食有疗效,可提高孕妇和病员的营养,是极好的营养滋补食品。养殖前景十分广阔。

(四)柴鸡

1. 产地与分布

柴鸡,又叫笨鸡,因体型瘦小如柴而得名。具有耐粗饲、适应性广、觅食性强、遗传性能稳定、就巢性弱和抗病力强等特性。主要分布于河北省的广大地区,其中以西部太行山区为主,沿保定、石家庄、邢台、邯郸分布。长期以来由于受到国外引进品种的冲击,河北柴鸡在平原地区几近消失。近年来由于消费者对家禽产品品质的要求提高,河北柴鸡以其优良的蛋、肉品质受到社会的关注。在河北省各地均掀起了柴鸡养殖的热潮。

2. 外貌特征

体型矮小,体细长,结构匀称,羽毛紧凑,骨骼纤细,头小清秀。喙短而细,呈浅灰色或苍白色,少数全黑色或全黄色。冠型比较杂,以单冠为主,约占 90％,豆冠、玫瑰冠较少,极少数还有凤冠、毛髯。肉髯红色、不发达。公鸡羽色以"红翎公鸡"最多,有深色和浅色。浅色公鸡颈羽及胸部羽毛皆呈浅黄色,背、翼、尾和腹部的羽毛多为红色,但主翼羽和主尾羽中有的羽毛 1/2 或 1/3 为黑色和白色;深色公鸡颈、胸处的羽毛为红褐色或羽尖为黑色,而主翼羽和主尾羽有的也混有黑色羽毛。青白、青灰、花斑等羽色的公鸡较少。母鸡羽毛以麻色、狸色最多,约占50%,黑色次之,占近 20%。其余为芦花色、浅黄色、黄色、白色、银灰色、杂斑等。胫呈铅色或苍白色,少数为绿色或黄色,个别鸡有胫羽。

3. 生产性能

平均初生重 27 克,30 日龄体重 76 克,60 日龄 180 克,90 日龄 470克;成年公鸡平均体重为 2 千克,母鸡为 1.5 千克;7 月龄公鸡平均半净膛屠宰率 82.82%,平均全净膛屠宰率 62.59%;成年母鸡平均半净膛屠宰率为 79.26%,平均全净膛屠宰率为 60.00%。其肉质鲜嫩,肉味鲜美,风味独特,十分可口。

母鸡平均开产日龄 198 天,平均年产蛋 100 枚,高者达 200 枚,平均蛋重 43 克,蛋壳厚度 0.4 毫米,平均蛋形指数 1.32。蛋壳淡褐色、红褐色和白色。其蛋黄比例大且颜色发黄,蛋清黏稠,色泽鲜艳,适口性好。公鸡性成熟期 80～120 天。公母配种比例 1∶(10～15)。平均种蛋受精率 91%,平均受精蛋孵化率为 93%,母鸡就巢性弱,占群体的2%～5%,公母鸡利用年限 1～2 年。柴鸡适于家庭散养和在山坡、林地、荒地、果园、大田作物中放养。

二、肉蛋兼用型地方鸡种

(一)固始鸡

1. 产地与分布

固始鸡是我国优良的地方鸡种,主产于河南省固始县,俗称"固始黄"。其因外观秀丽、肉嫩汤鲜、风味独特、营养丰富等而驰名海内外。明清时期被列为宫廷贡品,20 世纪 50 年代开始出口港澳及东南亚地区,六七十年代被指定为京、津、沪特供商品。70 年代末,国家为保存和利用固始鸡资源,投资在固始县兴建了固始鸡原种场,专门从事固始鸡保种和选育研究工作。该场先后承担"固始鸡提纯复壮研究"、"固始鸡品系选育和繁育体系建设"等国家级攻关项目;经过20多年艰苦细致的工作,成功地选育出固始鸡高产品系、快速品系,以快速品系为父本,高产品系为母本生产的固始鸡商品代(青脚系、乌骨系),生产性能大幅度提高,综合性能达国内同类研究先进水平。

2. 外貌特征

固始鸡个体中等,外观清秀灵活,体型细致紧凑,结构匀称,羽毛丰满,尾形独特。按外貌可分为青脚系和乌骨系两类。青脚系固始鸡外貌特征是青脚、青嘴、快羽、白皮肤,母鸡羽毛有麻黄色,公鸡一般为红羽、黑尾;乌骨系固始鸡的外貌特征是乌脚、乌冠、乌皮、乌骨,母鸡毛色以中麻和麻黄为主,公鸡毛色深红。

初生雏鸡绒羽呈黄色,头顶有深褐色绒羽带,背部沿脊柱有深褐色绒羽带。两侧各有四条黑色绒羽带。成年鸡冠型有单冠和豆冠两种,以单冠者居多。冠直立,冠齿为6个,冠后缘冠叶分叉。冠、肉垂、耳叶和脸均呈红色。眼大略向外突出,虹彩呈彩栗色。喙短略弯曲,呈青黄色,胫呈青色。尾型为佛手状尾和直尾两种。佛手状尾尾羽向后上方卷曲,悬空飘摇,是该品种的特征。

公鸡羽色呈深红色和黄色,镰羽多带黑色而富铜色光泽。母鸡的羽色以麻黄色和黄色为主,白、黑很少。该鸡种性情活泼。敏捷善动,觅食能力强。

3. 生产性能

固始鸡早期生长速度慢,60日龄体重公母鸡平均为 265.7克;90日龄公鸡体重 487.8克,母鸡 355.1克;180日龄体重公鸡为 1 270克,母鸡为 966.7克。150日龄半净膛屠宰率公鸡 81.76%,母鸡为 80.16%;全净膛屠宰率公鸡为 73.92%,母鸡为 70.65%。

平均开产日龄 170天,年平均产蛋量 150.5枚,平均蛋重 50.5克。繁殖种群公母配比 1:(12~13),平均种蛋受精率90.4%,受精蛋孵化率83.9%。

(二)萧山鸡

1.产地与分布

产于浙江省萧山市,又称萧山大种鸡、越鸡。产区地处钱塘江冲积平原,农业发达,饲料丰富,又适宜鸡群放养,加上当地农民养鸡经验丰富,故形成该鸡成熟早、生长快、体形肥大、肉质细嫩、产蛋率高等特点。胸部肌肉特别发达,两脚粗壮结实,性情活泼好动,喜觅活食。主要分布于瓜沥、义蓬、坎山、城北等地。近年来,建立种鸡场,进行复壮提纯,解决鸡种杂和退化问题。

2.外貌特征

属肉蛋兼用型良种,其体型肥大,外形近似方而浑圆。公鸡体格健壮,羽毛紧密,头昂尾翘。单冠红而直立,中等大小。肉垂、耳叶红色,眼球略小,虹彩橙黄色。喙稍弯曲,端部红黄色,基部褐色。全身羽毛有红、黄两种,二者颈、翼、背部等羽色较深,尾羽多呈黑色。羽毛、喙部和脚胫均呈金黄色,故又称三黄鸡。

母鸡体态匀称,骨骼较细。全身羽毛基本黄色,但麻色者也占一定比例。颈、翼、尾部间有少量黑色羽毛。单冠红色,冠齿大小不一。肉垂、耳叶红色。眼球蓝褐色,虹彩橙黄色。喙、胫黄色。

3.生产性能

萧山鸡早期生长速度快,特别是2月龄阉割以后的生长速度更快,体形高大,俗称"萧山红毛大阉鸡"。90日龄公鸡体重1 247.9克,母鸡为793.8克;120日龄体重公鸡为1 604.6克,母鸡为921.5克;150日龄公鸡体重为1 785.8克,母鸡为1 206.0克;一般成年公鸡体重3～3.5千克,母鸡约2千克,阉鸡达5千克。150日龄半净膛屠宰率公鸡为84.7%,母鸡为85.6%;全净膛屠宰率公鸡为76.5%,母鸡为66%。屠体皮肤黄色,皮下脂肪较多,肉质好而味美。鸡肉脂肪含量较普通鸡少,据测定,100克肌肉中含蛋白质23克,脂肪仅1克左右。

电孵生产的雏鸡,饲养180天左右即能生蛋,年产120～150枚,蛋重54～56克。蛋壳褐色。公母配种比例通常为1∶12,种蛋受精率为

90.95％，受精蛋孵化率为89.53％。

（三）寿光鸡

1. 产地与分布

原产于山东省寿光县稻田乡一带，以慈家村、伦家村饲养的鸡最好，所以又称慈伦鸡。该鸡的特点是体型硕大、蛋大。属肉蛋兼用的优良地方鸡种。该鸡历史悠久，分布很广，不但分布寿光全县，而且邻近的淮县、昌乐、益都、广饶等县均有分布。

2. 外貌特征

寿光鸡有大型和中型两种；还有少数是小型。大型寿光鸡外貌雄伟，体躯高大，体型近似方形。成年鸡全身羽毛黑色，有的部位呈深黑色并闪绿色光泽。单冠，公鸡冠大而直立；母鸡冠形有大小之分，颈、趾灰黑色，皮肤白色。初生重为42.4克，大型成年体重公鸡为3 609克，母鸡为3 305克，中型公鸡为2 875克，母鸡为2 335克。"寿光鸡"外貌雄伟，体躯高大，步态有力，脸、冠、耳均为鲜红色，喙、跖和爪均为铁青色，全身羽黑无杂，在阳光映照下闪蓝色光泽。成年公鸡平均重4千克，成年母鸡平均重3.1千克，年均产蛋150枚，蛋重60～70克。"寿光鸡"蛋大皮红，国内闻名，肉质细嫩，味道鲜美，世界著称。明、清代寿光县志载曰："此地此户皆畜，雄鸡高尺许，长冠巨爪，鸡卵甲他县，为一邑特产。"

经过几十年的保种、选育和提纯复壮，"寿光鸡"目前个体产蛋达到150多枚，100日龄平均体重1.45千克，料重比3.3∶1，已接近国内近年来培育的一些黄羽肉鸡的生产性能。

3. 生产性能

寿光鸡个体高大，屠宰率高。成年母鸡脂肪沉积能力强，肉质鲜美。90日龄体重公鸡1 310克，母鸡1 056.6克；120日龄体重公鸡2 187克，母鸡1 775.3克。据测定，公鸡半净膛屠宰率为82.5％，全净膛屠宰率为77.1％，母鸡半净膛屠宰率为85.4％，全净膛屠宰率为80.7％。初生重为42.4克，大型成年体重公鸡为3 609克，母鸡为

3 305克,中型公鸡为2 875克,母鸡为2 335克。

开产日龄大型鸡240天以上,中型鸡145天,产蛋量大型鸡年产蛋117.5枚、中型鸡122.5枚,大型鸡蛋重为65～75克,中型鸡为60克。蛋形指数大型鸡为1.32,中型鸡为1.31,蛋壳厚度大型鸡0.36毫米,中型鸡0.358毫米。在繁殖性能上,大型鸡公母配种比例为1:(8～12),中型为1:(10～12)。种蛋受精率为90.7%,受精蛋孵化率为80.85%。

寿光鸡是我国的地方良种之一,遗传性较为稳定,外貌特征比较一致,体型硕大,蛋重大,就巢性弱。但还存在着早期生长慢、成熟晚、产蛋量少等缺点。今后应加强本品种选育,保存优良基因,在本品种内培育具有不同特点的品系,进行品系杂交,以进一步发挥其生产性能。

(四)北京油鸡

1. *产地与分布*

原产与北京市安定门和德胜门外的近郊地带,以朝阳区的大屯和洼里两个乡最为集中,邻近的海淀、清河也有分布。据考证,距今至少有250年的历史。1980年北京市农科院畜牧兽医研究所调查统计,产区目前有3万余只。北京油鸡以肉味鲜美、蛋质佳良著称,是一个优良的地方品种。20世纪70年代中期,北京油鸡纯种鸡濒于绝种。北京市农科院畜牧兽医研究所等单位相继从民间搜集油鸡的种鸡,进行了繁殖、提纯、生产性能测定和推广等工作,在大兴榆垡种鸡场承担该品种的保种工作。

2. *外貌特征*

北京油鸡体躯中等。其中羽毛呈赤褐色(俗称紫红毛),体型较小;羽毛呈黄色(俗称素黄色)的鸡,体型略大。出生雏鸡全身披着淡黄或土黄色绒羽,冠羽、胫羽、髯羽也很明显,体格浑圆。成年鸡羽毛厚密而蓬松,羽毛为黄色或黄褐色。公鸡的羽毛色泽鲜艳光亮,头部高昂,尾羽多呈黑色;母鸡的头尾微翘,胫部略短,体态敦实。其尾羽与主、副翼羽中常夹有黑色或以羽轴为中界的半黑半黄的羽片。

北京油鸡具有冠羽和胫羽,有些个体兼有趾羽。不少个体的颌下或颊部生有髯须,人们常将这"三羽"性状看作是北京油鸡的主要外貌特征。

冠型为单冠,冠叶小而薄,在冠叶的前端常形成一个小的"S"状褶曲,冠齿不甚整齐。凡具有髯羽的个体,其肉垂很少或全无,头较小,冠、肉垂、脸、耳叶均呈红色,眼较大,虹彩多呈棕褐色。喙和胫呈黄色,喙的尖部稍微显褐痕,少数个体分生五趾。

3. 生产性能

油鸡生长速度缓慢,初生重为 38.4 克,4 周龄重为 220 克,8 周龄重为 549.1 克。12 周龄重为 959.7 克。成年体重公鸡为 2 049 克,母鸡为 1 730 克。北京油鸡屠体皮肤微黄,紧凑丰满,肌间脂肪分布良好,肉质细腻,肉味鲜美。尤其适合山区散养。肉料比 3.5∶1。

屠宰测定:成年公鸡半净膛为 83.5%,全净膛为 76.6%;母鸡半净膛为 70.7%,全净膛为 64.6%。

性成熟较晚,母鸡 7 月龄开产,年产蛋为 110～125 枚,平均蛋重为 56 克,蛋壳厚度 0.325 毫米,蛋壳褐色,个别呈淡紫色,蛋形指数为 1.32。鸡群的公母比例为 1∶(8～10),种蛋受精率 95%,受精蛋孵化率 90%,雏鸡成活率高,在正常的饲养管理条件下,2 月龄的成活率可达 97%,部分个体有抱窝性。

(五)庄河鸡

1. 产地与分布

主产辽宁省庄河市,分布于东沟、凤城、金县、新金、复县等地,因该鸡体躯硕大,腿高粗壮,结实有力,故名大骨鸡。目前饲养量达 450 万只以上。并被推广到吉林、黑龙江、山东、河南、河北、内蒙古等省区。

2. 外貌特征

属蛋肉兼用型品种。大骨鸡体型魁伟,胸深且广,背宽而长,腿高粗壮,腹部丰满,墩实有力,以体大、蛋大、口味鲜美著称。觅食力强。公鸡羽毛棕红色,尾羽黑色并带金属光泽。母鸡多呈麻黄色,头颈粗壮,眼大明亮,单冠,冠、耳叶、肉垂均呈红色。喙、胫、趾均呈黄色。

3. 生产性能

庄河鸡 90 日龄平均体重公母分别为 1 039.5 克,881 克;120 日龄体重为公鸡 1 478 克,母鸡为 1 202 克;150 日龄体重公鸡为 1 771 克,母鸡为 1 415 克;成年体重公鸡为 2 900～3 750 克,母鸡为 2 300 克。产肉性能较好,全净膛屠宰率平均在 70%～75%。

开产日龄平均 213 天,年平均产蛋 164 枚,高的可达 180 枚以上。蛋大是庄河鸡的一个突出优点,平均蛋重为 62～64 克,有的可达 70 克以上,蛋壳深褐色,壳厚而坚实,破损率低。蛋形指数 1.35。公母配种比例一般为 1∶(8～10),种蛋受精率约为 90%,受精蛋孵化率为 80%,就巢率为 5%～10%,就巢持续期为 20～30 天,60 日龄育雏率在 85% 以上。

(六)狼山鸡

1. 产地与分布

狼山鸡是我国古老的地方品种,在世界家禽品种中负有盛名。原产于江苏如东县境内,以马塘、岔河为中心,旁及掘港、栟茶、丰利及双甸,该鸡集散地为长江北岸的南通港,港口附近有一游览胜地,称为狼山,因而得名。以体形硕大、羽毛纯黑、冬季产蛋多、蛋大而著称于世。

2. 外貌特征

体格健壮,头昂尾翘,背部较凹,羽毛紧密,行动灵活。按体型可分为重型与轻型,前者多产于马塘、岔河,公鸡体重为 4～4.5 千克,母鸡为 3～3.5 千克;后者以栟茶为多,公鸡体重为 3～3.5 千克,母鸡为 2 千克。按羽毛颜色可分为纯黑、黄色和白色 3 种,其中黑鸡最多,黄鸡次之,白鸡最少,而杂毛鸡甚为少见。每种颜色按头部羽冠和胫趾部羽毛的有无分为光头光脚、光头毛脚、凤头毛脚和凤头光脚 4 个类型。

狼山鸡头部短圆细致,群众称之为蛇头大眼,单冠,冠齿 5～6 个。脸部、耳叶及肉垂均呈鲜红色,眼的虹彩以黄色为主,间混有黄褐色。喙黑褐色,头端稍淡。胫黑色,较细长。羽毛紧贴躯体,当年育成的新鸡富有黑绿色光泽。

成年黑色狼山鸡多呈纯黑,有时第9~10根主羽翼呈白色,单刚出壳的雏鸡,额部、腹及翼尖等处均呈淡黄色,一直到中雏换羽后才全部变成黑色,狼山鸡的皮肤呈白色。

3.生产性能

狼山鸡属蛋肉兼用型,虽然个体较大,但前期生长速度不快,初生重40克,30日龄体重157克,60日龄463克,90日龄公鸡1 070克,母鸡940克,120日龄公鸡1 750克,母鸡为1 333克,150日龄公鸡2 403克,母鸡为1 673克。1~150日龄每千克增重耗混合饲料4.46千克。6.5月龄屠宰测定:公鸡半净膛为82.8%左右,全净膛为76%左右,母鸡半净膛为80%,全净膛为69%。

年平均产蛋135~175枚,最高达252枚,平均蛋重58.7克。蛋壳浅褐色。公母配种比例为1:(15~20),种蛋受精率保持在90%左右,最高可达96%。农家放牧条件下,一般公母比例为1:(20~30),平均性成熟期为208天,就巢率11.89%,平均持续就巢期为11.23天。

思考题

1.生态养殖鸡种的选择原则是什么?

2.哪些鸡种适合于笼养?

3.地方鸡种中哪些是蛋用品种?哪些是兼用品种?

第五章

生态养殖蛋鸡的营养需要
与饲料配制

导　读　本章主要介绍了蛋鸡的营养需要特点、不同养殖方式蛋鸡各生理时期营养推荐量、蛋鸡常用生态饲料及添加剂种类、饲料配制及蛋鸡日粮配方。充分了解并掌握蛋鸡的这些特点,并有机结合当地饲料资源,进行蛋鸡饲料的合理配制,有利于饲料的高效利用,对有效提高蛋鸡养殖的经济和生态效益有重要意义。

第一节　蛋鸡的营养需要

蛋鸡在维持生命活动和生产过程中,必须从饲料中摄取需要的营养物质,将其转化成自身的营养,形成鸡蛋。这些营养物质主要包括能量、蛋白质或氨基酸、维生素、矿物质及水5大类。鸡只的营养需要量受到遗传、生理状况、饲养管理及环境因素等多方面的影响。

一、能 量

能量是维持动物生命、生长及生殖等所需的营养要素,能量的需要量因鸡的品种、日龄、生产目的、生理阶段及环境温度等因素而异。鸡对能量的需要包括维持需要和生产需要,如初生雏最低热量为每克体重每小时 23 焦;成母鸡每产一枚 58 克重的蛋,需要 536 千焦的代谢能。鸡的生长和增重都需要能量,沉积 1 克脂肪需要 65.44 千焦的代谢能;沉积 1 克蛋白质需要 32.41 千焦的代谢能。

鸡只所需要的能量主要来自日粮中的碳水化合物和脂肪。碳水化合物包括淀粉、单糖、双糖和纤维素,其中淀粉和糖类是鸡的主要能量来源。各种谷实类饲料中都含有丰富的碳水化合物,而纤维素虽属碳水化合物,但不能被鸡只所利用,并导致能量摄取减少及蛋白质消化率降低,一般日粮中含量不应超过 5%。脂肪在体内代谢产生的热能远远大于碳水化合物,约是碳水化合物的 2.25 倍。日粮中淀粉含量高时,淀粉可转化为脂肪。脂肪不仅是能量的来源,而且还是脂溶性维生素的溶剂,缺乏时,脂溶性维生素就不能很好的吸收利用。另外,脂肪中的亚油酸为细胞膜的成分,亚油酸机体不能自身合成,必须由饲料中取得,因此称必需脂肪酸。植物油中含有相当数量的必需脂肪酸,这也就是人们在配合饲料中加脂肪的原因。据研究,当产蛋鸡饲料中加入 3%~5% 的脂肪时,能够获得最高的生产力和饲料利用率,但在实际生产中,添加油脂成本增加太多,故一般不添加或只添加 1%~2%。

放牧饲养的鸡饲粮需有适当的能量蛋白比,而此比率随着放养鸡日龄的增长而提高。台湾徐阿里研究结果显示育雏期、生长期及肥育期土鸡饲粮的代谢能(ME)/蛋白质(CP)(千焦/克)分别为 58.1、69.0 及 72.0。对于 13 周龄鸡,饲粮中代谢能含量提高,而蛋白质及氨基酸不作适当调整,会导致屠体脂肪量的增加。

二、蛋白质

蛋白质是蛋鸡机体的重要组成成分,同时也是鸡蛋的重要组成原料。蛋鸡体组织蛋白质含量为 18%,羽毛为 82%。蛋白质是氨基酸的聚合物,由于构成蛋白质的氨基酸数量、种类和排列顺序不同而形成了各种各样的蛋白质,因此说蛋白质营养实际上就是氨基酸的营养。按鸡只对氨基酸的营养需要通常分为必需氨基酸和非必需氨基酸两大类。必需氨基酸是指鸡体内无法合成,或合成速度及数量不能满足正常生长需要,必须由饲料供给。成年鸡的必需氨基酸有蛋氨酸、赖氨酸、色氨酸、苯丙氨酸、亮氨酸、异亮氨酸、缬氨酸、苏氨酸共 8 种。雏鸡除上述 8 种外还有组氨酸、精氨酸、甘氨酸、胱氨酸和酪氨酸共 13 种。非必需氨基酸是指鸡体内合成较多,或需要数量少的一类氨基酸,它们不需要饲料中额外添加,便可满足鸡体的需要。

饲粮蛋白质分为动物性蛋白质和植物性蛋白质两类,两者的氨基酸组成及利用价值略有不同。常用蛋白质饲料以大豆粕、鱼粉等为主,但大豆粕的含硫氨基酸稍有不足,应补充蛋氨酸。在进行蛋鸡饲粮调配时,应考虑必需氨基酸的组成、含量及利用率。保障饲料蛋白质的营养价值不但需提供足量的必需氨基酸,而且必须有足够的有机氮以合成非必需氨基酸。鸡的蛋白质供给量,应以饲粮的能量浓度而调整,因为饲粮代谢能的改变可影响鸡的采食量,故蛋白质浓度应随之变动。

三、维生素

维生素具有调节碳水化合物、蛋白质、脂肪代谢的功能。虽然鸡对维生素的需要量很小,但维生素却对鸡生长发育、生产性能及饲料利用率等有很大影响。维生素可分为脂溶性和水溶性。脂溶性维生素包括维生素 A、维生素 D、维生素 E 和维生素 K;水溶性维生素包括 B 族维生素和维生素 C 等。水溶性维生素不能在体内蓄积,短期超量使用一般无害;而脂溶性维生素能在体内蓄积,长期超量使用会出现有害作用。维生素只能从饲料中获得,鸡体不能合成,由于饲料原料中维生素含量变异大,不易掌握,故一般以维生素预混剂添加于饲料中。在散养条件下,鸡可采食到各种饲料,一般较少出现维生素缺乏,但以玉米豆粕型日粮为补饲料的,应注意补充维生素 A、维生素 D、维生素 E、维生素 K、维生素 B_2、维生素 B_{12}、泛酸和胆碱;而笼养条件下,蛋鸡所需的各种维生素均应以添加剂形式补充,否则将出现维生素缺乏,影响生长和产蛋。

四、矿物质

矿物质是一类无机营养物质,是构成鸡体组织(如骨骼和肌肉)的成分之一,约占体重的 5%。矿物质可调解渗透压、作为体内多种酶的激活剂、调节体内酸碱平衡等。根据体内含量分为常量元素和微量元素,常量元素在体内含量 0.01% 以上,包括钙、磷、钾、钠、氯、镁和硫等元素,微量元素在体内含量 0.01% 以下,包括铁、锌、铜、锰、钴、碘、钼、硒、铬等元素。以玉米-豆粕为主的实用饲粮,必须要补充钙、磷、钠、氯、铁、铜、锰、锌、碘和硒等。通常使用石灰石粉及磷酸盐补充钙与磷,使用食盐补充钠和氯,而其他微量元素均以预混剂的形式添加。

五、水

水是动物体内重要组成部分,出壳雏鸡体内含水 85%,成年鸡体内含水 55%,全蛋含水 65%。水在营养物质的消化吸收、代谢物的排泄、血液循环及体温调节等方面均起着重要作用。据试验观察,产蛋鸡群断水 24 小时,可使产蛋率下降 30% 左右;断水超过 36 小时,母鸡出现换羽现象;断水 48～60 小时,可造成较高的死亡率。

鸡的胃与哺乳动物不同,胃的持水能力有限。为使鸡具有良好的生产性能,必须持续不断地、无限制地供给新鲜卫生的饮水。鸡的饮水量受环境温度、产蛋率、采食量、饲料种类、水温、疫病、应激、鸡的体重、活动程度等多种因素的影响。当环境温度升高时,必须增加饮水。一般情况下,蛋鸡的饮水量是采食量的 2 倍左右。产蛋率越高,饮水量越大,产蛋率为 50% 时,需水量为 200 克,此后产蛋率每上升 20%,需水量增加 30~50 克。

第二节　不同养殖方式的蛋鸡营养推荐量

一、放养蛋鸡的营养推荐量

为了提高鸡的生产水平,国内外对鸡各生理时期的营养需要量及代谢规律进行了大量的研究。美国 NRC(1994)家禽营养需要量将蛋鸡的育成期分为 0~6 周龄,6~12 周龄,12~18 周龄和 18 周龄至初产期四个阶段。台湾的徐阿里(1997)关于土鸡营养需要量的研究表明,能量蛋白比率随着土鸡日龄的提高而提高,将种用土鸡依其生长阶段,分为育雏期、生长期、育成期和产蛋期。生长阶段不同,营养需要量有所不同。我们研究提出了放养鸡不同生长和生产阶段营养推荐量,如表 5-1 所示。

表 5-1　放养鸡营养推荐量

项目	育雏期 0~6 周	生长期 7~12 周	育成期 13~20 周	开产期	产蛋 高峰期	其他 产蛋期
代谢能/(MJ/kg)	11.92	12.08	11.51	12.08	12.08	12.08
粗蛋白/%	18.00	15.00	12.00	16.00	17.00	16.00
钙/%	0.90	0.70	0.70	2.40	3.00	2.80

续表 5-1

项目	育雏期 0～6 周	生长期 7～12 周	育成期 13～20 周	开产期	产蛋 高峰期	其他 产蛋期
磷/%	0.70	0.38	0.38	0.44	0.46	0.44
赖氨酸/%	1.05	0.71	0.56	0.73	0.75	0.73
蛋氨酸＋胱氨酸/%	0.77	0.65	0.52	0.59	0.62	0.59
维生素 A/(IU/千克)	6 000	5 000	4 000	5 000	6 000	5 000
维生素 E/(毫克/千克)	10	10	10	10	10	10
维生素 D/(IU/千克)	800	500	400	500	800	500
维生素 3/(毫克/千克)	0.50	0.50	0.50	0.50	0.50	0.50
食盐/%	0.30	0.30	0.30	0.30	0.30	0.30
Fe/(毫克/千克)	80	60	60	80	80	80
Cu/(毫克/千克)	8	6	6	8	8	8
Zn/(毫克/千克)	60	40	40	80	80	80
Mn/(毫克/千克)	60	40	40	60	60	60
Se/(毫克/千克)	0.30	0.30	0.30	0.30	0.30	0.30
I/(毫克/千克)	0.35	0.35	0.35	0.35	0.35	0.35

《中国畜牧学会志》对种用草鸡育成期的能量及蛋白质需要量作了报道,提出蛋白质需要量在 0～6 周龄、7～12 周龄、13～18 周龄分别为 18%、15%、12%,代谢能则均为 12.31 兆焦/千克。此结果与 NRC (1984)年推荐的来航蛋鸡的蛋白质与能量需要量相近,与徐阿里的研究结果相一致。

放养鸡要发挥高水平的产蛋性能,在育成期必须使鸡的体格得到充分发育,而饲粮中蛋白质和能量的供给是非常关键的,为了更好地发挥放养鸡生产性能和保证产品质量,有必要对其各阶段的营养需要进行深入研究,探索出适合于鸡群放牧饲养的补饲标准。

根据我们多年的试验和生产经验,初步制定了放养鸡精料补充料的营养浓度,供参考。

二、笼养蛋鸡的营养推荐量

(一)生长育成蛋鸡的营养推荐量

一般将蛋鸡的生长时期划分为几个阶段来饲喂不同营养浓度的日粮,即通常所说的"阶段饲养"。依据我国农业部在2004年9月正式颁布实施的中华人民共和国农业行业标准《鸡饲养标准》(NY/T 33—2004),按周龄将生长育成蛋鸡分为3个阶段:0~8周龄、9~18周龄、19周龄至开产。随周龄的增加,能量浓度会有所下降,这样阶段饲养可以根据鸡的生长发育特点,既节省饲料成本,也有利于鸡的正常发育。

(1)雏鸡阶段(0~8周龄) 雏鸡在出壳后的前5天,生长主要靠内源营养,即吸收卵黄囊的营养,吃料较少,5天后内源营养几乎耗尽,从此以后就要靠外源营养即饲料来满足营养需要。雏鸡处于快速生长阶段,采食的营养主要用于肌肉、骨骼的快速生长,但消化系统发育不健全,采食量较小,同时肌胃研磨饲料能力差,消化道酶系发育不全,消化力低,对饲料的要求较高,配合日粮要做到高能量、高蛋白和低纤维,各种营养成分充足、平衡,而且要易消化,适口性好。

(2)育成阶段(8周龄后) 雏鸡从8周龄以后开始进入育成阶段,这一阶段对于蛋鸡来说是至关重要的,它决定了鸡在性成熟后的体质、产蛋性能和种用价值。这一阶段营养水平的高低,对于蛋鸡适时达到性成熟及正常的性成熟体重非常重要。雏鸡在8周龄后,对外界环境已有一定的适应能力,生长发育正处于旺盛时期,骨骼、肌肉的增长要高于脂肪积累。因此,对能量、蛋白等营养成分的需求相对较低,对纤维素水平的限制可以适量放宽,可以使用一些粗纤维较高的原料如糠麸、草粉等,降低饲料成本。育成的中后期生殖系统开始发育至性成熟。这一过程,通过营养控制及适当的管理手段,要使鸡大部分达到标准体重,并使性成熟适时及尽量同期化。

（3）不同生长阶段营养推荐量　表 5-2 中列出了笼养蛋鸡不同生长阶段营养需要量。

(二)产蛋鸡营养推荐量

日粮浓度和日采食量的变化,会直接影响到其他营养素的绝对进食量。在不同的环境温度下,蛋鸡对能量的需要量变化很大,而其他营养物质的需要量却很少受到影响。因此,当能量浓度高于或低于饲养标准推荐量时,应根据蛋白能量比和氨基酸能量比等适当调整蛋白质、氨基酸及其他营养物质所占日粮的比例。

在夏季高温应激环境下,鸡的采食量降低,应适当提高蛋鸡日粮的营养水平。在饮水中增加维生素 C 粉剂,或在每千克日粮中补加 50～100 毫克维生素 C,可有效缓解应激,提高产蛋率和蛋壳强度。表 5-3 列出了蛋鸡不同产蛋期营养需要量。

第三节　蛋鸡常用的生态饲料及添加剂种类

一、蛋鸡常用的生态饲料

蛋鸡生产中常用的饲料主要有能量饲料、蛋白质饲料、矿物质饲料、维生素饲料和添加剂饲料。而生态动物性蛋白质饲料对于提高蛋鸡生长速度和生产性能具有良好效果,特别是在冬季补饲中作用更大。目前较好的生态动物蛋白质来源有人工养殖的蝇蛆、蚯蚓、黄粉虫和蝗虫等生态仿生饲料。

表 5-2　生长蛋鸡营养需要量

营养指标	0～8周龄	9～18周龄	19周龄至开产	营养指标	0～8周龄	9～18周龄	19周龄至开产
代谢能/(兆焦/千克)	11.91	11.70	11.50	氯/%	0.15	0.15	0.15
粗蛋白质/%	19.00	15.50	17.00	铁/(毫克/千克)	80	60	60
蛋白能量比/(克/兆焦)	15.95	13.25	14.78	铜/(毫克/千克)	8	6	8
赖氨酸能量比/(克/兆焦)	0.84	0.58	0.61	锌/(毫克/千克)	60	40	80
赖氨酸/%	1.00	0.68	0.70	锰/(毫克/千克)	60	40	60
蛋氨酸/%	0.37	0.27	0.34	碘/(毫克/千克)	0.35	0.35	0.35
蛋氨酸+胱氨酸/%	0.74	0.55	0.64	硒/(毫克/千克)	0.30	0.30	0.30
苏氨酸/%	0.66	0.55	0.62	亚油酸/%	1	1	1
色氨酸/%	0.20	0.18	0.19	维生素 A/(IU/千克)	4 000	4 000	4 000
精氨酸/%	1.18	0.98	1.02	维生素 D/(IU/千克)	800	800	800
亮氨酸/%	1.27	1.01	1.07	维生素 E/(IU/千克)	10	8	8
异亮氨酸/%	0.71	0.59	0.60	维生素 K/(毫克/千克)	0.5	0.5	0.5
苯丙氨酸/%	0.64	0.53	0.54	硫胺素/(毫克/千克)	1.8	1.3	1.3
苯丙氨酸+酪氨酸/%	1.18	0.98	1.00	核黄素/(毫克/千克)	3.6	1.8	2.2
组氨酸/%	0.31	0.26	0.27	泛酸/(毫克/千克)	10	10	10
脯氨酸/%	0.50	0.34	0.44	烟酸/(毫克/千克)	30	11	11
缬氨酸/%	0.73	0.60	0.62	吡哆醇/(毫克/千克)	3	3	3
甘氨酸+丝氨酸/%	0.82	0.68	0.71	生物素/(毫克/千克)	0.15	0.10	0.10
钙/%	0.90	0.80	2.00	叶酸/(毫克/千克)	0.55	0.25	0.25
总磷/%	0.70	0.60	0.55	维生素 B_{12}/(毫克/千克)	0.010	0.003	0.004
非植酸磷/%	0.40	0.35	0.32	胆碱/(毫克/千克)	1 300	900	500
钠/%	0.15	0.15	0.15				

注：①根据中型体重鸡制定；轻型鸡可酌减10%；开产日龄按5%产蛋率计算；②摘自中华人民共和国农业行业标准《鸡饲养标准》(NY/T 33—2004)。

表 5-3 产蛋鸡营养推荐量

营养指标	开产至高峰期(>85%)	高峰后(<85%)	种鸡
代谢能/(兆焦/千克)	11.29	10.87	11.29
粗蛋白质/%	16.50	15.50	18.00
蛋白能量比/(克/兆焦)	14.61	14.26	15.94
赖氨酸能量比/(克/兆焦)	0.64	0.61	0.63
赖氨酸/%	0.75	0.70	0.75
蛋氨酸/%	0.34	0.32	0.34
蛋氨酸+胱氨酸/%	0.65	0.56	0.65
苏氨酸/%	0.55	0.50	0.55
色氨酸/%	0.16	0.15	0.16
精氨酸/%	0.76	0.69	0.76
亮氨酸/%	1.02	0.98	1.02
异亮氨酸/%	0.72	0.66	0.72
苯丙氨酸/%	0.58	0.52	0.58
苯丙氨酸+酪氨酸/%	1.08	1.06	1.08
组氨酸/%	0.25	0.23	0.25
缬氨酸/%	0.59	0.54	0.59
甘氨酸+丝氨酸/%	0.57	0.48	0.57
可利用赖氨酸/%	0.66	0.60	—
可利用蛋氨酸/%	0.32	0.30	—
钙/%	3.5	3.5	3.5
总磷/%	0.60	0.60	0.60
非植酸磷/%	0.32	0.32	0.32

营养指标	开产至高峰期(>85%)	高峰后(<85%)	种鸡
钠/%	0.15	0.15	0.15
氯/%	0.15	0.15	0.15
铁/(毫克/千克)	60	60	60
铜/(毫克/千克)	8	8	6
锰/(毫克/千克)	60	60	60
锌/(毫克/千克)	80	80	60
碘/(毫克/千克)	0.35	0.35	0.35
硒/(毫克/千克)	0.30	0.30	0.30
亚油酸/%	1	1	1
维生素 A/(IU/千克)	8 000	8 000	10 000
维生素 D/(IU/千克)	1 600	1 600	2 000
维生素 E/(IU/千克)	5	5	10
维生素 K/(毫克/千克)	0.50	0.50	1.00
硫胺素/(毫克/千克)	0.80	0.80	0.80
核黄素/(毫克/千克)	2.50	2.50	3.80
泛酸/(毫克/千克)	2.20	2.20	10
烟酸/(毫克/千克)	20	20	30
吡哆醇/(毫克/千克)	3.00	3.00	4.50
生物素/(毫克/千克)	0.10	0.10	0.15
叶酸/(毫克/千克)	0.25	0.25	0.35
维生素 B_2/(毫克/千克)	0.004	0.004	0.004
胆碱/(毫克/千克)	500	500	500

注：摘自中华人民共和国农业行业标准《鸡饲养标准》NY/T 33—2004。

(一)蝇蛆

据分析,蝇蛆含粗蛋白质 $59\%\sim65\%$,脂肪 $2.6\%\sim12\%$,无论原物质或是干粉,蝇蛆的粗蛋白质含量都和鲜鱼、鱼粉及肉骨粉相近或略高。蝇蛆的营养成分较为全面,含有动物所需要的多种氨基酸,且每一种氨基酸含量都高于鱼粉,必需氨基酸总量是鱼粉的 2.3 倍,蛋氨酸含量是鱼粉的 2.7 倍,赖氨酸含量是鱼粉的 2.6 倍。蝇蛆粉的必需氨基酸总量为 43.30%,超过粮食与农业组织(FAO)提出的参考值 40%,其必需氨基酸与非必需氨基酸总量的比值为 0.76,超过 FAO 提出的参考值 0.6。同时,蝇蛆体内除钾、钠、钙、镁等常量元素外,还含有铁、锌、锰、钴、铬、镍、硼等多种微量元素。蝇蛆油脂中不饱和脂肪酸占 68.2%,必需脂肪酸占 36%(主要为亚油酸)。虽然一般植物油中含有较多的亚油酸和亚麻酸,其营养价值比动物油脂高,但蝇蛆所含必需脂肪酸均比花生油、菜籽油高。此外,蝇蛆体内还含有维生素 A、维生素 D、维生素 B 以及抗菌活性蛋白、凝集素、溶菌酶等多种生物活性成分。

饲养试验证实,用蝇蛆代替部分或全部鱼粉作蛋白质饲料喂养畜禽取得了较好的效果。在其他条件完全相同的情况下,用 10% 的蝇蛆粉喂养蛋鸡与用 10% 的鱼粉饲喂蛋鸡相比,喂蝇蛆粉组的产蛋率比喂鱼粉组提高 20.3%,饲料报酬提高 15.8%,每只鸡增加收益 72.3%。在雏鸡阶段,每天加喂部分蝇蛆,每千克鲜蛆可使雏鸡增重 0.75 千克,可增值 2 元左右,喂蝇蛆组的鸡开产日龄比对照组提前 28 天,产蛋量和平均蛋重都明显高于对照组。

(二)蚯蚓

蚯蚓的主产品是蚓体,副产品为蚓粪。蚯蚓可药用,具有解热镇痛、通络平喘、解毒利尿的功能,能治疗多种疾病。蚯蚓富含蛋白质,干蚯蚓含蛋白 66.5%。在蛋白质组成中,富含人体及动物需要的各种必需氨基酸。国内外报道,蚯蚓可饲喂多种动物,具有提高生产性能、降低饲料消耗、促进换羽、防病治病的作用。蚯蚓粪不仅是优质的肥料,也可作为动物的饲料。

马雪云(2003)报道,以 2%的蚯蚓粉饲喂 37 周龄伊萨褐壳蛋鸡,试验期为 30 天,试验组鸡比对照组鸡的产蛋率提高 3.41%($P<0.05$),耗料降低 3.91%($P<0.05$);鸡的精神、体貌普遍好于对照组;鸡蛋中胆固醇含量降低 9.9%($P<0.01$),锌含量增加 11.19%($P<0.05$),铁含量增加 21.68%($P<0.05$)。张桂英(1994)报道,以 5%的蚯蚓粉替代等量鱼粉饲喂蛋鸡 60 天,产蛋率试验组提高 1.35 个百分点,软壳蛋率降低 1.05 个百分点,蛋重增加 1.99 克,每千克鸡蛋消耗饲料降低 0.42 千克,节约饲料 14.53%,效益显著。

(三)黄粉虫

黄粉虫营养丰富,幼虫含粗蛋白质 51%~60%;各种氨基酸齐全,其中赖氨酸 5.72%、蛋氨酸 0.53%;含脂肪 11.99%、钙 1.02%、磷 1.11%、碳水化合物 7.4%。另外,还含有糖类、维生素、激素、酶及矿物质磷、铁、钾、钠等,营养价值高。可用于各种畜禽及经济动物的饲养,能加快生长发育,增强抗病抗逆能力,降低饲料成本,提高产出效益。

王应昌等(1996)报道,以 5%的黄粉虫幼虫粉替代等量的进口鱼粉饲喂产蛋高峰期的蛋鸡,试验期 23 天。结果表明,添加黄粉虫组产蛋率为 93.42%,而进口鱼粉组产蛋率为 92.33%,较对照组提高 1.09 个百分点;蛋重试验组平均为 53.34 克,对照组为 52.97 克,增加 0.37 克。由此可见,黄粉虫幼虫粉代替鱼粉喂鸡效果更好。另有报道,以 1%的黄粉虫粉替代等量的微量元素饲喂蛋鸡 43 天,试验组较对照组提高产蛋率 7%~12%。

(四)蝗虫

蝗虫营养丰富,具有高蛋白、低脂肪、低胆固醇、矿物质及维生素含量与种类丰富等优点。鲜品含水分约 65.9%、蛋白质 25.5%、脂肪 2%、碳水化合物 1.4%、灰分 2.3%及维生素 A、维生素 C、B 族维生素等。干品约含水分 20%、蛋白质 64%、脂肪 2.3%及少量维生素 A、B族维生素和约 3.3%的灰分(磷、钙、铁、铜、锰等)。中华稻蝗必需氨基酸含量占氨基酸总量的 47.73%,蛋氨酸含量(0.75%)与半胱氨酸含量(1.3%)之和超过了畜禽的饲养标准,完全可以利用蝗虫作为添加饲料为畜禽补充氨基酸。

袁世永(1997)报道,用 4%蝗虫粉代替鱼粉饲喂伊萨褐商品蛋鸡,产蛋率提高 1.48%,饲料转化率提高 1.48%,紫褐壳蛋提高 0.62%,破损率降低 100%,蛋壳坚硬光滑,色泽好。李韬等(1995)报道,在星杂 288 蛋鸡饲料中添加蝗虫粉 10 克/(天·只),可提高产蛋量18.08%,产蛋率提高 7.99%。

二、蛋鸡常用的添加剂种类

饲料添加剂是指在配制饲料时添加的各种微量成分。其作用或是具有生物活性,或是可以提高或改进饲料效用。天然饲料中虽然含有鸡生长繁育所需要的营养成分,如蛋白质、碳水化合物、脂肪、矿物质、维生素等,但这些成分不一定完全能满足鸡的需要。因此在配合饲料中必须加入一些饲料添加剂,用以完善饲料的营养性,提高饲料利用率,促进鸡的生长和预防疾病,减少饲料在贮存期间营养物质的损失,改进家禽肉蛋品质。

饲料添加剂根据其作用可分为营养性添加剂和非营养性添加剂。

(一)营养性添加剂

营养性添加剂是补足日粮中含量不足的营养物质,使其各种营养成分达到完善和平衡。添加剂的品种和数量取决于基础日粮的状况和鸡的营养状况。在正常情况下,根据鸡的不同生长阶段、生产目标,按照饲养标准确定添加剂的种类和数量。主要包括氨基酸添加剂、微量元素添加剂和维生素添加剂。

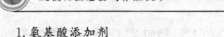

1.氨基酸添加剂

各种饲料原料的蛋白质组成不同,氨基酸平衡性差,尽管人们由不同种类原料,采用不同配比配制出完全配合饲料,但氨基酸的平衡性还是不好掌握。最好的方式是采用氨基酸添加剂来平衡氨基酸以满足鸡只需要。目前使用较多的是人工合成的蛋氨酸和赖氨酸。在鸡饲料中,蛋氨酸是第一限制性氨基酸,一般在植物性饲料中蛋氨酸含量很少,不能满足鸡的需要,以大豆饼为主要蛋白质来源的日粮中,添加蛋氨酸可以节省动物性饲料,若豆饼不足,还可强化饲料的蛋白质营养。赖氨酸也是限制性氨基酸,在动物性蛋白质饲料和植物性饲料的豆科饲料中含量较高,而谷类饲料中含量较少。

2.矿物质微量元素添加剂

蛋鸡生产中矿物质微量元素需要量虽然低,却不可缺乏,只有靠含微量元素的饲料添加剂来补充。这种添加剂主要有 3 类:第一类是无机盐类,如硫酸亚铁、硫酸铜等;第二类是有机盐类产品,如柠檬酸铁;第三类是微量元素－氨基酸螯合物,如氨基酸铁。

3.维生素添加剂

维生素是一类低分子有机化合物,它既不为动物提供能量,也不是构成体内组织的成分,却是维持动物正常生理机能和动物生命所必需的微量营养成分。其主要功能是调节动物体内各种生理机能的正常进行,对动物健康、生长、繁殖等都起着非常重要的作用。每一种维生素都有其他物质所不能代替的作用。这类添加剂有单一的制剂,如维生素 B_1、维生素 E 粉,也有复合维生素制剂。维生素添加剂的使用有着严格的定量限量和质量标准,在使用时应特别注意。

(二)非营养性添加剂

主要包括生长促进剂、驱虫剂、抗球虫剂、防霉剂、着色剂、调味剂、黏结剂、抗氧化剂等。在使用时可根据需要进行选择。按产品说明使用,严格注意停药期,避免药物残留。

(三)绿色饲料添加剂

绿色饲料添加剂是指能够提高畜禽对饲料的适口性和利用率,抑制胃肠道有害菌感染,增强机体的抵抗力和免疫力。无论时间长短,都不会产生毒副作用及有害物质在畜禽体内和产品内的残留,能够提高畜禽产品的产量和品质,对消费者健康有益无害,对环境无污染的饲料添加剂。目前人们公认的绿色饲料添加剂有以下几类。

1. 微生态制剂也称有益菌制剂、益生素

它是将动物体内的有益微生物经过人工筛选培育,再经过现代生物工程工厂化生产,专门用于动物营养保健的活菌制剂。它除了以饲料添加剂和饮水剂饲用外,还可以用来发酵秸秆、鸡粪,制成生物发酵饲料,以提高粗饲料的消化吸收率并变粪为料。

微生态制剂可以补充消化道有益菌群,改善消化道菌群平衡,预防和治疗菌群失调症;能刺激机体免疫系统,提高机体免疫力;协助机体消除毒素和代谢产物;改善机体代谢,补充营养成分,促进生长;改善饲养环境,使圈舍内的氨、硫化氢等臭味减少 70% 以上。

2. 低聚糖又名寡聚糖

它是由 2~10 个单糖通过糖苷键连接成直链或支链的小聚合物总称,如异麦芽低聚糖、大豆低聚糖等。它们不仅具有低热、稳定、安全、无毒等良好的理化特性,而且由于其分子结构的特殊性,饲喂后不能被人和单胃动物消化道的酶消化利用,也不会被病原菌利用,而直接进入肠道被乳酸菌、双歧杆菌等有益菌分解成单糖,再按糖酵解的途径被利用,促进有益菌增殖和消化道的微生态平衡,对大肠杆菌、沙门氏菌等病原菌产生抑制作用。它与微生态制剂不同点在于,它主要是促进并维持动物体内已建立的正常微生态平衡;而微生态制剂是外源性的有益菌群,在消化道可重建、恢复有益菌群并维持其微生态平衡。

糖萜素是其中一例。糖萜素是从油茶饼(粕)和菜籽饼(粕)中提取的、由 30% 的糖类、30% 的萜皂苷和有机酸组成的天然生物活性物质。它可促进畜禽生长,提高日增重和饲料转化率,增强鸡体的抗病力和免疫力,并有抗氧化、抗应激作用,降低畜产品中镉、铅、汞等有害元素的含量,改善并提高畜产品色泽和品质。

3.酶制剂

酶是一种具有生物催化反应能力的蛋白质,可加速多种生物化学反应的催化活性,饲料中的蛋白质、脂肪、碳水化合物等营养物质就是依靠酶来催化的。目前,在生产中应用的有单一酶和复合酶。饲用酶制剂的基本功能是补充内源性消化酶的不足和消除降解日粮中的抗营养因子。饲料中添加酶制剂,可以提高日粮能量、蛋白质的利用率,降低日粮配方成本。

在此特别要提到的是植酸酶,由于现代化养殖业、饲料工业最缺乏的常量矿物元素是磷,但豆粕、棉粕、菜粕和玉米、麸皮等作物籽实里的磷却有 70% 为植酸磷而不能被单胃动物利用,白白地随粪便排除体外。这不仅造成资源的浪费,环境污染,而且植酸在动物消化道内以抗营养因子存在而影响钙、镁、钾、铁等阳离子和蛋白质、淀粉、脂肪、维生素的吸收。植酸酶则能将植酸水解,释放出可被吸收的有效磷,这不但消除了抗营养因子,增加了有效磷,而且还提高了被颉颃的其他营养素的吸收利用率。

4.酸化剂

用以增加胃酸,激活消化酶,促进营养物质吸收,降低肠道 pH,抑制有害菌感染。

5.防腐剂

在高温潮湿的条件下贮存饲料,饲料中污染的霉菌就会大量生长繁殖,一方面消耗了饲料中的营养物质,另一方面在繁殖过程中还会产生大量的霉菌毒素,降低了饲料的品质,严重时还会造成鸡的霉菌毒素中毒。因此,除了严格饲料的保存条件外,在加工配合饲料时还要加入防腐剂。防腐剂种类很多,如甲酸、乙酸、丙酸、柠檬酸等以及相应酸的有关盐。不少有机酸防腐剂就是酸化剂。

6.大蒜素

大蒜是人们餐桌上的常备调味品,有刺激食欲和抗菌之功效。用于饲料添加剂的有大蒜粉和大蒜素,有诱食、杀菌、促生长、提高饲料利用率和畜产品品质的作用。

7. 中草药添加剂

中草药是一种含有多种氨基酸、维生素、微量元素等营养物质的优质新型饲料添加剂。能增进机体新陈代谢,促进蛋白质和酶的合成,从而促进动物生长,提高繁殖力和生产性能,提高饲料报酬,增加经济效益,应用前景广阔。目前,中草药约有 5 000 种可用于添加剂,有 200多个品种。试验表明,在养鸡生产中添加中草药,具有调节机体生理机能,增强抗病力,提高生产性能等多方面的作用。

(1)中草药添加剂的特点 ①天然性。中草药本身为天然有机物和无机矿物,并保持了各种成分结构的自然状态和生物活性。同时,这些物质经过长时间的实践和筛选,保留了对人和动物有益无害的物质,具有天然性。②多能性。中草药多为复杂的有机物,其成分在数十种,甚至上百种,加之将中草药按传统物性理论合理组配后,使物质作用相协调,并产生全方位的作用。这是化学合成物所不可比拟的。中草药的多能性主要有营养作用、增强免疫作用、激素样作用、维生素样作用、抗应激作用、抗生素作用、双向调节作用等。③毒副作用小,不易产生抗药性。中草药所含绝大多数成分对畜禽有益无害,即使是用于防治疾病的一些有毒中草药,亦经自然炮制或精制提取和科学配方而使毒性减弱或消除。同时中草药以其独特的抗微生物和寄生虫的作用机理,不致使产生抗药性和耐药性,并可长期添加使用。

(2)中草药添加剂在蛋鸡生产中的应用 ①在蛋鸡日粮中添加0.4%由黄芪、神曲、板蓝根、地榆等10味中草药组成的添加剂。可提高产蛋率7.48%~7.93%,饲料利用率提高10.78%~12.45%,并且有防治疾病和一定的抗应激效果。②用复方中药制剂泻利康(主要由苍术、黄柏、白头翁等30味中药组成)对鸡白痢进行防治试验,结果表明,泻利康对鸡白痢具有明显的防治作用,预防保护率为96.7%;对沙门氏菌有明显抑制作用;对肝脏、肾脏等主要器官没有损伤,有一定的保护作用。

(四)饲料添加剂品种

表 5-4 列出了蛋鸡生产允许使用的饲料添加剂品种。

表 5-4　允许使用的饲料添加剂品种目录

类别	饲料添加剂名称
饲料级氨基酸（7 种）	L-赖氨酸盐酸盐、DL-蛋氨酸、DL-羟基蛋氨酸、DL-羟基蛋氨酸钙、N-羟甲基蛋氨酸、L-色氨酸、L-苏氨酸
饲料级维生素（26 种）	β-胡萝卜素、维生素 A、维生素 A 乙酸酯、维生素 A 棕榈酸酯、维生素 D_3、维生素 E、维生素 E 乙酸酯、维生素 K_3（亚硫酸氢钠甲萘醌）、二甲基嘧啶醇亚硫酸甲萘醌、维生素 B_1（盐酸硫胺）、维生素 B_1（硝酸硫胺）、维生素 B_2（核黄素）、维生素 B_6、烟酸、烟酰胺、D-泛酸钙、DL-泛酸钙、叶酸、维生素 B_{12}（氰钴胺）、维生素 C（L-抗坏血酸）、L-抗坏血酸钙、L-抗坏血酸-2-磷酸酯、D-生物素、氯化胆碱、L-肉碱盐酸盐、肌醇
饲料级矿物质、微量元素（46 种）	硫酸钠、氯化钠、磷酸二氢钠、磷酸氢二钠、磷酸二氢钾、磷酸氢二钾、碳酸钙、氯化钙、磷酸氢钙、磷酸二氢钙、磷酸三钙、乳酸钙、七水硫酸镁、一水硫酸镁、氧化镁、氯化镁、七水硫酸亚铁、一水硫酸亚铁、三水乳酸亚铁、六水柠檬酸亚铁、富马酸亚铁、甘氨酸铁、蛋氨酸铁、五水硫酸铜、一水硫酸铜、蛋氨酸铜、七水硫酸锌、一水硫酸锌、无水硫酸锌、氧化锌、蛋氨酸锌、一水硫酸锰、氯化锰、碘化钾、碘酸钾、碘酸钙、六水氯化钴、一水氯化钴、亚硒酸钠、酵母铜、酵母铁、酵母锰、酵母硒、烟酸铬、甲基吡啶铬、酵母铬
饲料级酶制剂（12 类）	蛋白酶（黑曲霉、枯草芽孢杆菌）、淀粉酶（地衣芽孢杆菌、黑曲霉）、支链淀粉酶（嗜酸乳杆菌）、果胶酶（黑曲霉）、脂肪酶、纤维素酶（reesei 木霉）、麦芽糖酶（枯草芽孢杆菌）、木聚糖酶（insolens 腐质霉）、β-聚葡糖酶（枯草芽孢杆菌、黑曲霉）、甘露聚糖酶（缓慢芽孢杆菌）、植酸酶（黑曲霉、米曲霉）、葡萄糖氧化酶（青霉）

续表5-4

类别	饲料添加剂名称
饲料级微生物添加剂(11种)	干酪乳杆菌、植物乳杆菌、粪链球菌、乳酸片球菌、枯草芽孢杆菌、纳豆芽孢杆菌、嗜酸乳杆菌、乳链球菌、啤酒酵母菌、产朊假丝酵母、沼泽红假单胞菌
抗氧剂(4种)	乙氧基喹啉、二丁基羟基甲苯(BHT)、丁基羟基茴香醚(BHA)、没食子酸丙酯
防腐剂、电解质平衡剂(25种)	甲酸、甲酸钙、甲酸铵、乙酸、双乙酸钠、丙酸、丙酸钙、丙酸钠、丙酸铵、丁酸、乳酸、苯甲酸、苯甲酸钠、山梨酸、山梨酸钠、山梨酸钾、富马酸、柠檬酸、酒石酸、苹果酸、磷酸、氢氧化钠、碳酸氢钠、氯化钾、氢氧化铵
着色剂(6种)	β-阿朴-8,-胡萝卜素醛、辣椒红、β-阿朴-8,-胡萝卜素酸乙酯、虾青素、β,β-胡萝卜素-4,4-二酮(斑蝥素)、叶黄素(万寿菊花提取物)
黏结剂、抗结块剂和稳定剂〔13种(类)〕	α-淀粉、海藻酸钠、羧甲基纤维素钠、丙二醇、二氧化硅、硅酸钙、三氧化二铝、蔗糖脂肪酸酯、山梨醇酐脂肪酸酯、甘油脂肪酸酯、硬脂酸钙、聚氧乙稀20山梨醇酐单油酸酯、聚丙烯酸树脂Ⅱ
其他(10种)	糖萜素、甘露低聚糖、肠膜蛋白素、果寡糖、乙酰氧肟酸、天然类固醇萨洒皂角苷(YUCCA)、大蒜素、甜菜碱、聚乙烯聚吡咯烷酮(PVPP)、葡萄糖山梨醇

注:摘自《允许使用的饲料添加剂品种目录》。

第四节　蛋鸡饲料配制技术

　　蛋鸡在不同年龄、不同生理状态及不同生产性能下对营养物质的需求不同,单一的饲料很难满足这种需求,必须根据适当的饲养标准,采用多种饲料合理搭配,组成鸡的日粮。所谓日粮是指鸡一昼夜(24

小时)采食各种饲料的总和。日粮配合实际上就是确定日粮配方的过程。

一、饲料配制原则

由于养鸡的饲料费用占生产成本的比例很大,因此配合日粮时要精打细算,制定典型配方,既能满足鸡的生长和生产需要,保证鸡的健康,又不浪费饲料,日粮的价格又低,这是配制鸡日粮的关键。配制蛋鸡日粮应遵循以下原则,具体有以下几点。

①根据蛋鸡的类型、品种、年龄、生理阶段、生产性能、饲养方式及环境温度,参考适当的饲养标准,结合当地的生产实践,确定各种营养的需要量,对饲料中各种营养成分要合理把握,科学配制。不能机械地照搬饲养标准。

②力求适口性好和价格便宜。在保证营养全价的前提下,结合本地饲料资源,选择一些适口性好、产量高、来源广、营养丰富、价格低廉的农副产品作为配制蛋鸡日粮的饲料原料。

③合理搭配,饲料原料种类要多样化。鸡对营养物质的需求是多方面的,任何一种饲料原料都不可能满足其对多种营养的需要。因此,要选用营养特点不同的多种饲料进行配合,发挥各种营养成分的互补作用,提高营养物质的利用率。

④符合鸡的消化生理特点。在配制鸡各个阶段需要的日粮时,对饲料中各种营养成分要合理把握,科学配制。日粮中精、粗饲料比例要适当。鸡是单胃动物,消化粗纤维的能力较差,日粮中粗饲料的比例不能过高,一般蛋鸡日粮中粗纤维含量为3%～5%。

⑤鸡有根据日粮能量浓度调节采食量的特点,要注意日粮中营养物质含量与能量的比例,避免采食饲料不足和过量的现象。

⑥在保证营养全价的同时,要注意日粮的有效性和安全性。严格遵守饲料卫生标准和相关条例法规,不用发霉变质及有毒有害的饲料原料配制日粮。配制的饲料贮藏时间不能过长,应根据用量的多少,配

制1～2周的饲料,喂完后再配。

⑦饲料配制时应搅拌均匀,特别是维生素、微量元素、氨基酸等在配合饲料中用量少,作用大,若混合不均,会造成中毒现象。

⑧饲料配方要相对稳定。频繁变动饲料配方和原料会造成消化不良,影响生长和产蛋。

⑨根据季节及气温的变化,灵活配制日粮的能量及其他营养物质的浓度。

二、日粮配制所需资料

在配制日粮前,应掌握以下资料:蛋鸡的营养需要量、饲料营养成分及营养价值表、鸡的采食量、鸡日粮中饲料原料的大致比例及各种饲料原料的价格。

①鸡的营养需要量和饲料营养成分及营养价值:放养鸡营养需要可参考表5-1给出的营养推荐量,笼养鸡的营养需要可参考表5-2和表5-3给出的推荐量。饲料营养成分可参考《中国禽用饲料成分及营养价值表》。

②鸡的采食量:鸡的采食量受很多因素的影响,如季节、饲料营养浓度、鸡的品种、性别、体重、生理阶段、生产水平等。一般而言,气温越低、饲料营养水平越低、体重越大、生产水平越高,采食量越大。

③鸡日粮中饲料原料的大致比例:饲料原料的营养特点不同,在日粮中所占的比例不同。生产实践中,常用饲料原料的大致比例,如表5-5所示。

表5-5 常用饲料原料比例 %

饲料种类	饲料比例	
	放养鸡	笼养鸡
能量饲料	58～72	40～70
植物性蛋白饲料	12～25	15～25

续表 5-5

饲料种类	饲料比例	
	放养鸡	笼养鸡
动物性蛋白饲料	0～5	0～10
矿物质饲料	2～10	1～7
食盐	0.3	0.3～0.5
营养性添加剂	适量	适量

三、日粮配制的方法

饲料配方设计方法大体上可分为手算法和计算机最低成本法 2 类。其中手算法简单易学,灵活性强,比较适合小规模饲养场和饲养户应用。计算机最低成本法适合规模鸡场和大型饲料厂应用,既快捷,又精确。

(一)手算法

手算法包括试差法、交叉法和联立方程法。试差法是目前普遍采用的方法之一,又称凑数法。下面就试差法举例说明配方设计的方法和步骤。

配制柴鸡开产期日粮,步骤如下。

①查阅放养鸡营养推荐量,确定日粮中粗蛋白质含量为 16%,代谢能为 12.08 兆焦/千克。

②结合本地饲料原料来源、营养价值、饲料的适口性、毒素含量等情况,初步确定选用饲料原料的种类和大致用量。

③实测所选饲料原料的营养价值或从饲料营养价值表中查阅所选原料的营养成分含量,初步计算出粗蛋白质的含量和代谢能,见表 5-6。

表 5-6 柴鸡开产期日粮配合初步计算结果

饲料种类	比例/%	粗蛋白质/%	代谢能/(兆焦/千克)
玉米	59.00	5.074	8.384
麸皮	5.40	0.778	0.373
豆粕	16.00	7.152	1.686
花生粕	7.60	3.230	0.953
鱼粉	1.40	0.771	0.172
石粉	8.00		
骨粉	2.00		
食盐	0.25		
复合多维	0.05		
微量元素	0.10		
蛋氨酸	0.10		
赖氨酸	0.10		
合计	100	17.01	11.57

④将计算结果与饲养标准对比,发现粗蛋白质 17.01%,比标准 16%高;代谢能 11.57 兆焦/千克,比标准 12.08 兆焦/千克略低。调整配方,增加高能量饲料玉米的比例,降低高蛋白质饲料的比例。调整后结果与推荐标准基本相符,见表 5-7。

表 5-7 柴鸡开产期日粮配合的计算结果

饲料种类	比例/%	粗蛋白质/%	代谢能/(兆焦/千克)
玉米	65.60	5.645	9.323
麸皮	1.00	0.144	0.069
豆粕	12.00	5.364	1.265
花生粕	8.80	3.740	1.104
鱼粉	2.00	1.102	0.246
石粉	8.00		
骨粉	2.00		
食盐	0.25		
复合多维	0.05		

续表 5-7

饲料种类	比例/%	粗蛋白质/%	代谢能/(兆焦/千克)
微量元素	0.10		
蛋氨酸	0.10		
赖氨酸	0.10		
合计	100	16.00	12.01

(二)计算机最低成本法

目前较为先进的方法是使用电子计算机筛选最佳配方。这种方法速度快,可以考虑多种原料和多个营养指标,最主要的是能够设计出最低成本的饲料配方。现在应用的计算机软件多是应用线性规划法,即在选定饲料种类的前提下,在满足各项营养指标的同时,使配方成本最低。但计算机也只能作为辅助设计,需要有经验的营养专家修订原料用量及最终配方的检查确定。有时配方计算无解,需要调整。

四、注意事项

在配方设计时,不同原料的用量要灵活掌握。例如,能量饲料主要有玉米、高粱、次粉和麸皮。由于高粱含有的单宁较多,用量应适当限制;麦麸的能量含量较低,在育雏期和产蛋期用量不可太多,否则将达不到营养标准。另外,动物性蛋白饲料主要是优质鱼粉、蝇蛆粉、黄粉虫粉、蚯蚓粉和蝗虫粉,尽量不用土作坊生产的皮革粉或肉骨粉。油脂对于提高能量含量起到重要作用,但选用油脂最好使用无毒、无刺激和无不良气味的植物性油脂,不应选用羊油、牛油等有膻味的油脂,以防将这种不良气味带到产品中去,影响适口性,降低产品品质。

关于沙砾的添加,一般笼养鸡应添加一些小石子,以帮助消化。但在放养期间鸡可自由采食自己所需要的营养物质,田间或草地中,特别是山场,有丰富的沙石,可不必另外添加。

青饲料的添加问题。为了保证笼养鸡的蛋品质量,应在饲料中适量添加青饲料。而放养鸡,由于可采食大量的青绿饲料,因此,没有必要在补充的饲料中额外添加。但是在育雏后期,为了使小鸡适应放养期的饲料,可逐渐在配合饲料中添加10%～30%的优质青饲料;在冬季产蛋期,为了保证鸡蛋蛋黄色度和降低胆固醇,可在配合饲料中增加10%～15%的优质青饲料(蔬菜)或添加5%左右的优质青干草。

　　钙磷比问题。在鸡的饲料中钙磷要有恰当的比例,因为鸡只对磷的吸收与饲料中钙含量有关。当饲料中含钙过多时,有碍于雏鸡生长,也影响磷、镁、锰、锌的吸收,一般鸡只生长阶段,钙磷比为(1～1.5):1,产蛋阶段钙磷比为(5～6):1。

第五节　日粮配方推荐

　　以下列举蛋鸡在放养和笼养条件下的饲料配方,作为饲粮配合的参考。

一、放养鸡饲料配方推荐

　　根据我们多年的研究和生产实践,推荐几个配方,供参考,见表5-8,表5-9。

表5-8　生长育成期饲料配方　　　　　　　　　　%

饲料	育雏期(0～6周龄)		育成期(7～18周龄)	
	配方1	配方2	配方1	配方2
玉米	63.00	44.00	70.00	72.00
小麦麸	7.00	8.00	9.70	9.10
大豆饼	27.00	17.00	12.00	12.00
花生仁饼	—	8.00	2.50	2.00
高粱	—	10.00		

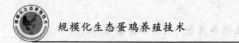

续表 5-8

饲料	育雏期(0～6周龄)		育成期(7～18周龄)	
	配方 1	配方 2	配方 1	配方 2
次粉	—	9.50	2.60	2.00
石粉	1.50	1.50	1.20	1.40
磷酸氢钙	1.00	1.10	1.20	1.00
蛋氨酸	0.05	0.05	—	—
赖氨酸	0.01	0.05	—	—
预混料	0.50	0.50	0.50	0.25
食盐	0.30	0.30	0.30	0.30
主要营养水平				
代谢能/(兆焦/千克)	11.87	11.72	12.05	12.87
粗蛋白	18.02	18.16	14.03	14.01
钙	0.94	0.95	0.78	0.80
有效磷	0.38	0.40	0.36	0.32
赖氨酸	0.89	0.81	0.56	0.56
蛋氨酸＋胱氨酸	0.66	0.61	0.48	0.49

表 5-9　产蛋期饲料配方　　　　　　　　　　　　　%

饲料	开产前期 (18～22周)	产蛋期(23周开始)			
		开产期	产蛋 高峰期 1	产蛋 高峰期 2	其他产蛋期
玉米	67.00	61.60	54.12	67.60	57.00
大豆粕	13.00	13.00	17.08	16.00	13.00
花生仁饼	—	8.00	8.00	8.00	8.00
次粉	9.00	10.00	8.00	—	10.70
石粉	4.00	5.52	7.70	7.00	7.20
磷酸氢钙	1.40	1.30	1.20	1.00	1.20
酵母	5.00	—	—	—	—
植物油	—	1.00	3.00	—	2.00
蛋氨酸	0.08	0.10	0.10	0.08	0.10
赖氨酸	—	0.11	—	0.05	0.05
预混料	0.25	0.50	0.50	0.25	0.50

续表 5-9

饲料	开产前期 （18～22 周）	产蛋期（23 周开始）			其他产蛋期
		开产期	产蛋 高峰期 1	产蛋 高峰期 2	
食盐	0.30	0.30	0.30	0.05	0.30
主要营养水平					
代谢能/（兆焦/千克）	12.83	12.05	12.18	12.78	12.20
粗蛋白	15.05	16.00	17.00	16.70	16.10
钙	1.83	2.40	3.20	2.85	3.00
有效磷	0.38	0.43	0.45	0.35	0.43
赖氨酸	0.67	0.74	0.75	0.72	0.71
蛋氨酸	0.33	0.35	0.38	0.35	0.36
蛋氨酸＋胱氨酸	0.59	0.62	0.65	0.63	0.62

二、笼养蛋鸡饲料配方推荐

见表 5-10、表 5-11。

表 5-10　生长育成期饲料配方　　　　　　　　　　　%

饲料	育雏期 （0～6 周龄）			育成前期 （7～14 周龄）			育成后期 （15～20 周龄）		
	配方 1	配方 2	配方 3	配方 1	配方 2	配方 3	配方 1	配方 2	配方 3
玉米	58.08	58.33	64.70	59.06	59.45	72.80	56.07	61.64	72.30
高粱	3.18	—		4.14	—		4.22	—	
小麦麸	9.00	—		13.00	—		23.00		
小麦粉	—	12.70			18.70	3.00		29.90	
大豆饼	7.00	25.70	25.40	5.00	18.80	13.00	4.00	5.70	16.90
菜籽粕			2.50	—		4.00	—		2.00
胡麻粕			1.00			4.00			1.00
花生饼	7.00			6.00			4.00		
芝麻饼	7.00			6.00			4.00		
鱼粉	6.00	—	2.00	4.00			2.00		

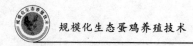

续表 5-10

饲料	育雏期(0～6周龄)			育成前期(7～14周龄)			育成后期(15～20周龄)		
	配方1	配方2	配方3	配方1	配方2	配方3	配方1	配方2	配方3
骨粉	0.90	1.80	—	1.00	1.50	—	0.90	1.10	—
贝壳粉	0.40	—		0.40	—		0.40	—	
石灰石粉	0.10	0.04	0.50	0.10	0.13		0.10	0.26	4.50
磷酸氢钙	—	—	2.60	—	—	1.90	—	—	2.00
赖氨酸	0.10								
蛋氨酸	0.05	0.08	—	0.05	0.07	—		0.05	
添加剂	1.00	1.00	1.00	1.00	1.00	1.00	1.00	1.00	1.00
食盐	0.19	0.35	0.30	0.25	0.35	0.30	0.31	0.35	0.30
主要营养水平									
代谢能(兆焦/千克)	12.09	11.92	12.38	11.97	11.72	12.55	11.46	11.30	12.34
粗蛋白	18.50	18.00	18.54	16.40	16.00	15.08	14.40	12.00	14.48
钙	0.85	0.80	1.03	0.78	0.70	1.00	0.62	0.60	2.25
有效磷	0.41	0.40	0.88	0.37	0.35	0.63	0.31	0.30	0.65
赖氨酸	0.85	0.80	0.45	0.63	0.71	0.41	0.52	0.45	0.41
蛋氨酸	0.60	0.30	0.54	0.53	0.27	0.46	0.43	0.20	0.43

表 5-11　产蛋期饲料配方　　　　　　　　　%

饲料	5%至高峰		75%～85%		65%～75%		<65%	
	配方1	配方2	配方1	配方2	配方1	配方2	配方1	配方2
黄玉米	56.61	56.34	58.32	57.78	62.00	61.59	61.86	61.69
麸皮	3.19	—	3.76	0.73	5.14	2.87	4.38	2.77
熟豆饼	24.72	32.47	23.31	30.19	18.91	24.07	20.63	24.07
进口鱼粉	5.00	—	4.00	—	3.00	—	2.00	—
石粉	7.33	7.52	7.90	7.60	8.50	8.28	8.43	8.28
骨粉	2.14	3.13	2.21	3.15	1.96	2.67	2.20	2.67
蛋氨酸	0.15	0.19	0.15	0.19	0.13	0.16	0.14	0.16
食盐	0.35	0.35	0.36	0.36	0.36	0.36	0.36	0.36

续表 5-11

饲料	5％至高峰		75％～85％		65％～75％		<65％	
	配方 1	配方 2	配方 1	配方 2	配方 1	配方 2	配方 1	配方 2
主要营养水平								
代谢能 （兆焦/千克）	11.50		11.50		11.50		11.50	
粗蛋白	19.00		18.00		17.00		16.00	
钙	3.60		3.60		3.70		3.70	
有效磷	0.48		0.46		0.40		0.40	
赖氨酸	0.99		0.92		0.78		0.78	
蛋氨酸	0.43		0.41		0.36		0.36	

注：①多维和微量元素另加；②各配方的主要营养水平为近似值。

思考题

1.蛋鸡的营养需要有哪些特点？

2.蛋鸡生产常用的生态饲料和绿色饲料添加剂有哪些？

3.蛋鸡饲料配制应遵循哪些原则？

4.笼养和放养蛋鸡配制精料补充料所用原料的大致比例是多少？

第六章

蛋鸡生态养殖饲养管理技术

导　读　本章介绍了雏鸡的培育技术、育成鸡关键控制技术、笼养蛋鸡环境控制技术及生态放养鸡饲养管理技术要点。蛋鸡生态养殖就是要根据鸡的生物学特性，科学地控制环境条件、营养摄取、疫病防控，最大程度发挥蛋鸡的遗传潜力，实现经济效益与生态环境的统一。

第一节　雏鸡的培育

一、雏鸡的生长特点

（一）体温调节机能不完善

初生雏的体温较成年鸡体温低 $2\sim3℃$，4 日龄开始慢慢地均衡上升,到 10 日龄时才达成年鸡体温。到 3 周龄左右,体温调节机能逐渐趋于完善,7～8 周龄以后才具有适应外界环境温度变化的能力。

(二)生长速度快,代谢旺盛

蛋用型雏鸡两周龄的体重约为初生时体重的 2 倍,6 周龄为 10 倍,8 周龄为 15 倍。前期生长快,以后随日龄增长而逐渐减慢。雏鸡代谢旺盛,心跳快,脉搏每分钟可达 250～350 次,安静时单位体重耗氧量与排出二氧化碳的量比家畜高 1 倍以上,所以在饲养上要满足营养需要,管理上要注意不断供给新鲜空气。

(三)羽毛生长快

幼雏的羽毛生长特别快,在 3 周龄时羽毛为体重的 4%,到 4 周龄便增加到 7%,其后大体保持不变。从孵出到 20 周龄羽毛要脱换 4 次,分别在 4～5,7～8,12～13 和 18～20 周龄。羽毛中蛋白质含量为 80%～82%,为肉、蛋的 4～5 倍。因此,雏鸡对日粮中蛋白质(特别是含硫氨基酸)水平要求高。

(四)胃的容积小,消化能力弱

幼雏消化系统发育不健全,胃的容积小,进食量有限。同时消化道内又缺乏某些消化酶,消化能力差,在饲养上要注意饲喂纤维含量低、易消化的饲料,否则产生的热量不能维持生理需要。

(五)敏感性强

幼雏对饲料中各种营养物质缺乏或有毒药物的过量,会出现明显的病理状态。

(六)抗病力差

幼雏由于对外界环境的适应性差,对各种疾病的抵抗力也弱,饲养和管理稍不注意,极易患病。

（七）群居性强、胆小

雏鸡喜欢群居，单只离群便奔叫不止。胆小，缺乏自卫能力，遇外界刺激便鸣叫不止。因此育雏环境要安静，防止各种异常声响和噪声以及新奇的颜色入内，舍内还应有防止兽害的措施。

二、育雏前的准备工作

（一）育雏计划的制订

根据育雏舍大小、饲养方式及鸡群的整体周转安排制订育雏计划。原则是最好做到全进全出制，每批育雏后的空闲时间为 1 个月，这是防病和提高成活率的关键措施。首先应根据市场需求以及不同品种的生产性能、适应性等情况，确定饲养的品种。通过调查，选择非疫区、信誉好、种鸡生产许可证的种鸡场，根据鸡舍面积、资金状况、饲养管理水平、笼位或放养场地的面积等确定进雏数量，然后根据市场供需、放养时间等确定进雏的时间。

（二）安排育雏饲养人员

育雏是养鸡全过程中最为繁杂、细微、艰苦而又技术性很强的工作，要求育雏人员要吃苦耐劳、责任心强、心细、勤劳，并且必须有一定的专业技术知识和育雏经验，必要的时候还要封闭在育雏舍区内 2～6 周不回家。因为幼雏很娇弱，对疫病的抵抗力差，早期很易感病，故大型鸡场育雏时采用封栋或封场饲养，饲养员要待雏鸡转出后才能放假休息。

（三）育雏舍及饲养用具的准备

1.育雏舍的隔离

育雏舍不应靠近其他鸡舍，否则疾病传播危险太大。同其他鸡舍的间隔至少要有 50 米,鸡舍四周应有围墙隔离,出入围墙的大门应有消毒池,使车辆进出能经过此消毒池。人员进入须淋浴更衣换鞋。清粪或处理死鸡的脏道应和人员车辆进出的道路分开。育雏舍门口,设置消毒池,并保持有效的消毒药。

2.育雏舍的面积

育雏舍面积由育雏设备占地面积、走道、饲料和工具贮放及人员休息场所等构成。如用 4 层重叠式育雏笼饲养雏鸡,笼具占地 50% 左右,走道等其他占地面积为 50% 左右。每平方米(含其他辅助用地)可饲养雏鸡(按养到 6～8 周龄的容量计算)50 只。若是网上平养,每平方米容鸡量为 18 只左右;地面平养的容量为 15 只左右。

3.育雏舍的环境

育雏舍既要保温性能良好,还要方便通风换气,但要求气流不能太快避免贼风的出现,这样才利于舍内温度、湿度的调节以及舍内空气卫生等其他良好环境的保持。有条件的鸡场最好能设置风机。风机配备应以小流量的风机为主,辅以中流量风机。风机排风量总和要达到 6 周龄鸡最大通风量的要求。目前,先进的育雏舍采用有湿帘的正压过滤通风的热风炉采暖系统,既节煤又减少疫病的发生。

4.舍内灯光布局要合理

多列育雏笼的每列走道都应布有灯具,列间照明灯应交错排列,灯距 2 米左右,不要太稀,这样才能保证较均匀的光照。

5.供水、排水设施

舍内要有供水、排水设施,以便于饮水器的换水和水槽等器具的清洗、消毒等。

6.鸡舍的清扫、检修及消毒

上批雏鸡转走后,马上清除鸡粪垫料等物,全面进行清扫和冲洗,之后要把鸡舍、供暖系统、给水系统、料槽、笼具全面认真地进行检修,检修之后再次彻底清扫舍内及舍外四周,确保无粪便、无羽毛、无杂物,然后再进行冲洗。最好用高压水枪从上到下进行冲洗,冲洗干净后再进行消毒。消毒程序如下:天棚、墙壁、地面、笼具,不怕火烧的部分再用火焰喷烧消毒,然后其他部分和顶棚、墙壁、地面用无强腐蚀性的消毒药物喷洒消毒,最后按每立方米空间用福尔马林 42 毫升＋21 克高锰酸钾密闭熏蒸消毒 24 小时以上。抽样检查效果不合格要重新消毒。

7. 鸡舍周围环境消毒

清除舍外所有的垃圾废物、杂草。对路面用酸或碱消毒剂进行冲洗消毒。以上工作最好是在进雏前 2 周完成,让鸡舍真正空舍 2 周以上为好。进鸡 2 天前再消毒 1 次。

8. 消毒池

育雏舍门口设置消毒池,并保持池内常存有效的消毒药液,并设洗手盆,盆内常备消毒水。饮水用具在进雏前,再用清水冲洗一下,清除残留的消毒药液。

9. 其他用品

干湿球温度表等环境监测仪器;注射器,医用剪,紫药水,碘酊,消毒棉球等常用兽医药械也要准备好。此外,桶盆、铁锹、扫帚、簸箕等工具要配齐,并专舍专用,不得外借和串舍使用。

10. 饲料的准备

雏鸡料必须符合雏鸡饲养标准的营养要求。最好能喂经破碎后的雏鸡颗粒料,因颗粒料可杀死饲料中的病原微生物并能解决雏鸡吃料少、增重慢的难题。饲料放在通风、阴凉、干燥处。配制好的饲料不要存放太久,特别是天气炎热的夏季,最好不要超过 2 周,防止饲料中的维生素 A、维生素 E 等被氧化和霉变及被污染。存放时间越长,其效价降低得越多。

11. 其他物资的准备

要准备一定数量的燃料、抗生素、常用药品、消毒药和疫苗等。疫苗按所进的雏鸡略多一些的头份准备好,并按要求的贮放条件和方法贮存。灯泡等易损耗用品要有一定的备用量。准备好记录用的各种表格、笔、光照表、日操作程序等。在育雏人员进舍时同时发给工作服,每人 2 套,以便常换洗和消毒。

12.雏鸡舍预热试温

无论采用何种供热方式,在进雏前 2～3 天都要进行试加热,检查供热系统是否完好,以确保完全供热。根据天气情况进雏前对鸡舍进行给热预温,使地面、墙壁等外围温度升高,保证进雏时舍温和育雏器及育雏位置达到要求的标准。

三、育雏方式

(一)地面育雏

把雏鸡放在铺有垫料的地面上进行饲养的方法称为地面育雏。从加温方法来说,地面育雏大体可分为地下烟道育雏、煤炉育雏、电热或煤气保温伞育雏、电热板或电热毯育雏、红外线灯育雏、远红外板育雏和地下暖管升温育雏等。

1.地下烟道育雏

地下烟道用砖或土坯砌成,其结构形式多样,要根据育雏室的大小来设计。较大的育雏室,烟道的条数要相对多些,采用长烟道;育雏室较小,可采用"田"字形环绕烟道。其原理都是通过烟道对地面和育雏室空间进行加温,以升高育雏温度。

地下烟道育雏优点较多。①育雏室的实际利用面积大。②没有煤炉加温时的煤烟味,室内空气较为新鲜。③温度散发较为均匀,地面和垫料暖和。由于温度是从地面上升,小鸡腹部受热,因此雏鸡较为舒适。④垫料干燥,空气湿度小,可避免球虫病及其他病菌繁殖,有利于小鸡的健康。⑤一旦温度达到标准,维持温度所需要的燃料将少于其他方法。在同样的房屋和育雏条件下,地下烟道的耗煤量比煤炉育雏的耗煤量至少省 1/3。

因此,烟道加温的育雏方式对中小型鸡场较为适用。值得注意的是,在设计烟道时,烟道的口径进口处应大,往出烟处应逐渐变小,由进口到出口应有一定的上升坡势,烟道出烟处切不可放在北面,要按风向设计。

为了提高热效率和育雏室的利用率,可采用平顶天花板加笼育的方法。在管理上,天花板要留有通风出气孔,根据室温及有害气体的浓度经常进行调节,必要时应在出气孔处安装排风扇,以便在温度过高等紧急情况下加强排气,按育雏温度标准调节室温。

2.煤炉育雏

煤炉可用铁皮制成或用烤火炉改制而成,炉上设有铁皮制成的伞形罩或平面盖,并留有出气孔,以便接上通风管道,管道接至室外,以便排出煤气。煤炉下部有 1 个进气孔,并用铁皮制成调节板,以便调节进气量和炉温。煤炉育雏的优点是:经济实用,耗煤量不大,保温性能稳定。

在日常使用中,由于煤炭燃烧需要一段时间,升温较慢,因此要掌握煤炉的性能,要根据室温及时添加煤炭和调节通风量,确保温度平稳。在安装过程中,炉管由炉子到室外要逐步向上倾斜,漏烟的地方用稀泥封住,以利于煤气排出。若安装不当,煤气往往会倒流,造成室内煤气浓度大,甚至导致小鸡煤气中毒。

在较大的育雏室内使用煤炉升温育雏时,往往要考虑辅助升温设备,因为单靠煤炉升温,要达到所需的温度,需消耗较多的煤炭,另外,在早春很难达到理想的温度。在具体应用中,用煤炉将室温升高到 15℃ 以上,再考虑使用电热伞或煤气保温伞以及其他辅助加温设备,这样既节省燃料和能源成本,也能预防煤炉熄灭、温度下降而无法及时补偿的缺陷。

3.电热或煤气保温伞育雏

保温伞可用铁皮、铝皮、木板或纤维板制成,也可用钢筋和耐火布料制成;热源可用电热丝或电热板,也可用石油液化气燃烧供热。伞内附有乙醚膨胀饼和微动开关或电子继电器与水银导电表组成的控温系统。在使用过程中,可按雏鸡不同日龄对温度需要来调整调节器的旋钮。

保温伞的优点是:可以人工控制和调节温度,升温较快而平衡,室内清洁,管理较为方便,节省劳力,育雏效果好。关键问题是要有相当的室温来保证,一般说来,室温应在 20℃ 以上。这样保温伞才有工作和休息的间隔。如果保温伞一直保持运转状态,会烧坏保温伞,缩短使用寿命。另外,如遇停电,在没有一定室温情况下,温度会急剧下降,影响育雏效果。通常情况下,在中小规模的鸡场中,可采用煤炉维持室温,采用保温伞供给雏鸡所需的温度,炉温高时,室温也较高,保温伞可停止工作;炉温低时,室温相对降低,保温伞自动开启。这样在整个育雏过程中,不会因温差过高过低而影响雏鸡健康。同时,也可以获得较为理想的饲料报酬。

4. 电热板或电热毯育雏

电热板或电热毯育雏的原理是利用电热加温,小鸡直接在电热板或电热毯上取得热量。电热板和电热毯配有电子控温系统以调节温度。

5. 红外线灯育雏

红外线灯育雏是指用红外线灯发出的热量育雏。市售的红外线灯为 250 瓦,红外线灯一般悬挂在离地面 35～40 厘米的高度,在使用中,红外线灯的高度应根据具体情况来调节。雏鸡可自由选择离灯较远处或较近处活动。红外线灯育雏的优点是:温度均匀,室内清洁。但是,红外线灯一般也只作辅助加温,不能单独使用,否则,灯泡易损,耗电量也大,热效果不如保温伞好,成本也较大。一盏红外线灯使用 24 小时耗电 6 度,费用昂贵,停电时温度下降快。

6. 远红外板育雏

远红外板育雏是指采用远红外板散发的热量来育雏。根据育雏室面积大小和育雏温度的需要,选择不同规格的远红外板,安装自动控温装置进行保温育雏。使用时,一般悬挂在离地面 1 米左右的高度;也可直立地面,但四周需用隔网隔开,避免小鸡直接接触而烫伤。每块 1 000 瓦的远红外板的保暖空间可达 10.9 米^3。其热效果和用电成本优于红外线灯,并且具有其他电热育雏设备共同的优点。

7. 地下暖管升温育雏

地下暖管升温育雏的方法是在鸡舍建筑时,于育雏室地面下埋入循环管道,管道上铺盖导热材料,管道的循环长度和管道间隔可根据需要进行设计。用暖气、地热资源或工业废热水循环散热加温。这种方法的优点是:热量散发均匀,地面和垫料干燥,几乎所有的雏鸡都有舒适的生活环境,可获得比较理想的育雏效果。如果利用工业废水循环加热,则可节省能源和育雏成本,比较适用于工矿企业的鸡场。

(二)网上育雏

网上育雏是把雏鸡饲养在网床上。网床由网架、网底及四周的围网组成。床架可就地取材,用木、铁、竹等均可,底网和围网可用网眼大小一般不超过 1.2 厘米见方的铁丝网、特制的塑料网。网床大小可根据房屋面积及床位安排来决定,一般长 200 厘米、宽 100 厘米、高 100 厘米、底网离地面或炕面 50 厘米。每床可养雏鸡 50～80 只。加温方法可采用煤炉、热气管或地下烟道等方法。

网上育雏的优点是:可节省大量垫料,鸡粪可落入网下,全部收集和利用,增加效益。此外,由于雏鸡不接触鸡粪和地面,环境卫生能得到较好的改善,减少了球虫病及其他疾病传播的机会。还由于雏鸡不直接接触地面的寒、湿气,降低了发病率,育雏成活率较高。但要注意日粮中营养物质的平衡,满足雏鸡对各种营养物质的需要,达到既节省成本,又提高育雏效果的目的。

(三)立体笼养

立体笼养指在特制的笼中养育雏鸡。由笼架、笼体、食槽、水槽和承粪板组成,包括 1 组电加热笼,1 组保温笼和 4 组运动笼等 3 部分,目前常采用 4 层,属叠层笼养设备。在上下笼间有 10 厘米空间,以放入承粪板,承粪板可活动,每日或隔日定期调换清粪。笼四周用铁丝、竹或木条制成栅栏,食槽、水槽排列在栅栏外,栅栏间距可在 20～35 毫米间调节,保证雏鸡能伸头采食、饮水,但不能逃出笼外。笼底用铁丝制成12毫米×12毫米的网眼,使鸡粪掉入承粪板中。整个笼组一般可育蛋雏鸡800只(1～7周龄)。6周龄前料槽长度每只占2厘米,水槽长度每只1厘米。如果育雏、育成结合成一段,则使用育雏、育成笼。整组笼具一般3、4层。可采用机械供料,料槽安于前网内,笼门设在前网中央,前网孔径较小,以防止幼雏从笼内逃出。有的则将料槽安装在前网外,为便于各阶段不同日龄大小的鸡只采食,可以调整前网下层外面可移动的网片以调节纵栅的间距,调节范围为20～40毫米;也可调节前网与料槽间的距离或者使用上层与下层栅间距不同的前网。底网孔径13毫米×51毫米或25毫米×25毫米,育雏阶段在笼底铺一层12毫米×12毫米孔径的硬质塑料网,5～6周龄时再将网片撤去。笼底一般平铺,但也可将采食处适当升高形成一定的倾斜坡度。

四、雏鸡的选择与运输

(一)初生雏的选择

品质优良的初生雏从外表看应是活泼好动;绒毛光亮,整齐;大小一致;初生重符合其品种要求;眼亮有神,反应敏感;两腿粗壮,腿脚结实,站立稳健;腹部平坦、柔软,卵黄吸收良好(不是大肚子鸡),羽毛覆盖整个腹部,肚脐干燥,愈合良好;肛门附近干净,没有白色粪便粘着;叫声清脆响亮,握在手中感到饱满有劲,挣扎有力。如脐部有出血痕迹或发红呈黑色、棕色或为疔脐者,腿和喙、眼有残疾的,均应淘汰;不符合品种要求的也要淘汰。品质良好的初生雏,特别是种雏还应具备以下条件:①血缘清楚,符合本品种的配套组合要求;②无垂直传染病和烈性传染病;③母原抗体水平高且整齐;④外貌特征符合本品种标准。

以上4个条件,只能在接雏前做细致的调查研究方可得知。选择方法可归纳为"看、听、摸、问"4个字。

(1)看　就是观察雏鸡的精神状态。健雏活泼好动,眼亮有神,绒毛整洁光亮,腹部收缩良好。弱雏通常缩头闭眼,伏卧不动,绒毛蓬乱不洁,腹大松弛,腹部无毛且脐部愈合不好,有血迹、发红、发黑、疔脐、丝脐等。

(2)听 就是听雏鸡的叫声。健雏叫声洪亮清脆。弱雏叫声微弱,嘶哑,或鸣叫不休,有气无力。

(3)摸 就是触摸雏鸡的体温、腹部等。随机抽取不同盒里的一些雏鸡,握于掌中,若感到温暖,体态匀称,腹部柔软平坦,挣扎有力的便是健雏;如感到鸡身较凉,瘦小,轻飘,挣扎无力,腹大或脐部愈合不良的是弱雏。

(4)问 询问种蛋来源,孵化情况以及马立克氏疫苗注射情况等。来源于高产健康适龄种鸡群的种蛋,孵化过程正常,出雏多且整齐的雏鸡一般质量较好。反之,雏鸡质量较差。初生雏的分级标准见表6-1,以供选择雏鸡参考。

表6-1 初生雏的分级标准

级别	健雏	弱雏	残次雏
精神状态	活泼好动,眼亮有神	眼小细长,呆立嗜睡	不睁眼或单眼、瞎眼
体重	符合本品种要求	过小或符合本品种要求	过小干瘪
腹部	大小适中,平坦柔软	过大或较小,肛门粘污	过大或软或硬、青色
脐部	收缩良好	收缩不良,大肚脐潮湿等	蛋黄吸收不完全、血脐、疔脐
绒毛	长短适中,毛色光亮,符合品种标准	长或短、脆、色深或浅、粘污	火烧毛、卷毛无毛
下肢	两肢健壮、行动稳健	站立不稳、喜卧、行走蹒跚	弯趾跛腿、站不起来
畸形	无	无	有
脱水	无	有	严重
活力	挣脱有力	软绵无力似棉花状	无

（二）雏鸡的运输

小鸡出壳后，经过一段时间绒毛干燥、进行挑选、雌雄鉴别、数查鸡数、注射马立克氏疫苗等处理后就可以接运了。接运的时间越早越好，即使是长途运输也不要超过 48 小时，最好在 24 小时内将雏鸡送入育雏舍内。时间过长对鸡的生长发育都有较大的影响。雏鸡的运输也是一项重要的技术工作，稍不留心就会造成较大的经济损失。实践证明，要安全和符合卫生条件的运输雏鸡，必须做好以下几方面的工作。

（1）选择好运雏人员　运雏人员必须具备一定的专业知识和运雏经验，还要有较强的责任心。最好是饲养者亲自押运雏鸡。

（2）准备好运雏工具　运雏用的工具包括交通工具、装雏箱及防雨保温用品等。交通工具（车、船、飞机等）视路途远近、天气情况和雏鸡数量灵活选择。但不论采用何种交通工具，运输过程都要求做到稳而快。装雏用具要使用专用雏鸡箱，现多采用的是箱长 50～60 厘米，宽 40～50 厘米，高 18 厘米，箱子四周有直径 2 厘米左右的通气孔若干；箱内分 4 个小格，每个小格放 25 只雏鸡，每箱放雏 100 只。冬季和早春运雏要带棉被、毛毯用品。夏季要带遮阳、防雨用品。所有运雏用具和物品都要经过严格消毒之后方可使用。

（3）适宜的运雏时间　初生雏鸡体内还有少量未被利用的蛋黄，可以作为初生阶段的营养来源，所以雏鸡在 48 小时内可以不饲喂。这是一段适宜运雏的时间。此外还应根据季节和天气确定启运时间。夏季运雏宜在日出前或傍晚凉快时间进行，冬天和早春则宜在中午前后气温相对较高的时间启运。

（4）保温与通气的调剂　运输雏鸡时保温与通气是一对矛盾。只注重保温，不注重通风换气，会使雏鸡受闷缺氧，严重的还会导致窒息死亡；只注重通气，忽视了保温，雏鸡会受风着凉患感冒，诱发雏鸡拉稀下痢，影响成活率。因此，装车时要将雏鸡箱错开摆放。箱周围要留有通风空隙，重叠高度不要过高。气温低时要加盖保温用品，但注意不要盖得太严。装车后要立即启运，运输过程中应尽量避免长时间停车。

运输人员要经常检查雏鸡的情况,通常每隔 2～3 小时观察一次。如见雏鸡张嘴抬头,绒毛潮湿,说明温度太高,要掀盖通风,降低温度。如见雏鸡挤在一起,吱吱鸣叫,说明温度偏低,要加盖保温。当因温度低或是车子震动而使雏鸡出现扎堆挤压的时候,还需要将上下层雏鸡箱互相调换位置,以防中间、下层雏鸡受闷而死。

(5)进舍后雏鸡的合理放置 先将雏鸡数盒一摞放在地上,最下层要垫一个空盒或是其他东西,静置 5 分钟左右,让雏鸡从运输的应激状态中缓解过来,同时适应一下鸡舍的温度环境。然后再分群装笼。

分群装笼时,按计划容量分笼安放雏鸡。最好能根据雏鸡的强弱大小,分开安放。弱的雏鸡要安置在离热源最近,温度较高的笼层中。少数俯卧不起的弱雏,放在 35℃ 的温热环境中特殊饲养管理。这样,弱雏会较快的缓过劲来,经过三五天单独饲养护理,康复后再置入大群内。笼养时首先可以将雏鸡放在较明亮、温度较高的中间两层,便于管理,以后再逐步分群疏散到其他层。

五、雏鸡的饮水与开食

(一)雏鸡的饮水

雏鸡第 1 次饮水为初饮。初饮一般越早越好,近距离一般在毛干后 3 小时即可接到育雏舍给予饮水,远距离也应尽量在 48 小时内饮上水。因雏鸡出壳后体内的水分大量消耗,据研究报道,出雏 24 小时后体内的水分消耗 8％,48 小时后消耗 15％,所以雏鸡进入鸡舍后应及时先给饮水再开食。这样有利促进肠道蠕动,吸收残留卵黄、排除粪便、增进食欲和饲料的消化吸收。初饮后无论如何都不能断水,在第 1 周内应给雏鸡饮用降至室温的开水,1 周后可直接饮用自来水。

初饮时要注意的是,仅仅提供充足的饮水还不够,必须要让每只雏鸡迅速饮到水,所以在初饮后要仔细观察鸡群,若发现有些鸡没有靠上饮水器,就要增加饮水器的数量,并适当增大光照强度。初饮时的饮水,需要添加糖分、抗菌药物、多种维生素。可在水中加5％的葡萄糖,也可在水中加8％的蔗糖。加糖能起到速效补充能量的作用,以利体力恢复,降低应激反应,并使开食顺利进行。此外,通过同时投给吸收利用良好的水溶性维生素,还能增强其抗病力。饮水加糖、抗菌药物能提高雏鸡成活率和促进生长,但要注意不影响饮水的适口性为好。鸡(来航鸡)的饮水量,如表6-2所示。

表6-2 来航鸡的耗料量和饮水量(常温下) 克/(天·只)

周龄	采食量		饮水量	
	公鸡	母鸡	公鸡	母鸡
1	10	13	23	24
2	15	17	37	39
3	23	26	50	56
4	30	33	75	80
5	40	43	80	85
6	42	45	92	96

1.饮水的调教

让雏鸡尽快学会喝水是必须的。调教的方法是:轻握雏鸡,手心对着鸡背部,拇指和中指轻轻扣住颈部,食指轻按头部,将其喙部按入水盘,注意别让水没及鼻孔,然后迅速让鸡头抬起,雏鸡就会吞咽进入嘴内的水。如此做三四次,雏鸡就知道自己喝水了。一个笼内有几只雏鸡喝水后,其余的就会跟着迅速学会喝水。引导早饮水的方法最好是结合雏鸡进舍放入笼中时,把每只雏鸡的嘴都放在水中蘸一下。雏鸡就能很快学会饮水。

2.饮水的温度

供雏鸡饮用的水应是25～30℃的温开水。切莫用低温凉水。因为低温水会诱发雏鸡拉稀。

3.饮水器的摆放

100只雏鸡应有2～3个饮水器。饮水器要放在光线明亮之处,要和料盘交错安放,如图 6-1 所示。饮水器每天要刷洗 2～3 次,消毒 1次。水槽每天要擦洗 1 次,每周至少要消毒 2 次。

饮水每天应更换 2～3 次。平面育雏时水盘和料盘距离不要超过1米。

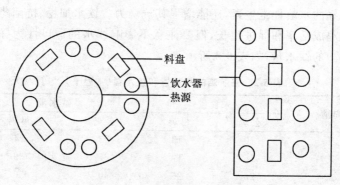

料盘
饮水器
热源

图 6-1　喂料盘和饮水设备摆放

(二)雏鸡的开食

第 1 次给初生雏鸡投喂料,即雏鸡的第 1 次吃食称为"开食"。

1.开食的时间

在雏鸡初饮之后 1 小时左右,即可第 1 次投料饲喂。"开食"不宜过早,因为此时雏鸡体内还有部分卵黄尚未被吸收,饲喂太早不利卵黄的完全吸收。有人试验,雏鸡毛干后 24 小时开食的死亡率最低,但开食也不能太晚,超过 48 小时开食,则明显消耗雏鸡体力,从而影响雏鸡的增重。

2.开食的饲料形态

开食用的饲料要新鲜,颗粒大小适中,最好用破碎的颗粒料,易于啄食且营养丰富、易消化。如果用全价粉料,最好湿拌料。为防止饲料粘嘴和因蛋白质过高使尿酸盐存积而造成糊肛,可在饲料的上面撒一层碎粒或小米(用温开水浸泡过更好)。

3.开食的方法

用浅平料盘,塑料布或报纸放在光线明亮的地方,将料反复抛撒几次,雏鸡见到抛撒过来的饲料便会好奇地去啄食。只要有很少的几只初生雏啄食饲料,其余的雏鸡很快就跟着采食了。头3天喂料次数要多些,一般为6~8次,以后逐渐减少,第6周时喂4次即可。食槽分布应均匀,和水槽间隔放开,平面育雏开头几天放到离热源近些,这样便于雏鸡取暖采食和饮水。料盘、水盘数量根据鸡数而定。笼养除笼内放料盘和料外,一周后笼外的料槽中也要定时加料,便于雏鸡及早到笼外食槽中正规采食,每2小时匀1次料,以防止料不均。喂料盘和饮水设备摆放见图6-1。

育雏的头3天采用每天24小时或23小时光照时,此时每天喂料次数不应低于6次。当光照时数减少到每天12~10小时时喂料次数可降至4次。

4.喂料量

每次喂料量是将计划每天喂料量除以喂料次数确定。在每次喂料间隔中要匀料,并根据采食情况调整给料量,尽量做到每次喂料时盘内或槽内饲料基本上采食干净。这样可以减少饲料的浪费。鸡(来航鸡)的耗料量如表6-2所示。

①用湿拌料喂雏鸡时,每天最后一次喂料要用干粉料,特别是夏季,以免残存料过夜而引起饲料发酸变质,引起雏鸡腹泻。②用料盘喂料时,在下班最后一次喂料前要把料盘里剩余的饲料(往往带有较多的粪便)清除干净。

六、育雏期的环境控制

环境主要是指舍内环境。环境控制包括温度、湿度、通风、光照、饲养密度等的控制,这些是雏鸡生长发育好坏的直接影响因素。如何控制好这些因素是育雏的关键。

(一)温度的控制

适宜的温度是保证雏鸡成活的首要条件,必须认真做好。温度包括雏鸡舍的温度和育雏器内的温度。

刚出壳的鸡,体温调节机能还不健全,体温比成鸡低3℃,到4日龄时才开始升高,10日龄时才达到成鸡的体温,加之雏鸡的绒毛短,御寒能力差,进食量少,所产生的热量也少,不能维持生活的需要,故在育雏期间,必须通过供温来达到雏鸡所需的适宜温度。

供温的原则是:①初期要高,后期要低;②小群要高,大群要低;③弱雏要高,强雏要低;④夜间要高,白天要低,以上高低温度之差为2℃。同时雏鸡舍的温度比育雏器内的温度低5～8℃,育雏器内的温度是靠近热源处的温度高,远离热源的温度低,这样有利于雏鸡选择适宜的地方,也有利于空气的流动。育雏期的适宜温度及高低极限值见表6-3。

表6-3　育雏期不同周龄的适宜温度及高低极限值　　　　℃

项目	周龄						
	0	1	2	3	4	5	6
适宜温度	35～33	33～30	30～29	28～27	26～24	23～21	20～18
极限高温	38.5	37	34.5	33	31	30	29.5
极限低温	27.5	21	17	14.5	12	10	8.5

通过观察鸡群来调节温度。①如果温度适宜则小鸡活泼,食欲良好,饮水适度,绒毛光滑整齐,睡眠安静,睡姿伸头缩腿,均匀地分布在热源的周围;②若温度过高则小鸡远离热源,嘴和翅膀张开,张嘴喘息,呼吸加快,频频喝水;③若温度过低则小鸡靠拢在热源的附近,或挤成一团,绒毛竖起,行动迟缓,缩颈弓背,闭眼尖叫,睡眠不安;有贼风时,在避开贼风处挤成一团。

育雏器的温度计应挂在育雏器的边缘,室温温度计挂在远离育雏器的墙上,距地面1米处。育雏的供温方法有伞育法、温室法(锅炉暖气供温)、火炕法、红外线和远红外线法等。不同地区可以根据实际条件选择适当的方法。

(二)湿度的控制

育雏舍的相对湿度应保持在 60%~70% 为宜。湿度的要求虽然不像温度那么严格,但在特殊条件下也可能对雏鸡造成很大危害。如果出雏的时间太长,雏鸡不能及时喝上水,加之育雏舍内的湿度又不够,这种情况下雏鸡很容易脱水死亡。脱水症状为绒毛脱落,频频饮水,消化不良。但湿度最好不要超过 75%,否则会出现高温高湿情况。超过 75% 时,夏季会高温、高湿,冬季低温、高湿,都会造成雏鸡死亡增加。一般育雏前期湿度高一些,后期要低,达到 50%~60% 即可。湿度低时,可在地面洒水、喷雾或通过器皿蒸发增加湿度。

表6-4　不同周龄雏鸡的适宜相对湿度　　　　　　　%

项目	周龄		
	1~2	3~4	5~6
适宜相对湿度	70~65	65~60	60~55

(三)通风的控制

由于雏鸡的新陈代谢旺盛,所以呼出的二氧化碳量大,而且鸡的粪便中有 20%~25% 不能利用的物质。这些物质在一定条件下就开始分解,产生大量的有害气体,其中包括氨气、硫化氢和二氧化碳等,从而使得舍内的空气质量下降,影响雏鸡的正常发育。用煤炉供暖时应注意一氧化碳中毒,粉尘过高携带病菌时,易传播疾病并损害皮肤、眼结膜、呼吸道黏膜、危害雏鸡的健康和生长。要做到舍内空气新鲜,就必须注意通风换气。按畜禽卫生要求,育雏舍的二氧化碳含量要在0.2% 以下,超过 0.5% 就会危害雏鸡;氨的含量要在 20 克/米³ 以下,否则氨会刺激小鸡的眼结膜和呼吸道,使雏鸡易患病。一氧化碳浓度不得高于 24 毫克/升,硫化氢等其他有害气体浓度控制在 20~60 毫克/升以下。实践中多以人在正常时的感觉为标准,如果人能闻到臭鸡蛋味(硫化氢)时或感觉鼻和眼有不适、刺眼或眼睛流泪(氨气)时,则说明舍内的有害气体的浓度已超标,应立即打开风机。要解决好通风换气必须做到保持合理的饲养密度,室内的湿度适中,室内的垫纸或垫草要保持清洁,若是封闭或半封闭饲养,舍内必须安装通风设备。

通风有自然通风和机械通风。自然通风是指通过门和窗自然交换空气。机械通风是通过设备使空气产生流动,从而达到空气交换的目的。

通风换气的总原则是:按不同季节要求的风速调节;按不同品系要求的通风量组织通风;舍内没有死角。雏鸡的通风量见表 6-5。鸡舍的通风量按夏季的鸡的最大周龄所需的最大通风量设计。

表 6-5　密闭鸡舍不同日龄鸡的换气量

(以 1 000 只/小时的换气量计)

日龄/天	体重/克	换气量/米³	
		最大	最小
0～20	230	1 800	456
21～30	305	2 400	600
31～50	600	4 680	1 200
51～70	810	6 300	1 620

(四)光照的控制

科学正确的实行光照,能促进雏鸡的骨骼发育,适时达到性成熟。对于初生雏,光照主要是影响其对食物的摄取和休息。初生雏的视力弱,光照强度要大一些,20～30 勒的光照强度。幼雏的消化道容积较小,食物在其中停留的时间短(3 小时左右),需要多次采食才能满足其营养需要,所以要有较长的光照时间来保证幼雏足够的采食量。通常 0～2 日龄,每天要维持 24 小时的光照时数;3 日龄以后,逐日减少光照时数。

育雏光照原则:①光照时间只能减少,不能增加,以免性成熟过早,影响以后生产性能的发挥;②人工补充光照不能时长时短,以免造成刺激紊乱,失去光照的作用;③黑暗时间应避免漏光。

(五)密度的控制

每平方米容纳的鸡数为饲养密度。密度小,不利于保温,而且也不经济。密度过大,鸡群拥挤,容易引起啄癖,采食不均匀,造成鸡群发育不齐,均匀度差等问题的发生。不同饲养方式的饲养密度见表6-6。

表6-6　不同饲养方式的饲养密度　　　　　　只/米²

周龄	笼养	地面饲养
1～2	55～60	25～30
3～4	40～50	25～30
5～6	27～38	12～20

七、雏鸡的饲养管理

(一)雏鸡的断喙

1.断喙的目的

断喙是防止各种啄癖的发生和减少饲料浪费的有效措施之一。在育雏过程中,由于光线过强、密度较大、饲料营养不全或通风不良等都可以造成啄癖。啄癖包括啄羽、啄肛、啄翅、啄趾等,轻者致伤残,重者可死亡。鸡采食时总是喜欢用喙啄食饲料,喙将不喜欢吃的东西剔除一旁,啄食喜爱的食物。在采食粉状饲料时更是这样,以致一部分饲料被弄洒到地上,造成饲料的浪费。

放养鸡的断喙,首先应该是防止育雏期间啄癖的发生,减少饲料浪费的同时;其次应保证到鸡放养时,喙能完全恢复,鸡能正常啄食,以及销售时不影响其售价,因此,断喙的方法与笼养鸡不同。

2.断喙的时间

雏鸡断喙一般在 9～12 日龄进行。此时对鸡的应激小,可节省人力,还可以预防早期啄癖的发生。

3.断喙的方法

使用手提式断喙器,右手抓鸡,拇指和食指固定鸡喙并同烙铁倾斜至 60°角烙断。切除部位是上喙从喙尖至鼻孔的 1/2 处,下喙从喙尖至鼻孔的 1/3 处。断后上喙稍短于下喙即合乎标准。

没有专用的电动断喙器时,可用 300～500 瓦电烙铁进行断喙,在电烙铁头横斜面钻 3 毫米小孔。右手握住电烙铁,左手拿鸡,左手的拇指放在鸡头顶上,食指放在咽下,略施压力,使鸡缩舌,通过高温将上喙距喙尖 2 毫米处烙断或使喙尖颜色发黑或焦黄,1 周后喙尖便可脱落。

4.断喙时的注意事项

第一,断喙的鸡群应是健康无病的鸡群。第二,断喙前 1～2 天及断喙后 1～2 天,应在每千克饲料中按料添加维生素 K 2～4 毫克。这有利于切口血液凝固,防止术后出血。按每千克料添加维生素 C 150毫克,可以起到良好的抗应激作用。第三,要组织好人力,保证断喙工作能在最短时间内进行完毕。断喙的速度以每分钟 15 只左右为宜。第四,断喙后 3 天内料槽饲料要多加些,以利于雏鸡采食,并避免采食时术口碰撞槽底而致切口流血。

(二)雏鸡的日常管理

育雏期管理的重点应在前 10 天内,因为小鸡刚出壳,一切都是新鲜的,一些功能不健全,一些习惯和本领需要饲养人员去教,所以每天要按照操作规程去做,使小鸡开始就有一个好习惯。

1.环境控制

保持合适的温度、湿度,一天之内要查看 5～8 次温湿度计,并将温度、湿度记录在表格中。保持良好通风,舍内空气新鲜。合理光照,防止忽长忽短,忽亮忽暗。适时调整和疏散鸡群,防止密度过大。

2. 供水

每天供给充足清洁的饮水。

3. 给料

每天给料的时间固定,使鸡群形成自我的条件反射,从而增加采食量。给料的原则是少喂勤添。在换料时,要注意逐渐进行,不要突然全换,以免产生不适。

4. 清粪

笼育和网上育雏时,每2～3天清一次粪,以保持育雏舍清洁卫生。厚垫料育雏时,及时清除沾污粪便的垫料,更换新垫料。

5. 卫生消毒

搞好环境卫生及环境和用具的消毒,定期用百毒杀、新洁尔灭等带鸡消毒。

6. 调教(放养)

喂鸡时给固定信号,如吹哨、敲盆等(声音一定要轻,以防炸群),久而久之鸡就建立起条件反射,每当鸡听到信号就会过来,为以后放养做准备。

7. 整群

随时调出和淘汰有严重缺陷的鸡,注意护理弱雏,提高育雏质量。

8. 观察鸡群

每隔1～2小时观察一次鸡群,若鸡群挤在一堆则可轻轻拍打育雏器,使小鸡分散,以免压死小鸡。通过喂料的机会观察雏鸡对给料的反应、采食的速度、争抢程度、采食量等,以了解雏鸡的健康状况;每天观察粪便的形状和颜色,以判断饲料的质量和发病的情况;留心观察雏鸡的绒毛状况、眼神、对声音的反应等,通过多方面判断来确定采取何种措施。

9. 疾病预防

严格执行免疫接种程序,预防传染病的发生。每天早上要通过观察粪便了解雏鸡健康状况,主要看粪便的稀稠、形状及颜色等。2～7日龄,为防止肠道细菌性感染进行预防投药。20日龄后,要预防球虫病的发生,尤其是地面散养的鸡群,投喂抗球虫药物。

10.记录

认真做好各项记录。每天检查记录的项目有:健康状况、光照、雏鸡分布情况、粪便情况、温度、湿度、死亡、通风、饲料变化、采食量、饮水情况及投药等等。

第二节　育成期的饲养管理

雏鸡从 7 周龄后进入育成阶段,这时期饲养管理的好坏,决定了鸡在性成熟后的体质、产蛋性能,所以这一阶段的饲养和管理也是十分重要的。

一、育成鸡的饲养方式

目前,国内蛋鸡场从雏鸡到产蛋鸡主要有两段式和三段式饲养方式。

(一)两段式

1.传统式

大部分鸡场采用此种饲养方式。雏鸡在育雏舍养至 8～10 周龄,转入产蛋鸡舍。在夏季,防止育雏舍温度过高、通风不良、鸡过于拥挤,在 8 周龄转一部分个体较大的鸡,其余的鸡 1～2 周后再转。对采用水槽饮水的蛋鸡舍,转群前,下调水槽的高度,以免影响鸡饮水,尤其是发育慢、个体小的鸡。

2.现代技术

雏鸡采用育雏育成一体化笼养至 15～17 周龄,转入产蛋鸡舍。

(二)三段式

采用此种饲养方式,主要是一些规模较大、设施条件完善的鸡场。设育雏、育成、产蛋鸡舍。雏鸡从 6 周龄由育雏舍转入育成舍,饲养至17~18 周龄转入产蛋鸡舍。该种饲养方式,适合于鸡的生长发育需要,便于饲养管理,但在冬季,由育雏舍转入育成鸡舍,注意保温,以防应激诱发呼吸道疾病。

二、育成鸡的饲养技术

(一)日粮过渡

从育雏期到育成期,饲料的更换是一个很大的转折。饲料更换以体重和趾长指标为准。若达标,7 周龄后开始更换饲料,分别用 1/3、1/2 和 2/3 的青年鸡料替换育雏料,更换期为一周;如果达不到标准,可继续饲喂雏鸡料,直至达标为止。如长期不达标,应查明原因。

(二)限制饲养

在育成期防止鸡采食过多,造成产蛋鸡体重过大或过肥,在此期间实行必要的数量限制,或能量、蛋白质水平给予限制。减少饲料消耗,控制体重增长,保证正常的脂肪蓄积,育成健康结实、发育匀称的后备鸡,防止早熟,减少产蛋期死淘率。

限制饲养多采用限量法,首先应掌握鸡的正常采食量,将饲料给量减少到正常采食量的 90%,并保证饲料的质量。每 1~2 周称重 1 次,按鸡群的 1%~5% 抽样,不少于 50 只,以检验限饲效果。低于标准时,停止限饲;待鸡的体重超标时再限饲。保证每只鸡的采食、饮水位置,槽中料均匀。鸡群因注射疫苗、断喙、疾病、高温等应激时,应恢复为自由采食。

三、育成鸡的管理技术

(一)适宜密度

无论是网上平养还是笼养,都要保持适宜的密度,才能使个体发育均匀。网上平养时每平方米 12~15 只;笼养时每只鸡有 270~280 厘米^2 的笼位,6 厘米左右的采食和饮水长度。

(二)性成熟控制

性成熟过早,就会早开产,产小蛋,持续高产时间短,出现早衰,产蛋量减少;若性成熟晚,推迟开产时间,产蛋量减少。因此,要控制性成熟,做到适时开产。控制性成熟的主要方法是控制光照。特别是 10 周龄后,光照对育成鸡的性成熟越来越敏感。育成鸡光照管理原则是光照时数应由长变短,或者是保持恒定,光照长度不能增加。一般 8~9 小时,光照强度应由强变弱。

(三)温度的控制

育成鸡随日龄的增大,舍内温度应逐渐降低,过高的温度会使鸡群体质变弱。

(四)通风的控制

育成鸡生长速度快,产生的有害气体多。育成鸡在 7~8 周龄、12~13 周龄和 18~20 周龄,要经过 3 次换羽。换羽期间鸡舍内的羽毛、尘埃随着鸡只的活动和其他因素而四处飞扬。因此,要加强通风换气,保持舍内空气清新。

(五)预防啄癖

断喙是预防啄癖的一个重要手段,应配合改善舍内环境,降低饲养密度,合理配制日粮,降低光照强度等措施。在 14～16 周龄转群前,对断喙不当或漏断的鸡,进行补断。

(六)卫生和免疫

搞好舍内卫生,定期消毒。检测抗体水平,适时免疫接种。转笼前,进行驱虫。

(七)转群

最好在 17～18 周龄,转群前后 3 天,饲料中多添加 50％的多维,饮水中添加电解质。夏季在早、晚气温低时,冬季在中午气温高时,转群较为适宜。转群时,降低舍内的光照强度,以减少应激反应;抓鸡抓双腿不要抓翼,以免鸡只挣扎,折断鸡翼,动作不可粗暴,应轻抓轻放。淘汰病弱残鸡。

第三节　蛋鸡生态笼养技术

蛋鸡的饲养管理目的在于最大限度地为产蛋鸡提供一个有利于健康和产蛋的环境,充分发挥其遗传潜能,生产出更多的优质商品蛋。

一、环境控制

(一)温度控制

产蛋鸡的生产适宜温度范围是 13～25℃,最佳温度范围是 18～23℃。相对来讲,冷应激比热应激的影响小。在较高环境温度下,约在 24℃以上,其产蛋蛋重就开始降低;27℃时产蛋数、蛋重降低,而且蛋壳厚度迅速降低,同时死亡率增加;达 37.5℃时产蛋量急剧下降,温度在

43℃以上,超过 3 小时母鸡就会死亡。

(二)光照技术

为使母鸡适时开产,并达到高峰,充分发挥其产蛋潜力。在生产实践中,从 18 周龄开始,每周延长光照 0.5～1 小时,使产蛋期的光照时间逐渐增加至 14～16 小时,然后稳定在这一水平上,直到产蛋结束。采用自然光照的鸡群,如自然光照时间不足,则用人工光照补足。为了方便管理,可以定为:无论在哪个季节都是早 6 点到晚 20:00～22:00 为其光照时间,即每早 6:00 开灯,日出后关灯,日落前再开灯至规定时间。完全采用人工光照的鸡群,可从早 6:00 开始光照至 20:00～22:00 结束。

(三)湿度

产蛋鸡环境的适宜湿度是 60%～65%,但在 40%～72%的范围,只要温度不偏高或偏低对鸡影响不大。高温时,鸡主要通过蒸发散热,如果湿度较大,会阻碍蒸发散热,造成热应激。低温高湿环境,鸡散失热较多,采食量大、饲料消耗增加,严寒时会降低生产性能。在饲养管理过程中,尽量减少漏水,及时清除粪便,保持舍内通风良好等,都可以降低舍内的湿度。

(四)通风换气

通风换气可以补充氧气,排出水分和有害气体,保持鸡舍内空气新鲜和适宜的温度,它与舍内的温、湿度密切相关。炎热季节加强通风换气,而寒冷季节可以减少通风,但为了舍内空气新鲜要保持一定的换气量,鸡舍中对鸡只影响较大的有害气体是下列几种:①二氧化碳:主要是鸡群呼吸时产生的,一般要求鸡舍中的含量不超过 0.2%。②氨气:主要由粪便厌气性细菌分解而产生的。氨气易吸附在水的表面及鸡的口、鼻、眼等黏膜、结膜上,直接侵害鸡只。一般要求含量不能超过 0.02%。③硫化氢:是由含硫的有机物分解而来的。超标时会引起急性肺炎和肺水肿及组织缺氧。④微生物尘埃：舍内的各种微生物吸附在尘埃和水滴上，被鸡吸入呼吸道会诱发和传播各种疾病。

二、产蛋鸡的日常管理

(一)观察鸡群

注意观察鸡群的精神状态和粪便情况，尤其是清晨开灯后，若发现病鸡及时隔离并报告管理人员，观察鸡群的采食和饮水情况，还要注意歪脖、扎翅，有无啄肛、啄蛋的鸡，有无跑出笼外的鸡；检查舍内设施及运转情况，发现问题，及时解决。

(二)减少应激

任何环境条件的突然变化，都能引起鸡群的惊恐而发生应激反应。突出的表现是食欲不振、产蛋量下降、产软蛋、精神紧张，甚至乱撞引起内脏出血而死亡。这些表现需数日才能恢复正常。因此，应认真制订和严格执行科学的鸡舍管理程序，鸡舍固定饲养人员，每天的工作程序不要轻易改动，动作要稳，声音要轻，尽量减少进出鸡舍的次数，保持鸡舍环境安静。

(三)合理饲喂及充足的饮水

无论采用何种方法供料，必须按该鸡种饲养手册推荐的采食标准执行，过多过少都会产生不良影响，一旦建立，不宜轻易变动。喂料过程中要注意匀料，防止撒布不匀。要保证不间断供给清洁的饮水，炎热夏季要注意供给清洁的凉水。

(四)保持环境卫生

室内外定时清扫，保持清洁卫生。定期对舍内用具进行清洗、消毒。

(五)适时收蛋

蛋鸡的产蛋高峰一般在日出后的 3～4 小时,下午产蛋量占全天的 20％～30％。因此,每日至少上、下午各拣蛋 1 次,夏季 3 次。拣蛋时动作要轻,减少破损。

(六)及时淘汰低、停产鸡

产蛋鸡与停产鸡、高产鸡与低产鸡在外貌及生理特征上有一定区别,及时淘汰低产鸡,可以节省饲料,降低成本和提高笼位利用率,可根据外貌和生理特征进行选择。

三、不同产蛋时期的管理特点

(一)初产至产蛋高峰期的管理

产蛋鸡从 16 周龄起进入预产期,25 周龄达到产蛋高峰,这个时期的饲养管理状况是否符合鸡的生长发育和产蛋的要求,对产蛋量影响极大。

1. 生理变化特点

育成鸡从 18 周龄左右进入产蛋鸡舍,体重迅速增加,生殖系统也迅速发育,卵泡快速生长,输卵管也迅速变粗变长,重量增加。体重增长和生殖系统发育同时进行。此时部分鸡开始产蛋,发育好的鸡在 20 周龄产蛋率达 5％、22 周龄达 50％、24 周龄达 80％,所以这个时期鸡对饲料中的各种养分和外界环境条件要求十分严格。产蛋鸡进入预产期后,体内生理变化很大,无论是肉体还是精神上都处于一种生理应激状态,再加上转群、免疫、驱虫等影响,机体抵抗力下降,容易发生各种疾病。

2. 饲养管理措施

(1)适时转群,按时接种、驱虫　蛋鸡入笼工作最好在 18 周龄前完成,以便使鸡尽早熟悉环境。过迟易使部分已开产鸡停产或使卵黄落入腹腔引起卵黄性腹膜炎。在上笼前或上笼的同时应接种新城疫苗、减蛋综合征苗及其他疫苗。入笼后最好进行一次彻底的驱虫,对体表寄生虫如螨、虱等可喷洒药物驱除,对体内寄生虫可内服丙硫咪唑20～30毫克/千克体重,或用阿福丁(虫克星)拌料服用。转群和接种前后应在料中加入多种维生素、抗菌素以减轻应激反应。

(2)适时转换产蛋料 为了适应鸡体重和生殖系统的生长发育需求,可在18周龄开始喂产蛋鸡料,20周龄起喂产蛋高峰期料。同时在料中多添加20%～30%的多种维生素。自由采食,开灯期间饲槽中要始终有料。

(3)增加光照时间 多数养鸡场在育成期多采用自然光照法。18周龄时,如果鸡群体重达到标准,可每天增加光照10分钟,直到产蛋最高峰时光照总时数达到每天15小时或16小时为止。产蛋期间光照原则是时间不能缩短、强度不能减弱。

(4)创造舒适的环境条件 鸡产蛋期间最适宜的温度是13～23℃,冬季保持在10℃以上,夏季保持在30℃以下。保持室内空气流通,防止各种噪声干扰。保持环境和喂料、饮水、光照等稳定性。

(5)做好疫病防治 加强卫生管理,坚持带鸡消毒和环境消毒制度,防止疫病传入。

3.初产蛋鸡水样腹泻的原因及防治

初产蛋鸡的水样腹泻是蛋鸡养殖场经常遇到的问题。鸡一开产就出现水样腹泻,有的持续1～2周,有的持续1～2个月,甚至更长时间。通常引起水样腹泻的原因很多,有细菌、病毒、寄生虫、中毒病等,但初产母鸡的腹泻往往是由非病原性因素引起的。

(1)初产蛋鸡水样腹泻的主要症状 ①母鸡刚开产就表现拉水样粪便,粪便的固体成分较少,大量水分夹杂着一些未消化的饲料,拉稀的鸡肛门周围的羽毛潮湿,粪便的颜色相对比较正常,严重时,走近鸡能听见"哗啦哗啦"的排水便声;②拉稀鸡的精神、采食量基本正常,饮水增多,蛋壳颜色正常,但产蛋率上升可能慢一些,鸡群无死亡,当产蛋率达 80％左右,拉稀往往自然停止;③在拉稀期间,药物治疗无效或暂时性有效,停药后又复发。

(2)原因分析　①初产蛋鸡代谢旺盛,生理变化大,加上转群、环境变化等对鸡体造成很大的应激,同时大部分的营养物质供应产蛋,机体免疫力和自体调节机能随之降低,导致消化机能下降,加上更换产蛋初期料,消化道暂时无法适应,引起腹泻;②初期料中矿物质的含量很高,大量的钙、磷、锌、钠等离子蓄积在肠道内,使肠道内渗透压升高,在很大程度上阻止了肠道对水分的吸收,而且饲料中含量较高的石粉、贝壳粉又机械性刺激肠壁,使肠道蠕动加快,引起腹泻;③在育成后期,料中米糠或麸皮的添加量较高,或使用的浓缩料、预混料中次粉含量较高,饲料中的粗纤维含量较高,使肠蠕动加快引起腹泻;④产蛋鸡初期料中的蛋白含量较高或加入杂粮含量高以及生豆粕都可刺激肠道,引起腹泻;⑤许多养殖户和兽医人员误把该种腹泻诊断为病原性腹泻,使用大量的抗菌药物治疗,结果大量、长期的使用抗生素造成肠道内正常菌群失调和肠机能紊乱,加重了腹泻症状。

(3)防治　①在育成后期,应把饲料中粗纤维的含量控制在合理的范围内,钙的含量也不能添加的太高,0.6％～0.8％比较合适,同时保证饲料的品质,防止霉变;②鸡群换料时,要进行过渡饲喂,一般在 5～7 天内换完,以防饲料中过高石粉和蛋白饲料对肠道的刺激;③饲料中添加腐植酸钠(每千克饲料 10 克)或益生素,有较好的防治作用;④鸡群患顽固性大肠杆菌、沙门氏菌以及病毒性肠炎,也能造成水样腹泻,此时投喂氟苯尼考加抗病毒中药连喂 5 天即可好转。

(二)蛋鸡产蛋高峰期管理

现代蛋用鸡种产蛋高峰期较长,一般达 6 个月或更长一些时间;产蛋高峰期的产蛋量占全期产蛋量的 65％以上、产蛋重量占总蛋量的 63％以上。如果后备母鸡培育不好,产蛋阶段管理又不善,就会使产蛋高峰期缩短,特别是高峰期峰值偏低,所以蛋鸡产蛋期的饲养管理工作不容忽视。

1.产蛋高峰期管理要点

(1)适应营养需求 产蛋母鸡的发育规律是:40周龄之前体重增长较快,24～40周龄平均每日增重2～4克;此后,增重速度相对平衡并稍有增加。若产蛋高峰阶段减重,则说明蛋鸡体内的贮备动用过多,可能使产蛋率下降,产蛋高峰提前结束。

母鸡每天摄入的营养主要用于体重增长、产蛋支出、基础代谢和繁殖活动的需求,故在设计饲料配方时,要按照母鸡对能量、粗蛋白、氨基酸、钙、磷等的日需要量来计算确切的营养标准。调整营养浓度时应根据产蛋阶段的变化、采食量的变化来进行,其中的重点是把握能量与蛋白两大要素的含量变化。同时还要保证钙、磷和多种维生素的供给。

(2)改善饲料品质 蛋鸡在产蛋高峰期应使用优质饲料,不能使用贮存时间过长、虫蛀、发霉变质、受污染的原料所生产的饲料。另外,葵花籽、棉籽、油菜籽之类饼粕的用量也不宜多。饲料的原料品质应相对稳定,因为不同地区、不同收获季节生产的原料,其营养成分都会有一定的差别。如果对饲料原料没有进行化验就使用,就有可能导致营养物质摄入的差异,引起应激反应。

(3)保持稳定光照 产蛋期的光照时间应稳定在16小时或17小时。人工补光的时间应保持稳定,如鸡舍突然停止、缩短光照时间或减弱光照强度,都可使产蛋率下降。

(4)防止应激反应 蛋鸡产生应激反应的因素较多,对于可预料的应激因素应在发生之前,就按照应激期对维生素的需要标准来提高补充量。需要注意的是,饲养管理程序要规范。①饲喂要定时,给水要充足,不可随意更改作业程序,如喂料、拣蛋、清粪等工作混乱,均可导致产蛋量下降;②要重视设备的维护,如管道堵塞后检修不及时而造成供水障碍,亦可影响产蛋量;③异常的声响,陌生人、动物的蓦然出现,饲料、疾病、天气的突然变化等,都可使鸡群产生严重的应激反应。

2.蛋鸡无产蛋高峰的原因分析

在蛋鸡生产中,经常碰到一些鸡群不能进入产蛋高峰或产蛋高峰持续时间短,常见原因综合分析如下。

(1)育成鸡不达标　由于受资金、场地、设备等因素的限制,或者饲养者片面追求饲养规模,育雏、育成期的饲养密度普遍偏高。有的场(户)从进鸡到转群上笼饲养密度不变,早期不能按时分群,6周龄的体尺、体重难以达标,直接影响育雏的质量。大部分鸡场没有育成笼,雏鸡在育雏舍养至8～10周龄,直接转入产蛋鸡舍。育雏后期舍内温度过高、通风不良、鸡过于拥挤。转入蛋鸡舍后,发育慢、个体小的鸡饮水困难。加之应激大、管理不当、疾病等因素影响,导致鸡群均匀度差,平均体重低于标准下限,见蛋日龄参差不齐,产蛋率攀升的时间很长,表现为产蛋高峰上不去,高峰持续时间短,蛋重轻,死淘率高。

(2)饲料质量问题　目前市场上销售的饲料,其质量参差不齐,存在掺杂使假或有效成分含量不足的问题。大多数饲料代谢能偏低,粗蛋白水平相对不低,但杂粮的比例偏高,饲料的利用率则会存在很大的差异,养殖户大多不注意这一点,不从总耗料、体增重、死淘率、产蛋量、料蛋比、淘汰鸡的体重诸方面算总账,而是片面的盲从于某种饲料的价格。饲料质量不稳定,如产蛋期饲料能量、蛋白的突然变化,必需氨基酸缺乏,维生素不足,钙磷不平衡,盐分过高或过低,微量元素添加剂得不到长期补偿等都对产蛋有明显影响。饲料卫生不达标,致病性大肠杆菌、沙门氏杆菌、霉菌等严重超标。饲料的适口性差、粒度过大或过小、灰分过高、发酸、水分过大、搅拌不均匀等都可引起产蛋性能降低。

(3)饲养管理不科学　主要包括:①温度控制:产蛋鸡舍的最佳温度18～21℃,寒冷季节由于鸡舍设施保温差,使鸡舍内温度降到5℃以下,引起产蛋下降。夏季炎热季节,降温措施不利,使鸡舍内温度超过28℃以上,影响采食和产蛋。②光照和饮水不足:最明显的就是处在产蛋高峰期的鸡,在炎热季节突然停电往往伴随着停水,对产蛋影响甚大。夏季断水1小时,机体需24小时补偿,且降低高峰期产蛋率10%～20%。③管理粗放:喂料不及时,拌料不均,水槽漏水并得不到清洗和经常消毒,带鸡消毒不科学,水质差等。

(4)疾病侵害　传染性支气管炎、非典型新城疫、鸡传染性鼻炎、温和型流感的存在以及大肠杆菌病使产蛋率下降。如果以上疾病并发感染,产蛋下降更明显。

(三)蛋鸡产蛋高峰过后的管理要点

在生产中,大多数养鸡场十分重视蛋鸡产蛋高峰期的管理,而当产蛋高峰过后,往往疏于管理,使产蛋鸡后期的生产性能不能得到充分发挥,影响了经济效益的提高。根据笔者多年的养鸡经验,浅谈一下蛋鸡产蛋高峰过后的管理要点。

1. 适时减料降消耗

当鸡群产蛋高峰过后,产蛋率降至80%时,可适当进行减料,以降低饲料消耗。方法是:按每鸡减料2.5克,观察3～4天,看产蛋率下降是否正常(正常每周下降1%左右),如正常,则可再减1～2克,这样既不影响产蛋,又可减少饲料消耗,防止鸡体过肥。只产蛋量超过正常下降速度,则须立即恢复饲喂量以免降低生产性能。

2. 分季节升降饲料营养

产蛋鸡日粮特别是产蛋鸡后期日粮营养应根据季节的不同而变化。夏季气温高时,应适当增加能量饲料、优质蛋白质和钙质饲料,同时补充维生素 C;冬季气温低于10℃时,则要适当降低能量和蛋白水平。

3. 适当增加饲料中钙和维生素 D_3 的含量

产蛋高峰过后,蛋壳品质往往很差,破蛋率增加,在每日下午3:00～4:00,在饲料中额外添加贝壳砂或粗粒石灰石,可以加强夜间形成蛋壳的强度,有效地改变蛋壳品质。添加维生素 D_3 能促进钙磷的吸收。

4. 添加氯化胆碱

在饲料中添加0.1%～0.15%的氯化胆碱可以有效地防止蛋鸡肥胖和产生脂肪肝。

5. 保持充足的光照

每日光照时间应保持16～17小时,光照强度10～13勒,可延长产蛋期。

6.淘汰低产鸡

为提高产蛋率,降低饲料消耗,应及时淘汰经常休产的鸡、体重过大过肥或过小过瘦的鸡,病残鸡及过早停产换羽的鸡。

(四)产蛋鸡的四季管理

1.春季

春季带来绿满窗,气温逐渐变暖洋。

细菌复苏繁殖快,日照时间渐变长。

产蛋正值回升期,提高营养促蛋量。

经常清粪勤消毒,逐渐加大通风量。

免疫接种要搞好,鸡场绿化切莫忘。

春季气温开始回升,鸡的生理机能日益旺盛,产蛋量迅速提高。防寒设施可根据气温情况,逐步撤去。春季3~4月份外界气温变化较大,要注意天气变化,防止鸡群感冒。由于气温和外界条件的刺激,性腺的激素分泌机能逐渐旺盛,产蛋量也增加。春季3~4月份,是鸡群产蛋率最高的月份。尽管是低产鸡,在这两个月也会产蛋较多。否则,不是病鸡就是寡产鸡,应挑出淘汰。气温上升,各种病菌易繁殖,侵害鸡体,因此,必须注意鸡的防疫和保健工作。

2.夏季

夏季到来柳丝扬,骄阳似火日照长。

防暑降温促食欲,措施得力有保障。

饲料提高蛋白质,同时提高其能量。

加强通风与换气,饮水充足清又爽。

鸡舍屋顶喷凉水,植树种藤得阴凉。

近年来,随着全球气温升高,北方地区也受到高温高热的冲击,所以说产蛋鸡群在高温高热季节饲养管理是一项新的课题,应引起养鸡者的重视。夏季天气炎热,鸡食欲减退,此时管理不当,容易减产。因此,创造一个良好的环境,使鸡继续保持高产,是夏季管理的关键。可采取以下措施。

(1)通风降温　安装有通风设施的鸡舍,要增加风机的运转时间,缩短通风间隔时间,在进风口挂湿帘以降低鸡舍温度。自然通风的鸡舍要打开所有通风口,以达到最大限度的通风。

(2)改进管理　在高温季节,控制舍温是一切管理基础,核心是解除或缓解高温应激反应。要定人、定群饲养管理。注意观察鸡群,如果有异常现象,及时采取措施。

调整喂料时间。尽量在一天中的凉爽时间喂料,凌晨 4:00～5:00、上午 10:00～11:00、傍晚 6:00～7:00。在高热时间内不饲喂,减少鸡群活动量,使鸡只处于安静状态为好。避免噪声干扰,喂料、喂水、打扫卫生、拣鸡蛋等动作要轻,防止炸群。出现眩晕后,要用冷水浸泡鸡只,再转移到荫凉通风处。

(3)营养调控　因为高温造成经济损失,大多是因采食量减少,产蛋率降低的结果。所以改善营养条件,维持其体热平衡是重要条件。提高蛋白能量比,一般以增加代谢能(10%),增加粗蛋白(25%),就能达到较好的效果。能量以每吨饲料加油脂 10～20 千克,蛋白以加植物蛋白为主,增加蛋氨酸添加量。同时调节电解平衡,补充维生素 C,用碳酸氢钠替代部分氯化钠。

(4)供足新鲜凉水　全天保持有清洁、凉爽、卫生的饮水。最好是深井水,必要时可在水中加冰块以降低水温。

(5)带鸡消毒　进行带鸡喷雾消毒,每周 2～3 次带鸡消毒。可选用高效低毒的药如百毒杀、过氧乙酸等。同时搞好舍内灭蝇、灭蚊、灭虫工作。

(6)及时清粪　首先,有刮粪机的每天要清 1～2 次。其次,要增加抗应激药物,在每吨饲料中添加 40 毫克杆菌肽锌能降低应激。也可添加维吉尼亚霉素,提高饲料转化率和鸡只存活率。另外,中国农科院畜牧兽医研究所生产的"吡啶羟酸铬"抗高温高热有着显著作用。

3.秋季

秋季到来荷花香,天气逐渐变凉爽。

日照时间渐变短,灯光补充要延长。

早秋闷热雨水多,白天加大通风量。

鸡场蚊蝇滋生多,刺种鸡痘早预防。

鸡群换羽与休产,老龄母鸡不再养。

秋季除春雏以外,大多数鸡开始换羽,因此,这一季节的首要任务是做好换羽鸡的管理。

4.冬季

冬季到来雪茫茫,夜长日短气温降。

北风呼啸寒流至,防寒保暖要跟上。

保暖设施要备齐,门窗遮帘早挂上。

舍内空气保持新,通风换气要跟上。

饲料能量要提高,鸡体散热得补偿。

温度对鸡的健康和产蛋有很大影响,鸡的物质代谢能力较强,当周围温度过低时,鸡体散热加快,饲料消耗增加。采取有效措施,确保冬季蛋鸡高产。

(1)防寒保温 蛋鸡产蛋最适宜的温度是 13～27℃。当温度低于 13℃时,产蛋量随之下降;舍温低于 8℃时,产蛋率明显降低。为此,必须加强鸡舍的防寒保温工作,堵塞墙壁漏洞,以防贼风侵袭。

(2)搞好通风换气 密闭式鸡舍由于保温,舍内氨气、硫化氢、硫化氨、一氧化碳等有害气体严重超标,从而影响了蛋鸡生产性能的正常发挥。为此,密闭式鸡舍一定要加强通风换气,时间可定在中午 9:00～18:00 进行,换气时间长短以人进入舍内无刺鼻气味为宜,换气量大小以保持或略低于适宜舍温为宜。注意不要让冷空气直吹鸡体,以免引起呼吸道疾病。

(3)做好防疫消毒工作 针对冬季病毒性疾病高发的特点,采用高效低毒消毒剂定期进行带鸡消毒,产蛋前要注射各种疫苗进行防疫。注意观察鸡群健康状况,定期进行疫情监测,发现异常,及时查明原因并采取相应的措施。

(五)产蛋曲线分析

鸡群产蛋有一定的规律性,反映在整个产蛋期内产蛋率的变化有一定的模式。鸡群开产后,最初 5～6 周内产蛋率迅速增加,以后则平稳地下降至产蛋末期。产蛋曲线是将每周的母鸡日产蛋率的数字标在图纸上,将多点连接起来,即可得到。可以看出产蛋曲线的特点。

1. 开产后产蛋迅速增加

此时产蛋率在每周成倍增加,即 5％、10％、20％、40％,到达 40％后则每周增加 20 个百分点,即 40％、60％、80％,在第 6 周或第 7 周,达产蛋高峰(产蛋率达 90％以上)。产蛋高峰一般维持 8 周以上,高峰过后,曲线下降十分平稳,呈一条直线。标准曲线每周下降的幅度是相等的。一般每周下降不超过 1％(0.5％左右),直到 72 周龄产蛋率下降至 65％～70％。

2. 如因饲养管理不当或疾病等应激引起的产蛋下降

产蛋率低于标准曲线是不能完全补偿的。如发生在产蛋曲线的上升阶段,后果将极为严重,表现在该鸡群的产蛋曲线上则上升中断,产蛋曲线下降,永远达不到其标准高峰。同时,在产蛋曲线开始下降之前,曲线呈"弧形",高峰低于标准曲线的百分比,以后每周产蛋将按等比例减少。产蛋下降如发生在产蛋曲线下降阶段,对产蛋量的影响不像上升阶段那么严重。总之,只有在良好的饲养管理条件下,鸡群的实际产蛋状况才能同标准曲线相符。如图 6-2 所示。

(六)鸡群产蛋量突降原因与预防措施

一般鸡群产蛋都有一定的规律,即开产后几周即可达到产蛋高峰,持续一段时间后,则开始缓慢下降,这种趋势一直持续到产蛋结束。若产蛋鸡改变这一趋势,产蛋率出现突然下降,此时就要及时进行全面检查生产情况,通过分析,找出原因,并采取相应的措施。

1. 产蛋量突降的原因

(1)气候影响 ①季节的变换:尤其是在我国北方地区四季分明,

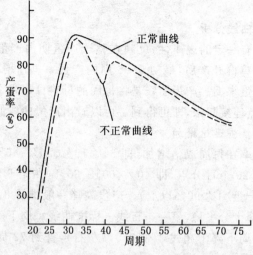

图 6-2 产蛋曲线图

季节变化时,其温差变化较大。若鸡舍保温效果不理想,将会对产蛋鸡群产生较大的应激影响,导致鸡群的产蛋量突然下降。②灾害性天气影响:如鸡群突然遭受到突发的灾害性天气的袭击,如热浪、寒流、暴风雨雪等。

(2)饲养管理不善 ①停水或断料:如连续几天鸡群喂料不足、断水,都将导致鸡群产蛋量突然下降。②营养不足或骤变:饲料中蛋白质、维生素、矿物质等成分含量不足,配合比例不当等,都会引起产蛋量下降。③应激影响:鸡舍内发生异常的声音,猫、狗等小动物窜入鸡舍,以及管理人员捉鸡、清扫粪便等都可能引起鸡群突然受惊,造成鸡群应激反应。④光照失控:鸡舍发生突然停电,光照时间缩短,光照强度减弱,光照时间忽长忽短,照明开关忽开忽停等,这些都不利于鸡群的正常产蛋。⑤舍内通风不畅:采用机械通风的鸡舍,在炎热夏天出现长时间的停电;冬天为了保持鸡舍温度而长时间不进行通风,鸡舍内的空气污浊等都会影响鸡群的正常产蛋。

(3)疾病因素 鸡群感染急性传染病,如鸡新城疫、传染性支气管炎、传染性喉气管炎及产蛋下降综合症等都会影响鸡群正常产蛋。此外,在蛋鸡产蛋期间接种疫苗,投入过多的药物,会产生毒副作用,也可引起鸡群产蛋量下降。

2.预防措施

(1)减少应激　在季节变换、天气异常时,应及时调节鸡舍的温度和改善通风条件。在饲料中添加一定量的维生素等,可减缓鸡群的应激。

(2)科学光照　产蛋期间应严格遵循科学的光照制度,避免不规律的光照,产蛋期间,光照时间每天为 14～16 小时。

(3)经常检修饮水系统　应做到经常检查饮水系统,发现漏水或堵塞现象应及时进行维修。

(4)合理供料　应选择安全可靠、品质稳定的配合饲料,日粮中要求有足量的蛋白质、蛋氨酸和适当维生素及磷、钠等矿物质。同时要避免突然更换饲料。如必须更换,应当采取逐渐更换法,即先更换 1/3,再换 1/2,然后换 2/3,直到全部换完。全部过程以 5～7 天为宜。

(5)做好预防、消毒、卫生工作　接种疫苗应在鸡的育雏及育成期进行,产蛋期也不要投喂对产蛋有影响的药物。及时进行打扫和清理工作,以保证鸡舍卫生状况良好。每周内进行 1～2 次常规消毒,如有疫情要每天消毒 1～2 次。可用 0.1% 威岛牌消毒剂或其他安全的消毒剂对鸡舍顶棚、墙壁、地面及用具等进行喷雾消毒。

(6)科学喂料　固定喂料次数,按时喂料,不要突然减少喂量或限饲,同时应根据季节变化来调整喂料量。

(7)搞好鸡舍内温度、湿度及通风换气等管理　通常鸡舍内的适宜温度为 5～25℃,相对湿度控制在 55%～65%。同时应保持鸡舍内空气新鲜,在无检测仪器的条件下以人进鸡舍感觉不刺眼、不流泪、无臭气味为宜。

(8)注意日常观察　注意观察鸡群的采食、粪便、羽毛、鸡冠、呼吸等状况,发现问题,应做到及时治疗。

第四节　蛋鸡生态放养技术

　　鸡的规模化生态放养,不同于小规模家庭粗放的散养,也不同于种鸡在有限的小运动场条件下的开放式平养。它是利用天然草地优质的自然资源(场地、饲草饲料、空气、阳光等),有效地组织鸡的生产,涉及众多的技术环节,如放养地的选择、一般放养技术、不同生理阶段的放养技术、不同草地类型的放养技术、不同季节的放养技术等。

一、放养场地的选择

　　放养地是规模化生态养鸡的生活环境,选择的是否适宜,在很大程度上决定养殖的效率和效益的高低,甚至养殖的成败。在养殖地的选择方面,应注意以下几个问题。

(一)地势

　　地势指放养场地的海拔高度情况,或高低起伏状况,地势选择应根据具体情况而定。①在平原的草地、农田、林地或果园,应选择地势高燥、平坦、开阔的地方,避免在低洼潮湿及排水不好的的地方放鸡。地下水位要低,因为地势低洼排水不良,很多污染物在雨后被冲击沉淀在这里,尤其是一些病原微生物、有毒有害的化学物质等。此外,地面潮湿污浊,鸡容易发生消化道疾病和体内外寄生虫病。②在丘陵和山区,应选择地势较高,背风向阳的地方;山坡要缓,不宜过大。主要放牧地的坡度应在40°以下,陡坡不适宜放牧。山地放牧场地应注意地质构造情况,避开滑坡和塌方的地段,也应避开坡底和谷口地以及风口,以免受到山洪和暴雨的袭击。

(二)地质和土壤

只要有丰富的饲草资源和非低洼潮湿地块,任何地质和土壤的地块都可放养。考虑放养鸡长期在一个地块生活,地质和土壤对鸡的健康状况产生较大的影响。因此,除了有坡度的山区和丘陵以外,最好是沙质壤土,以防止雨后场地积水而造成泥泞,给鸡体健康形成威胁。

(三)水源和水质

放牧期间需要保证充足优质的饮水,尤其是在野外植被稀疏的地块和阳光充足、风吹频繁及干燥的气候条件下,鸡的饮水量大于室内笼养鸡。水源最好是地下水,以自来水管道输送。为了保证鸡体健康和产品质量达到无公害乃至绿色食品标准,应该注重水的质量,包括感官指标、细菌学指标、毒理学指标等。水的质量标准应符合无公害畜禽饮用水标准。

(四)地形和面积

地形指放养地的形状、范围和地物的相对平面位置状况。面积是指放养地地块的大小。由于实行规模化养殖,放牧地块面积尽量大而宽阔,不要过于狭长或边角过多的多边形地块,以方正规范的地块最佳。如果在面积很大的地块放养,可根据饲养数量将其分割成若干小块。但一般而言,每个小块放牧地的面积应在 7 850 米^2(11 亩)以上。

(五)植被

植被状况是决定放养鸡效益高低、效果好坏,乃至成功与否的最关键的要素之一。考察植被需要注意两个方面的问题,第一是植被多少,即野生或人工牧草的生长密度或牧草的覆盖率。当然,单位面积的牧草越多越好。第二是植被的结构。鸡对于牧草的是有选择性的,有些草喜欢采食,而有些草根本就不吃。如果以鸡喜欢采食的牧草占据主导位置,这样的放牧地是优良的。否则,如果野生杂草的覆盖率较高,都是鸡不采食的劣质草类,这样的退化草场地是不适合直接养鸡的,应经过草种改良后再放养。根据观察,鸡喜欢采食幼嫩多汁、无异味的牧草,特别是一些野菜类;而那些粗硬、含水率较低、带有臭味或其他异味的草,鸡不喜欢吃或根本就不吃。一般来说,人工草场放养鸡没有问题,果园、农田、林地的野草质量也较好。但退化的天然草场和立地条件较差的山地和丘陵,生长的抗逆性较强的野草,其可食性差,多数不能被利用,这样的地方不适于牧鸡。

(六)周边环境

所谓周边环境,主要指放养场地与周边其他环境的关系。如放养场地周边的建筑物、居民点、交通、厂矿、饲养场等。

放养的周边环境如何对于养鸡成败关系重大。因为鸡是对环境非常敏感的动物,同时又是群体规模化养殖。一旦出现问题,损失将是很大的。鸡胆小怕惊,放养地周围环境应幽静,远离噪声源(石子加工厂、交通要道旁、飞机场等)。

由于鸡属于规模放养,防疫压力巨大。放养场地要远离污染源(如屠宰场、化工厂、牲口交易市场和大型养殖场)。由于近年来禽流感的流行和蔓延,为了防止候鸟对该病毒的传播,放养场地要尽量避开候鸟的迁徙带。

尽管属于生态放养,但鸡的排泄物对环境还是有一定的影响,同时,应该尽量避免与人类活动场所的近距离接触。因此,要与居民点有2 000米以上的距离。但为了运输和工作的方便,交通应相对便利。

二、鸡的放养技术要点

鸡的规模化放养是一新生事物,尽管在全国不少地方都有不同规模和形式的放养实例,也积累了一定的经验,但是都在探索阶段,没有完整和完善的技术规程。根据我们近几年的试验和实践,现提出放养的几个技术要点。

（一）生态放养条件下鸡的活动规律

放养与笼养差异很大。环境改变了，鸡的活动规律和活动方式发生一定变化。摸清这些规律对于养好鸡至关重要。为此，我们选择条件相近（山场坡度、草场植被、地理类型等）的中等山场5个，分别饲养产蛋期的本地柴鸡，其密度分别为每667米²（即1亩）20只、30只、40只、50只、80只。采取试验观察和生产调查相结合，观察在不同饲养密度条件下的活动规律。

以鸡舍为圆心，分别以50米、100米、150米为半径画圆（设置明显标志），观察不同鸡群在不同区域内的数量及所占比例；在不同方向或坡度的活动规律；不同时间段的活动规律。活动半径采取直接观察法和粪便及活动痕迹（爪印、扒痕、采食植物等）追踪法。试验结果如表6-7所示。通过3个月的观察和记录，得出如下规律。

表 6-7　山场放养蛋鸡鸡群活动规律统计表

密度/ 只/667 米²	一般活动半径/米			最大半径/米
	50 米观察区	100 米观察区	150 米观察区	
20	75.25	92.00	99.00	300～450
30	73.50	90.50	98.00	400～500
40	70.25	85.00	97.25	500～700
50	68.50	82.00	95.25	700～800
80	65.50	79.25	92.00	800～1 000

第一，一般活动半径。一般活动半径指80%以上鸡的活动半径。研究观察发现，不同饲养密度条件下，鸡的活动半径不同。随着饲养密度的增加，鸡的活动半径逐渐增加，但80%以上的鸡活动半径在100米以内。

第二，最大活动半径。最大活动半径指群体中少数生命力较强的鸡超出一般活动范围，达到离鸡舍最远的活动距离。随着饲养密度的增加，最大活动半径增加。低密度条件下，最大活动半径在500米以内。但高密度饲养，最大半径可达到1 000米。

第三,活动半径的个体差异、群体差异和品种差异。活动半径有明显的个体差异。约5％的个体远远超出一般活动半径的范围,最大活动半径是它们创造的。这样的鸡体质健壮、抗病力强,活动范围广。而这种特性应该属于遗传因素造成的。观察发现,活动半径有群体差异。

其一般规律如下:如果群体活动半径较大的个体数量居多,其对同群其他鸡有一定的影响和带动作用;在一个多群体的山场上,离饲养员活动场地最近的群体的活动半径最小,离饲养人员较远的群体活动半径增加。这与饲养人员的频繁活动使鸡产生等靠要的依赖性有关。生产调查发现,活动半径具有品种差异。本地土鸡的活动半径大于现代配套系,其一般活动半径相差10％左右,最大活动半径相差30％左右。本地土鸡较大的活动半径是长期自然选择和人工选择的结果。

第四,活动半径的其他相关因素。通过定点观察和生产调查发现,鸡的一般活动半径和最大活动半径与草场植被和山势有关。较好较多的植被山场,鸡的活动半径较小,而退化山场,可食牧草较少,植被覆盖率较低,鸡的活动半径增大;在平坦的地块,鸡的活动半径最大;高低不平的地块,无论在下行还是往上爬行,鸡的活动半径均缩小。活动半径还与鸡舍门口位置、朝向、补料和管理有关。一般往鸡舍门口方向前行半径大,背离门口方向的半径小。大量补充饲料会使鸡产生依赖性,其活动半径缩小;进过调教后,一般活动半径增大,对最大活动半径没有明显影响。

第五,放养鸡一天中的活动规律。早出晚归是散养条件下鸡的一般生活习性。鸡的外出和归牧与太阳活动有密切关系。一般在日出前0.5～1小时离开鸡舍,日落后0.5～1小时归舍。一般季节,其觅食的主动性以日落前后的食欲最强,早晨次之,中午多有休息的习惯。但冬季的中午活动比较活跃。

第六,放养鸡产蛋的时间分布。80％左右集中在中午以前,以9∶00～11∶00为产蛋高峰期。但其产蛋时间持续到全天,不如笼养鸡集中。这可能与放养条件下其营养获取不足有关。

以上活动规律的探明,为鸡群放养密度、饲养规模和管理模式的确定提供了依据。

(二)放养前的准备

由育雏室突然转移到放牧地,环境发生了很大变化。小鸡能否适应这种变化,在很大程度上取决于放养前的适应性锻炼,包括饲料和胃肠的锻炼、温度的锻炼、活动量的锻炼、管理和防疫等。

1.饲料和胃肠的锻炼

育雏期根据室外气温和青草生长情况而定,一般为4~8周。为了适应放养期大量采食青饲料的饲料类型特点,以及采食一定的虫体饲料,应在育雏期进行饲料和胃肠的适应性锻炼。即在放牧前1~3周,有意识地在育雏料中添加一定的青草和青菜,有条件的鸡场还可加入一定的动物性饲料,特别是虫体饲料(如蝇蛆、蚯蚓、黄粉虫等),使之胃肠得到应有的锻炼。对于青绿饲料的添加量,要由少到多逐渐添加,防止一次性增加过多而造成消化不良或腹泻。在放牧前,青饲料的添加量应占到雏鸡饲喂量的50%以上。

2.温度的锻炼

放牧对于雏鸡而言,环境发生了很大的变化。特别是由室内转移到室外,由温度相对稳定的育雏舍转移到气温多变的野外。放养最初2周是否适应放养环境的温度条件,在很大程度上都取决于放牧前温度的适应性锻炼。在育雏后期,应逐渐降低育雏室的温度,使其逐渐适应室外气候条件,适当进行较低温度和小范围变温的锻炼。这样对于提高放养初期的成活率至关重要。

3.活动量的锻炼

育雏期小鸡的活动量很小,仅仅在育雏室内有限的地面上活动,而放入田间后,活动范围突然扩大,活动量成数倍增加,很容易造成短期内的不适应而出现因活动量过大造成的疲劳和诱发疾病。因此,在育雏后期,应逐渐扩大雏鸡的运动量和活动范围,增强其体质,以适应放养环境。

4.管理

在育雏后期,饲养管理为了适应野外生活的条件,逐渐由精细管理过渡到粗放管理。所谓粗放管理,并不是不管,或越粗越好,而是在饲喂次数、饮水方式、管理形式等方面接近放养下的管理模式,特别是注意调教,形成条件反射。

5.抗应激

放牧前和放牧的最初几天,由于转群、脱温、环境变化等影响,出现一定的应激,免疫力下降。为避免放养后出现应激性疾病,可在补饲饲料或饮水中加入适量维生素 C 或复合维生素,以预防应激。

6.防疫

应根据鸡的防疫程序,特别是免疫程序,有条不紊地搞好防疫,为放养期提供良好的健康保证。

7.围栏筑网

生态放养鸡,是在野外进行。通常在放养鸡场地围栏筑网。有人要问:这么大的场地,让鸡随便跑,何必围栏筑网?不仅花钱,而且费力,还限制鸡的活动。生产中采取围栏筑网的目的有以下几点。

第一,雏鸡在刚刚放牧的时候,通过围网,限制其活动范围,以防止丢失;以后逐渐放宽活动范围,直至自由活动。

第二,当一个群体数量很大的时候,鸡有一定的群集性。由于鸡的活动半径较小(100 米以内),众多的鸡生活在较小的范围内,容易形成在鸡经常活动的区域内出现过牧现象,形成"近处光秃秃,远处绿油油"。通过围栏筑网,将较大的鸡群隔离成若干小的鸡群,防止出现这种现象。

第三,果园或农田,病虫害是难免发生的。如果在这样的场地养鸡,在喷施农药的时候,尽管目前推广的均为高效低毒农药,但为了保证安全,需要在喷农药期间停止放牧 1 周以上。若在果园或农田围栏筑网,喷施农药有计划地进行,使鸡放牧经常位于没有喷施农药或喷施一周以上的地块。

第四,在农区或山区,农田、果园、山场或林地由家庭承包。在多数情况下，农民承包地面积有限。在有限的地块养鸡，如果不限制鸡的活动，往往鸡的活动范围超出自家。为了安全，同时为了防止鸡群对周围作物的破坏，减少邻里摩擦，往往采取围网的方式。

第五，生态养鸡，让鸡充分采食自然饲料，包括青草、昆虫和腐殖质等。但是，多数情况下，青草的生长速度往往低于鸡的采食速度，很容易出现过牧现象。为了防止过牧现象的发生，将一个地块用围网分成若干小区（3 个左右），使鸡轮流在 3 个区域内采食，即分区轮牧，每个小区放牧 1～2 周，使土地生息结合，资源开发和保护并举。

（三）放牧过渡期的管理

由育雏室转移到野外放牧的最初 1～2 周是放养成功与否的关键时期。如果前期准备工作做得较好，过渡期管理得当，小鸡很快适应放牧环境，不因为环境的巨大变化而影响生长发育。

转群日的选择非常关键。应选择天气暖和的晴天。在晚上转群。当将灯关闭后，打开手电筒，手电筒头部蒙上红色布，使之放出暗淡的红色光，以使小鸡安静，降低应激。轻轻将小鸡转移放到运输笼，然后装车。按照原分群计划，一次性放入鸡舍，使之在放牧地的鸡舍过夜，第二天早晨不要马上放鸡，要让鸡在鸡舍内停留较长的时间，以便熟悉其新居。待到 9:00～10:00 以后放出喂料，饲槽放在离鸡舍 1～5 米处，让鸡自由采食，切忌惊吓鸡群。饲料与育雏期的饲料相同，不要突然改变。开始几天，每天放养较短的时间，以后逐日增加放养时间。为了防止个别小鸡乱跑而不会自行返回，可设围栏限制，并不断扩大放养面积。1～5 天内仍按舍饲喂量给料，日喂 3 次。5 天后要限制饲料喂量，分两步递减饲料：首先是 5～10 天内饲料喂平常舍饲日粮的 70%；其次是 10 天后直到出栏，饲料喂量减少 1/2，只喂平常各生长阶段舍饲日粮的 30%～50%，日喂 1～2 次（天气不好的时候喂 2 次，饲喂的次数越多效果越差，因为鸡有懒惰和依赖性）。

(四)分群

规模化放养，每批的数量很大。如何管理才能提高成活率、提高生长速度和饲料效率，既充分利用自然资源，又最大限度地提高劳动效率，是值得重视的问题。分群管理是最重要的一个环节。分群是根据放牧条件和鸡的具体情况，将不同品种、不同性别、不同年龄和不同体重的小鸡分开饲养，以便于因鸡制宜，有针对性的管理。

1.分群的基本原则

分群首先要考虑群体的大小。确定群体大小的依据是品种、月龄、性别和放牧地可食植被状况。一般而言，本地土鸡，活泼爱动，体质健康，适应性强，活动面积大，群体可适当大些；小鸡阶段采食量小，饲养密度和群体适当大些；而大鸡的采食量较大，在有限的活动场地放养的数量适当小些；植被状况良好，群体适当大些；植被较差，饲养密度和群体都不应过大，否则容易产生过牧现象；公母鸡混养，公鸡的活动量大，生长速度快，可提前作为肉鸡出栏，群体可适当大些；若饲养鉴别母雏，一直饲养到整个生产周期结束，群体不宜过大。

2.分群的具体操作

放养鸡的分群应与育雏鸡分群相一致，即育雏室内每个小区内的雏鸡最好分在1个鸡舍内。分群是从育雏室到田间的转群时进行，最好在晚上。根据田间每个简易鸡舍容纳鸡的数量，一次性放进足量的小鸡。如果田间简易鸡舍的面积较大，安排的鸡数量较多，应将鸡舍分割成若干单元，每个单元容纳鸡数最好小于500只。

3.分群注意的问题

(1)切忌大小混养

不同日龄、不同体重和不同生理阶段的鸡，其营养需要、饲料类型、管理方式和疾病发生的种类和特点都不一样。如果将它们混养在一起，无法有针对性地饲养和管理。如产蛋鸡和青年鸡混养，饲料无法配制和提供。如果按照产蛋鸡补料，其含钙磷过高，青年鸡采食过多会造成疾病。否则，按照青年鸡的营养需要补料，产蛋鸡明显钙磷不足而严重影响产蛋率和鸡蛋品质。别是疾病预防，难以按照防疫程序执行，相互传染，导致疾病不断而无法控制。

（2）切忌群体过大

群体大小划分的依据是：植被状况、鸡的日龄和活动范围、鸡舍之间的距离和鸡舍的大小。根据笔者的研究发现，一般平原地区的草场、农田和果园等，以鸡舍为圆心，70％以上的鸡在半径 50 米以内活动，90％以上在半径 100 米以内活动。因此，群体大小应以 50～100 米为半径的圆面积为 1 个活动单元，根据牧草的载鸡量，确定单位面积所承受的鸡数量。据我们研究，一般草地每 667 米^2 容纳鸡的数量 20～30 只，好的草场可达到 40～50 只，最高不宜超过 80 只。以这样计算，1 个饲养单元的面积应控制在 7 000～30 000 米^2，这样，一般群体应控制在 300～500 只。

生产中发现有些鸡场的群体过大，效果不良。首先，群体大，在较小的放牧面积内饲养过多的鸡，容易造成草地的过牧现象而使草地退化。其次，由于过牧，草生长受到严重影响，鸡在野外获得的营养较少，主要依靠人工饲喂。因此，更多的鸡在鸡舍附近活动，形成了采食依赖性，不仅增加了饲养成本，而且鸡的生长发育和产品品质都受到影响。第三，在较小的范围内有较多的鸡活动，即密度过大，疾病的发生率较高。第四，密度大，营养供应不足或营养单调，容易发生恶癖，如啄肛、啄羽和打斗等。

（五）调教

调教是草地放养鸡饲养管理工作不可缺少的技术环节。因为规模化养殖，野外大面积放养，必须有统一的管理程序，如饲料、饮水、归巢等，应使鸡群在规定的时间内集体行动。特别是遇到良天气和野生动物侵入时，如刮风、下雨、冰雹、鹰或黄鼠狼侵害等，应在统一的指挥下进行规避。同时，也可避免相邻鸡群间的混群现象。

调教是指在特定环境下给予特殊信号或指令，使之逐渐形成条件反射或产生习惯性行为。尽管鸡具有顽固性，但其也具有可塑性。因此,对其实行调教应该从小进行。青年鸡调教包括喂食饮水的调节、远牧的调教、归巢的调教、上栖架的调教和紧急避险的调教等。

1.喂食和饮水的调教

放养鸡每天的补料量是有限的,因此,保证每只鸡都获得应获数量的饲料,应在补充饲料时同一个时间段共同采食。在野外饮水条件有限时,为了保证饮水的卫生,尽量减少开放式饮水盆暴露在外的时间,需要专用饮水装置。

喂食和饮水的调教应在育雏期开始,在放养时强化,并形成条件反射。一般以一种特殊的声音作为信号,这种声音应该柔和而响亮,不可使用爆破声和模仿野兽的叫声,持续时间可长可短。生产中多用吹口哨和敲击金属器物。

以喂食为例,调教前应使其有一定的饥饿时间,然后,一边给予信号(吹口哨),一边喂料,喂料的动作尽量使鸡看得到,以便听觉和视觉双重感应,加速条件反射的形成。每天反复如此动作,一般3天以后即可建立条件反射。

2.远牧的调教

很多鸡的活动范围很小,远处尽管有丰富的饲草资源,它宁可饥饿,也不远行一步。为使牧草得到有效利用,应对这样的鸡进行调教。一般由两人操作,一人在前面引导,即一边慢步前行,一边按照一定的节奏给予一定的语言口令,如不停的叫、走……,一边撒扬少量的食物(作为诱饵);后面一人手拿一定的驱赶工具,一边发出驱赶的语言口令,一边缓慢舞动驱赶工具前行,直至到达牧草丰富的地方。这样连续几日后,这群鸡即可逐渐习惯往远处觅食。

3.归巢的调教

鸡具有晨出暮归的特性。每天日出前便离巢采食,出走越早、越远的鸡,采食越多,生长越快,抗病力越强。而日落前多数鸡从远处向鸡舍集中。但是个别鸡不能按时归巢,有的是由于外出过远,有的是由于迷失了方向,也有的个别鸡在外面找到了适于自己夜宿的场所。当然,少数鸡被别人捕捉。如果这样的鸡不及时返回,以后不归的鸡可能越来越多,遭遇不测而造成损失。因此,应于傍晚前,在放牧地的远处查看,是否有仍在觅食的鸡,并用信号引导其往鸡舍方向返回。如果发现个别鸡在舍外的远处夜宿,应将其抓回鸡舍圈起来,将其营造的窝破坏。第二天早晨晚些时间将其放出觅食。次日傍晚,再检查其是否在外宿窝。如此几次后,便可按时归巢。

4.上栖架的调教

鸡具有栖居性,善于高处过夜。但在野外放养条件下,有时由于鸡舍面积小,比较拥挤,有些鸡抢不到有利位置而不在栖架上过夜。野外鸡舍地面比较潮湿,加之粪便的堆积,长期卧地容易诱发疾病。因此,在开始转群时,每天晚上打开手电筒,查看是否有卧地的鸡,应及时将其抓到栖架上。经过几次调教之后,形成固定的位次关系,也就按时按次序上栖架。

(六)酌情断喙

蛋鸡在笼养条件下多进行断喙。为什么要断喙? 断喙是为了防止啄癖(啄羽、啄趾、啄肛),减少饲料浪费和提高雏鸡成活率。因为笼养方式属于高密度养殖,鸡与鸡之间的活动范围较小,甚至整日在拥挤的状态下生活。在这种应激条件下,由于饲料营养、空气质量、光照、管理等方面稍有疏忽,很容易诱发鸡的烦躁和恶癖的产生。一旦出现恶癖,由于鸡的模仿性,其损失很大。再之,喙是觅食和搏斗的工具,其灵敏性和啄力很强,如果饲料不适,很容易将饲料啄出槽外而造成浪费。因此,在笼养蛋鸡采取断喙的措施来预防。

但是,放养鸡的环境发生了很大变化,鸡不局限与狭小的环境,活动空间相当大,是否也需要断喙? 根据我们的实践,是否需要断喙的依据有3条:第一,饲养密度;第二,鸡群表现;第三,是种公鸡还是商品蛋鸡。在放养密度较大的鸡场,可采取适当断喙的措施。在饲养密度较小的鸡场或地块,可不断喙。如果放养的产蛋鸡群有相互啄食的现象,可适当断喙。如果饲养的是种鸡,母鸡可以酌情断喙,而种公鸡则不可断喙。放养鸡断喙的程度不应像笼养鸡那样严重,适当断喙即可,以免影响鸡的啄食。

断喙对小鸡来说是较大的应激，而且日龄越大，应激程度越严重。因此，断喙时间应严格掌握，一般在 7～9 日龄断喙。断喙时，将雏鸡的头部向前倾斜，在喙尖于鼻孔 1/3 处前端断掉（与笼养鸡断喙略轻），并烧烙 2～3 秒止血，防治感染。若使用手提式断喙器，可左手拿烙铁，右手抓鸡，拇指和食指固定鸡喙并同烙铁倾斜至 60°角烙断。断后上喙稍短于下喙即合乎标准。断喙时必须小心操作，为了避免因操作不当，或因气温炎热，而致雏鸡意外死亡，在进行断喙时要注意下列事项。

第一，鸡群健康状况。断喙时要求鸡群健康状况良好，在鸡群发病前后，或接种疫苗前后，不宜断喙，以免因应激而致雏鸡发病或死亡。

第二，断喙应在气候凉爽时进行，不宜在炎热高温时操作，因为高温可造成严重应激。

第三，为了避免或减少因断喙而致出血，可在断喙前后各 2 天，在雏鸡饲粮或饮水中加入维生素 K。

第四，热刀片的温度。断喙器的热刀片要有足够的热度，一般达815℃，刀片呈暗樱桃色，这样断喙时止血快、效果好。

第五，刀片不能接触鸡舌。断喙时，用拇指按住雏鸡头的上部或侧面，食指轻压雏鸡咽部使其缩舌，可避免与热刀片接触。

第六，掌握断喙时间。断喙时热刀片接触喙的时间为 3 秒，可使切面完全止血，切面角端圆滑。注意热刀片接触喙时间如果过短，不利于止血；接触喙的时间过长，不利于雏鸡今后的生长。

第七，供饮清水，增加喂料深度。断喙后可供饮清水，断喙后 1 周内增加饲槽中的饲料深度，以便觅食。

第八，要注意检查断喙效果。断喙后要细致观察，因为有部分鸡在喙部切除时没有出血现象，但在切除后半小时，可能会出现流血不止，因此，在断喙后要加强检查，如有出血应立即用热刀烙切面可止血。

(七)补料

补料是指野外放养条件下人工补充精饲料。生态放养鸡,仅仅靠野外自由觅食天然饲料是不能满足其生长发育需要的。无论是大雏鸡(生长期)、后备期,还是产蛋期,都必须补充饲料。但应根据鸡的日龄、生长发育、草地类型和天气情况,决定次数、时间、类型、营养浓度和补料数量。

1.补料次数

补料次数多少为宜?尽管没有统一的说法,但对于养好鸡很重要。根据我们研究观察发现,补料次数越多,效果越差。有的鸡场每天补料3次,甚至更多,这样使鸡养成了等、靠、要的懒惰恶习,不到远处采食,每天在鸡舍周围,等主人喂料。我们观察发现,越是在鸡舍周围的鸡,尽管它获得的补充饲料数量较多,但生长发育最慢,疾病发生率也高。凡是不依赖喂食的鸡,生长反而更快,抗病力更强。

对此,我们做了简单的试验。在相似地块不同的鸡群(均为同批孵化的80日龄生长鸡),补料次数分别为1次(下午5:00左右)、2次(中午和傍晚)和3次(早、中、晚各1次)。喂料数量每只日分别为27克、30克和33克。试验1个月后发现,无论是生长速度,还是成活率,喂料3次不如2次,2次不如1次。因此,补充饲料的次数以每天1次为宜,特殊情况下(如下雨、刮风、冰雹等不良天气难以保证鸡在外面的采食量),可临时增加补料次数。但一旦天气好转,立即恢复每天1次。

2.补料时间

何时补料好?似乎意见比较统一,傍晚补料效果好。这是由于:第一,早晨和傍晚是鸡食欲最旺盛的时候。如果早晨补料,鸡采食后就不愿意到远处采食,影响全天的野外采食量。中午鸡的食欲最低,是休息的时间,应让其得到充分的休息。第二,傍晚鸡的食欲旺盛,可在较短的时间内将补充的饲料采食干净,防止洒落在地面的饲料被污染或浪费。第三,鸡在傍晚补料,可根据一天采食情况(看嗉囊的鼓胀程度和鸡的食欲)便于确定补料量。如果在其他时间补料,难以准确判断补料数量是否合理。第四,鸡在傍晚补料后便上栖架休息,经过一夜的静卧歇息,肠道对饲料的利用率高。第五,傍晚补料可配合信号的调教,诱导鸡回巢,减少窝外鸡。

3. 补料形态

饲料形态可大体分为粒料(原粮)、粉料和颗粒料。粒料即未经加工破碎的谷物,如玉米、小麦、高粱、谷子、稻子等;粉料即经过加工粉碎的(单一、配合的或混合)原粮;颗粒料是将配合的粉料经颗粒饲料机压制后形成的颗粒饲料。从鸡采食的习性来看,粒状是理想的饲料形态。粒料容易饲喂,鸡喜欢采食,消化慢,故耐饥饿,适于傍晚投喂。其最大缺点是营养不完善,不宜单独饲喂。

粉料的优点是加工费用较低,经过配合后营养较全面,鸡采食的速度慢,所有的鸡都能均匀采食。其适于各种日龄的鸡。但其缺点更为突出:第一,鸡不喜欢粉状饲料,采食速度慢,不利于促进其消化液的分泌。尤其是放牧条件下,每天傍晚补料 1 次,如果在较长时间内不能将饲料吃完,日落后不方便采食。如果在傍晚前提前补料,将影响鸡在野外的采食。第二,粉料容易造成鸡的挑食,使鸡的营养不平衡。第三,投喂粉料必须增加料槽或垫布等饲具。大面积野外养鸡,饲具有时难以解决。第四,野外投喂粉料容易被风吹飞扬散失,也容易采食不净而造成一定浪费。如果投喂粉料,细度应在 1～2.5 毫米。如果太细,鸡不容易下咽,适口性更差。

颗粒饲料的适口性好,鸡采食快,不易剩料和浪费,可避免挑食,保证了饲料的全价性。在制作颗粒饲料过程中,短期的高温使部分抗营养因子灭活,破坏了部分有毒成分,杀死了一些病原微生物,饲料比较卫生。但其也有一些缺点,如加工成本高,一部分营养(维生素)受到一定程度的破坏等。但从总体来说,颗粒饲料的优点是主要的。

4. 补料数量

育雏期采取自由采食的方法,与笼养鸡基本相同,仅仅是在饲料的配合上增加青饲料。放养期根据草地情况酌情掌握补料量。根据我们的实践,补料量应随着日龄和体重的变化逐渐增加。在一般草地放牧,补料参考表 6-8。

表 6-8　河北柴鸡的日补料量和体重参考表　　　　　克

周龄	每只每日补料量	周末平均体重
0～5	自由采食	228
6～7	20～25	410
8～11	30～35	675
12～16	40～45	1 100
17～20	45～50	1 500

5.补料注意的问题

(1)补料工具　为了防止饲料浪费和饲料的污染,有条件的地方可在特定的地方搭建敞篷作为补料场所,内置饲料槽。尤其是在补充粉料的情况下必须有饲料槽。对于粒料和颗粒饲料,其容易采食,采食速度也快,可不设饲料槽,但必须有较宽敞而平整的补料场地。否则,到处乱撒料,浪费非常严重。

(2)信号　每次补料应与信号相结合,尤其是在放养前期更应强化信号。一般是先给予明确的信号(吹哨或敲击金属),使在较远地方采食的鸡能听到声音,促使其回返吃料。

(3)补料数量的确定　每次补料量的确定应根据鸡采食情况而定。在每次撒料时,不要一次撒完,要分几次撒,看多数鸡已经满足,采食不急时,记录补料量,作为下次补料量的参考数据。一般是次日较前日稍微增加补料量。也可以定期测定鸡的生长速度,即每周的周末,随机抽测一定数量的鸡的体重,看与标准体重的符合度。如果体重严重低于标准,应该逐渐增加补料量,否则,体重超标,可适当减少补料量。

(4)采食均匀度　补料时应观察整个鸡群的采食情况,防止胆子小的鸡不敢靠近采食。据此,可将部分饲料撒向补料场的外围,也可以延长补料时间,使每只鸡都能采食足够的饲料,提高鸡群整齐度。

(八)补草

一般情况下,在放牧期间让鸡自由采食野草野菜。但是,当经常放牧的场地青草或青菜生长低于鸡的采食时,也就是出现供不应求现象,为了减少对放牧地块生态的破坏,同时也为了降低饲养成本,提高养殖效益(通过投喂青草减少精饲料的喂量)和效果(经常采食野草野菜的鸡,其产品无论是鸡蛋,还是鸡肉,质量高于精料喂养的同类产品),往往在其他地方采集青草喂鸡。

人工采集青草喂鸡有 3 种方法。第一种,直接投喂法,即将采集到的野草野菜直接投放在鸡的放牧场地或集中采食场地,让其自由采食。这种方法简便,省工省力,但有一定的浪费。第二种,剁碎投放在饲料槽里,其虽然花费了一定劳动,但浪费较少。第三种,打浆饲喂法,即将青草青菜用打浆机打成浆,然后与一定的精饲料搅拌均匀喂料。这种方式适合规模较大的鸡场,同时配备一定的人工牧草种植。虽然这种方式投入较大,但可有效利用青草,减少饲料浪费,增加鸡的采食量,饲养效果最好。

(九)供水

尽管鸡在野外放养可以采食大量的青绿饲料,但是水的供应是必不可少的。没有充足的饮水,就不能保证快速的生长和健康的体质以及饲料的有效利用。尤其是在植被状况不好、风吹日晒严重的牧地更应重视水的供应。饮水以自动饮水器最佳,以减少饮水污染,保证水的随时供应。

自动饮水应设置完整的供水系统,包括水源、水塔、输水管道、终端(饮水器)等。输水管道最好地下埋置,而终端饮水器应在放牧地块,根据面积大小设置一定的饮水区域,最好与补料区域结合,以便鸡采食后饮水。饮水器的数量应根据鸡的多少设置足够的数量。

但在更多的鸡场不具备饮水系统,特别是水源(水井)问题难以解决。一般采取异地取水。对于这种情况,可制作土饮水器,即利用铁桶作为水罐,利用负压原理,将水输送到开放的饮水管或饮水槽。

(十)诱虫

诱虫是生态养鸡的重要内容之一。诱虫的目的有 2 个:一是消灭虫害,降低作物和果园的农药使用量,实现生态种植与养殖的有机结合;二是通过诱虫,为鸡提供一定的动物蛋白,降低养殖成本,提高养殖效果。昆虫虫体不仅富含蛋白质和各种必需氨基酸,还含有抗菌肽及多种未知生长因子。实践表明,若是鸡采食一些昆虫,则生长发育速度快,发病率降低,成活率提高。笔者在实践中发现,经常采食昆虫的鸡,发病率较低。此现象的出现笔者认为与昆虫体内的特殊抗菌物质有关,具体机理有待进一步研究。诱虫一般采用 3 种方法,即黑光灯诱虫、高压电弧灭虫灯诱虫和性激素诱虫。

1. 黑光灯诱虫

一般使用 2 种光源诱虫。一种是高压自镇汞灯泡,另一种是黑光灯泡,黑光灯诱虫是生产中最常见的。夏季既是生态放养鸡的最佳季节,也是昆虫大量滋生的季节。利用昆虫的趋光性,使用黑光灯可大量诱虫。黑光灯发出的光波波长为 3 800 纳米,大多数昆虫如飞蛾、蝗虫、螳螂、蚊蝇等,对波长为 3 000~4 000 纳米的光波极为敏感。黑光灯诱虫需要有 220 伏交流电源(50 赫兹),规格,有 20 瓦、30 瓦、40 瓦及高功率灯具等多种。安装时应在其上设 1 个防雨的塑料罩,或 3 块挡虫玻璃板,尺寸为 690 毫米×140 毫米×3 毫米(长×宽×厚)。可将黑光灯安装在果园一定高度的杆子上,或吊在离地面 1.5~2 米高的地方。安装要牢固,不要左右摇摆。一般每隔 200~300 米安装一个。黑光灯诱虫采取傍晚开灯,昆虫飞向黑光灯,碰到灯即撞昏落入地面,被鸡直接采食,或落入安装在灯管下面的虫体袋内。次日收集袋内的虫体喂鸡。黑光灯诱虫效果受天气影响较大,高温无风的夜间虫子较多,而大风、雨天和降温的天气昆虫较少。因此,遇有不良天气时不必开灯。雨后 1 小时也不要开灯。灯具的周围不要使用其他强光灯具,以免影响应用效果。使用黑光灯一定要注意用电安全,灯具工作时不要用手触摸。

2.高压电弧灭虫灯诱虫

高压电弧灭虫灯诱虫是利用昆虫趋光性的原理,以高压电弧灯发出的强光,诱导昆虫集中于灯下。然后被鸡捕捉采食。高压电弧灯一般为 500 瓦(220 伏,50 赫兹),将其悬吊于宽敞的放牧地上方,高度可调整。每天傍晚开灯。由于此灯的光线极强,可将周围 2 000 米的昆虫吸引过来。据我们在献县基地的试验观察,每盏灯每天晚上开启 4 小时,可使 1 500 只鸡每天的补料量减少 30%。

3.性激素诱虫

利用性激素诱虫也是农田和果园诱杀虫子的一种方法。不过相对于光线诱虫而言,其主要应用于作物或果树的虫情测报和降低虫害发生率(多数是捕杀雄性成虫,使雌性成虫失去交配机会而降低虫害的发生率)。性激素与传统杀虫剂的区别如表 6-9 所示。

表 6-9　性激素与传统杀虫剂的区别

项目	性激素	传统杀虫剂
毒性	对哺乳动物和鱼无毒	一般有毒
对天敌的影响	天敌能生存	常引起次生害虫发生
环境污染	易被微生物降解	污染比较严重,不可忽视
抗性	至今未见报道	一般引起抗性
施用次数	每年 1～2 次	一年多次
种群密度	高密度时无效	高密度时有效
处理区面积	较大的处理面积更有效	小面积亦有效
处理时间	前世代蛾的整个飞翔期	仅在损失上升之前有效
气候	无风和较大的风速受到影响	雨中无效
选择性	仅对靶子虫种有效	一种药能控制多种害虫

生产中使用的性激素是人工合成的。利用现代分析化学的方法,将不同虫子的性激素成分进行解密,然后人工合成。其诱虫效果较自然激素还要高。

我国科学工作者经过研究,用人工方法制成了多种害虫的雌性激素信息剂,每逢害虫成虫盛发期,在放牧地块里扎上高约1米的三角架,架上搁1个盛大半盆水的诱杀盆,中央悬挂1个由性激素剂制成的信息球,此球发出的雌性信息比真雌虫还强,影响距离更远。当雄性成虫嗅到雌性信息后便从四面八方飞来,在狂欢中撞入水盆被淹死。尔后将它们作为鸡的美味佳肴。

性激素诱虫的效果受到多种因素的制约,例如,性激素的专一性、种群密度、靶子害虫的飞行距离(搜寻面积的大小)、性诱器周围的环境及气象条件,尤其是温度和风速。性诱器周围的植被也影响诱捕效率。

(十一)保持环境的稳定

鸡对外界环境十分敏感,保持环境稳定是放养鸡时刻注意的问题。生产中环境变化或对鸡的应激因素主要有以下几个方面。

1.动物的闯入

在放牧期间,家养动物的闯入(以犬和猫为甚),对鸡群有较大的影响。特别是在植被覆盖较差的地块放牧,鸡和其他闯入动物均充分暴露,动物的奔跑、吠叫,对鸡群造成较强的应激。应避免其他动物进入放牧区。有条件的鸡场,可将放牧区用网围住。

2.饲养人员更换

在长期的接触中,鸡对于饲养人员形成了认可的关系。如果饲养人员的突然更换,对鸡群是一种无形的应激。因此,应尽量避免人员的更换。如果更换饲养人员,应该在更换之前让两个人共同饲养一段时间,使鸡对新的主人认同,确认其主人地位。

3.饲喂制度变更

饲喂制度改变对鸡也会造成一定的应激。无论是饲喂时间、饮水时间、放牧时间或归牧时间,都不应轻易改变。

4.位置的改变

在长期的放牧环境中,鸡群对其生活周围的环境产生适应,无论是鸡舍(鸡棚),还是饲具和饮具位置的变更,对其都有一定影响。比如说,将鸡舍拆掉,在其他地方建筑1个非常漂亮的鸡舍,但这群鸡宁可在原来鸡舍的位置上暴露过夜,承受恶劣的环境条件,也决不到新建的鸡舍里栖息。

5.气候突变

在环境对鸡群的影响中,气候的变化影响最大。包括突然降温、突然升温、大雨、大风、雷电和冰雹。突然降温造成的危害是鸡在鸡舍内容易扎堆,相互挤压在一起,发现不及时容易造成底部的鸡被压死和窒息。高温造成的危害是容易中暑。而风雨交加或冰雹的出现,往往造成大批死亡。

在几年生态养鸡实践中,我们对不同鸡场鸡放养期死亡情况进行分析,因为疾病死亡占据非常小的比例,而气候条件的变化所造成的死亡占据50%左右。在放牧期间,突然大雨和大风,鸡来不及躲避,被雨水淋透。大雨必然伴随降温,受到雨水侵袭的鸡饥寒交迫,抗病力减退,如不及时发现,很容易继发感冒和其他疾病而死亡。若及时发现,应将其放入温暖的环境下,使其羽毛快速干燥,可避免死亡。放牧期间,雷电对鸡群的影响很大。尽管很少有发生雷击现象,打雷的剧烈响声和闪电的强烈光亮的刺激,往往出现惊群现象,大批的鸡拥挤在一起,造成底部被压的鸡窒息而死。没有被挤压的鸡,由于受到强烈的刺激,几天才能逐渐恢复。因此,若遇到这样的情况,必须观察鸡群,发现炸群,及时将挤压的鸡群拨开。对规模化生态养鸡而言,必须注意当地的天气预报。遇有不良天气,提前采取措施。

(十二)防治兽害

放牧期间鸡群的主要兽害是老鼠、鹰、黄鼠狼和蛇。

1.老鼠

老鼠对放牧初期的小鸡有较大的危害性。因为此时的小鸡防御能力差,躲避能力低,很容易受到老鼠的侵袭,即便大一些的鸡,夜间受到老鼠的干扰而造成惊群。预防老鼠采用鼠夹法、毒饵法、灌水法及养鹅驱鼠。

（1）鼠夹法　在放牧前7天，在放牧地块里投放鼠夹等捕鼠工具。每一定面积（每667米² 投放2～3个）按照一定的规律投放一定的工具，每天傍晚投放，次日早晨观察。凡是捕捉到老鼠的鼠夹，应经过处理（清洗）后再重新投放（曾经夹住老鼠的鼠夹，带有老鼠的气味，使其他老鼠产生躲避行为）。但在放牧期间不可投放鼠夹。

（2）毒饵法　在放牧前2周，在放牧地投放一定的毒饵。一般每667米² 地块投放2～3处，记住投放位置，设置明显的标志。每天在放牧地块检查被毒死的老鼠，及时检出并深埋。连续投放1周后，将剩余的毒饵全部取走，一个不剩，防止鸡采食而中毒。然后继续观察一周，将死掉的老鼠全部清除。

（3）灌水法　在放牧前，将经过训练的猫或狗牵到放牧地，让其寻找鼠洞，然后往洞内灌水，迫使其从洞内逃出，然后捕捉。注意有些老鼠一洞多口而从其他洞口逃出。

（4）养鹅驱鼠　以生物方法驱鼠避鼠是值得提倡的。实践中，我们提出了鸡鹅结合、生态相克，防治天敌的生物防范兽害技术，取得良好效果。

鹅是由灰雁驯化而来，脚上有蹼，具有水中游泳的本领，喜在水中觅食水草、水藻，在水中嬉戏、求偶、交配。经人类长期驯化，大部分时间在陆地上活动、觅食。因此，其不但具有水陆两栖性。其还具有群居性和可调教性，很容易与饲养人员建立友好关系。

利用鹅的警觉性、攻击性、合群性、草食性、节律性等特点，进行以鹅护鸡，可收到较好效果。鸡鹅比以100：（2～3）为宜。大群饲养也可为100：1的比例。

2.鹰类

鹰类是益鸟，是人类的朋友。具有灭鼠、捕兔的本领。它们具有敏锐的双眼、飞翔的翅膀和锋利强壮的双爪。在高空中俯视大地上的目标，一旦发现猎物，直冲而下，速度快、声音小，攻击目标准确。因此，人们将老鹰称为草原的保护神，其对于农作物和草场的鼠害和兔害的控制，维护生态平衡起到非常重要的作用。但是，它们对于草场生态养鸡具有一定的威胁。

鹰类总的活动规律基本上与鼠类活动规律相同,即初春和秋季多,盛夏和冬季相对较少;早晨(9:00~11:00)、下午(16:00~18:00)多,中午少;晴天多,大风天少。鼠类活动盛期,也是鹰类捕鼠高峰期。鼠密度大的地方,鹰类出现的次数和频率也高。鹰类在山区和草原较多,平原较少。但是,近年来我们观察,无论在山区,还是平原,无论是春夏,还是秋冬,均有一定的老鹰活动,对鸡群造成一定伤害。由于鹰类是益鸟,是人类的朋友,因此,在生态养鸡的过程中,对它们只能采取驱避的措施,而不能捕杀。

(1)放炮法 放牧过程中有专人看管,注意观察老鹰的行踪。发现老鹰袭来,立即向老鹰方向的空中放两响炮,使老鹰受到惊吓而逃跑。连续几次之后,老鹰不敢再接近放牧地。

(2)稻草人法 在放牧地里,布置几个稻草人,尽量将稻草人扎的高一些,上部捆一些彩色布条,最上面安装1个可以旋转、带有声音的风向标,其声音和颜色及风吹的晃动,对老鹰产生威慑作用而不敢凑近。

(3)人工驱赶法 放牧时专人看管,手持长柄扫帚或其他工具,发现老鹰接近,立即边跑、边挥舞工具、边高声驱赶。

(4)罩网法 在放牧地,架起一个大网,离地面3米左右,并将鸡围起来,在特定的范围放牧。老鹰发现目标后直冲而下,接触网后,其爪被网线缠绕,此时饲养人员舞动工具高声驱赶,老鹰夺路而逃。

一般而言,老鹰有相对固定的领域。即在一定的范围内只有特定几个老鹰活动,其他老鹰不能侵入这一区域。否则将被驱赶。只要老鹰经过几次驱赶惊吓之后,以后就不敢轻易闯入。

3.黄鼠狼

黄鼠狼又名黄狼、黄鼬,是我国分布较广的野生动物之一。黄鼠狼生性狡猾,一般昼伏夜出,黄昏前后活动最为频繁。除繁殖季节外,多独栖生活;喜欢在道路旁的隐蔽处行窜捕食,行动线路一经习惯则很少改变。黄鼠狼性情凶悍,生活力强,警觉性很高;夏天常在田野里活动,冬季迁居村庄内;洞穴常设在岩石下、树洞中、沟岸边和废墟堆里;习惯穴居,定居后习惯从一条路出入;主食野兔、鸟类、蛙、鱼、泥鳅、家鼠及地老虎等。在野生食物采食不足时,对家养鸡形成威胁,尤其是在野外放养鸡,经常遭到黄鼠狼的侵袭。因此,应引起高度重视。

黄鼬喜欢穴居,特别喜居干燥的土洞、石洞或树洞,亦经常出入并借住鼠洞。其洞口较光滑,周围多有刮落的绒毛和粪便。黄鼠狼有固定的越冬巢穴,巢穴有多个洞口。为了抗寒防雪,巢穴多设在向阳、背风、静僻处,如闲屋、墟堆、仓库、草垛等地。洞口常因黄鼬呼吸而形成一触即落的块状霜。巢穴附近及通向觅食场所和水源的途径,就是捕捉黄鼠狼的最佳位置。对黄鼠狼,可采取以下几种方法进行捕捉或驱赶。

(1)竹筒捕捉法 选择较黄鼠狼稍长的竹筒(60～70厘米),里口直径7厘米,筒内光滑无节。把竹筒斜埋于土中,上口与地面平齐或稍低于地面。筒底放诱饵,如小鼠、青蛙、小鱼、泥鳅等,也可放昆虫等活动物(用网罩住)或火烤过的鸡骨。黄鼠狼觅食钻进竹筒后,无法退出而被活捉。

(2)木箱捕捉法 制一长100厘米、高16厘米、宽20厘米的木箱,两头是活闸门。闸门背面中间各钻一小浅眼,箱体上盖中间钻1个小孔。闸门升起,浅眼与上盖面平齐。用与箱体等长细绳,两头各拴一根小钉插入闸门眼中,将闸门定住。细绳中间拴1条7～10厘米短绳,穿入箱内;底端拴1个小钩挂上诱饵。黄鼠狼拉食饵料,即带动小钉脱离闸门,闸门降下将其关住,遂被活捉。

(3)夹猎法 将踩板夹置于黄鼠狼的洞口或经常活动的地方,黄鼠狼一触即被夹获。还可在夹子旁放上鼠、蛙、鱼、家禽及其内脏等诱饵,待黄鼠狼觅食时夹住。

(4)猎狗追踪捕捉法 猎狗追踪黄鼠狼到洞口,如黄鼠狼在洞内,狗会不断摇尾巴或吠叫,这时在洞口设置网具,然后用猎杆从洞的另一端将其赶出洞,将其活捉。

(5)灌水、烟熏捕捉法 利用狗寻找黄鼠狼洞口,随后用网封住洞口,然后往洞内灌水,或往洞内吹烟,迫使其出洞而被活捉。采取这种办法时应注意黄鼠狼的多个洞口,防止其从其他洞口逃窜。此外,养鹅护鸡对黄鼬也有较好的驱避效果。

4.蛇

蛇隶属于爬行纲,蛇目。在草原,蛇是捕鼠的能手,对于保护草场生态起到重要作用。但是野外放养鸡,蛇也是天敌之一。尤其是我国南部的省份为甚。其主要对育雏期和放养初期的小鸡危害大。

对付蛇害,我国劳动人民积累了丰富的经验,一般采取两种途径,一是捕捉法,二是驱避法。据资料介绍,凤仙花、七叶一支花、一点红、万年青、半边莲、八角莲、观音竹等,均对蛇有驱避作用。养鹅是预防蛇害非常有效的手段。无论是大蛇,还是小蛇,毒蛇,还是菜蛇,鹅均不惧怕,或将其吃掉,或将其驱出出境。

(十三)提高育成期成活率的技术措施

几年的生态养鸡实践中,我们发现,不同的鸡场成活率差异明显。总结成功者的经验和失败者的教训,应注意从多方面提高育成期的成活率。

1.培育健雏是基础

放养初期(3周内)死亡率占据整个育成期死亡率的 30％以上。除了一些人为伤亡以外,多数死亡的是弱雏或病雏。因此,欲提高育成期的成活率,必须在育雏期奠定基础,包括饲养健康雏鸡,淘汰弱雏、病雏和残雏;按照程序免疫;进行放养前的适应性锻炼等。

2.搞好免疫

生产中发现,很多饲养者认为土鸡的抗病力强,不注射疫苗也没有问题。但是在规模化养殖条件下,很多传染性疾病,无论是笼养的现代鸡种,还是本地土鸡种,不免疫注射是绝对不安全的。尤其是马立克病,一些土孵化房不注射疫苗,多数在 2～3 月龄暴发,造成大批死亡。生产中发现,放养鸡在育成期的主要传染性疾病是马立克、新城疫、法氏囊炎和鸡痘,应重视疫苗的注射。

3.注重药物预防

除了一些烈性病毒性传染病以外,造成育成期死亡的其他疾病是球虫病、沙门氏菌病和体内寄生虫病,而这些疾病往往被忽视。野外放养如果遇到连续的阴雨天气,很容易诱发球虫病,应根据气候条件和粪便中球虫卵囊检测情况酌情投药。白痢是土鸡常发生的疾病。我国绝大多数地方鸡种没有进行白痢的净化,在育雏期未得到有效控制,在放养初期很容易发生。放养鸡场,特别是长年放养地块,体内寄生虫发生很普遍。应根据粪便寄生虫卵的监测进行有针对性地预防。

4.减少放养丢失

一些鸡场在放牧过程中鸡只数量越来越少,而没有发现死亡和兽害。说明放牧过程中不断丢失。这是由于没有进行有效地信号调教,也没有采取先近后远,逐步扩大放养范围的放养方法。

5.预防兽害

正如上面所提出的,主要是老鼠、鹰、狐狸和蛇害。伤害主要发生在夜间,应采取有效措施降低兽害伤亡。

鸡的活动很有规律,日出而动,日落而宿。每天在傍晚,鸡的食欲旺盛,极力采食,以备夜间休息期间进行营养的消化和吸收。同时,夜间也是多种野生动物活动的频繁时间。搞好夜间防范成为鸡场最为重要的问题之一。总结生产经验,做好夜间防范有以下几种方法。

(1)养鹅报警 鹅是禽类中特殊的动物,警觉性很强,胆子很大,不仅具有报警和防护性,而且具有一定的攻击性。在鸡舍周围饲养适量的鹅,可发挥其应有的作用。

(2)安装音响报警器 在不同鸡舍的一定位置(高度与鸡群相近,以便于使鸡受到威胁时发出的声音的搜集)安装音响报警器,总控制面板设在值班室。任何一个鸡舍发生异常,控制面板的信号灯就会发出指令,随后值班人员前去处理。

(3)安装摄像头 在鸡舍的一定位置安装摄像头,与设置在值班室的电脑形成一体。当发生动物侵入时,值班人员就会通过监控屏幕发现,并及时处理。

6.避免药害

草地、农田、果园等放养鸡,农药中毒造成的伤亡屡见不鲜。一方面,除了极个别人为破坏以外,多数情况是在放牧地直接喷药而没有实行分区轮牧和分区喷药;另一方面,邻近农田喷药,放牧地与邻近农田没有用网隔开。这些细节问题应引起高度重视。

7.预防恶劣天气

暴风雨是造成育成期死亡的一个重大因素。应时刻注意当地天气预报,遇有不良气候,尽量不放鸡,或提前将其圈回。

8.避免群体过大

群体过大时,遇到应激因素或寒冷天气,鸡群扎堆,造成底部鸡只窒息死亡。这是生产中经常发生的事情,在一些鸡场的伤亡中占据较大的比例。

9.注意群体的均匀性

鸡群的整齐度如何对于开产日龄的集中度和产蛋量的高低有很大的影响,也是体现饲养品种优势和饲养技术高低的重要标准之一。没有高的群体均匀度或整齐度,难有好的饲养效果。影响鸡群均匀度的因素很多,如雏鸡质量、不同批次群体混养、群体过大、放养密度高、投料不足等。应有针对性地采取相应措施。

第一,建立良好的基础群。对于雏鸡的选择和培育是关键。要按照品种标准选择雏鸡,对于体质较弱、明显发育不良、有病或有残的雏鸡,坚决淘汰。淘汰体重或大或过小的雏鸡。如果所孵化的雏鸡群体差异较大,可遵循大小分群的原则。按照技术规范育雏,培育健康的雏鸡。

第二,严禁混群饲养。有些鸡场,多批次引进雏鸡,而每一批次数量都不大。为了管理的方便,将不同批次的鸡混合在一起饲养,这是绝对不允许的。日龄不同,营养要求不同,免疫不同,管理也不同。如果将它们混杂在一起,将造成管理的无章可循,带来不可弥补的后果。

第三,群体规模适中。过大的群体规模是造成群体参差不齐的原因之一。由于规模较大,使那些本来处于劣势的小鸡越来越处于劣势地位,使群体的差距越来越大。一般来说,群体规模控制在 500 只左右,最大也不应超过 1 000 只。对于数万只的鸡场,可以分成若干个小区隔离饲养。

第四,密度控制。放养密度是影响群体整齐度的另一个重要因素。与群体规模过大的原理相似,过大的密度严重影响鸡的采食和活动,特别是阻碍一些身体或体重处于劣势的个体发育,使它们与群体之间的差距越来越大。

第五,投料控制。饲料的补充量不足,或投料工具的实际有效采食面积小,会严重影响鸡的采食,使那些体小、体弱、胆小的鸡永远处于竞争的不利地位而影响生长发育。根据鸡在野外获得的饲料情况,满足其营养要求,合理补充饲料,并集中补料,增加采食面积,是保证群体均匀一致的重要措施。

第六,定时抽测,及时淘汰"拉腿鸡"。作为规范化的养鸡场,应该每周抽测 1 次,计算群体的整体度。发现均匀度不好,应及时分析原因并采取措施。如果群体比较均匀,而个别鸡发育不良,应该采取果断措施,坚决淘汰那些没有饲养价值的"拉腿鸡"。根据笔者观察,群体中的个别拉腿鸡,开产期非常晚,有的达 200 天以上还不开产,有的甚至是 1 年可能不产蛋。饲养这样的鸡毫无意义。

体重抽测是鸡场的日常管理工作之一。从育雏期开始至育成末期基本结束,体重抽测每周 1 次,并绘制成完整的鸡群生长发育曲线。体重抽测要在夜间进行。晚上 8∶00 以后,将鸡舍灯具关闭,手持手电筒,蒙上红色布料,使之发出较弱的红色光线,以减少对鸡群的应激。随机轻轻抓取鸡,使用电子秤逐只称重,并记录。设计固定记录表格,每次将测定数据记录在同一表格内,并长期保存。

取样应具有代表性,做到随机取样。在鸡舍的不同区域、栖架的不同层次,均要取样,防止取样偏差。每次抽测的数量依据群体大小而定。一般为群体数量的 5%,大规模养鸡不低于群体数量的 1%,小规模养鸡每次测定数量不低于 50 只。

10.确保营养，精心照料

生产中鸡在育成期发育缓慢，没有达到标准体重。分析发现主要原因是营养不足。一些人认为，育成期靠鸡自由野外找食即可满足营养需要，不需另外补料。这种观点是错误的。育成期阶段，是生长发育最快的时期，在野外采食的自然饲料，不能满足能量和蛋白质总量的需求，必须另外补充。特别是在大规模、高密度饲养条件下，仅靠采食一些植物性青饲料，很难满足鸡自身快速生长的需要。忽视补料是得不偿失的。因此，应根据体重的变化与标准的比较，酌情补料。只要营养得到满足，生长才能快速，抗病力和成活率才能提高。

三、产蛋期的放养技术要点

（一）开产日龄的控制

本地柴鸡开产日龄参差不齐。有的 100 多日龄见蛋，有的 200 天还不开产。这除了与该鸡种缺乏系统选育外，与饲养环境恶劣和长期营养不足有很大关系。因此，在搞好选种育种的同时，加强饲养管理和营养供应，是提高放养蛋鸡产蛋性能的关键措施。

开产日龄影响蛋重和终生产蛋量。开产过早，使蛋重不能达到柴鸡蛋标准，也很难有较高的产蛋率。相反，开产日龄过晚，会影响产蛋量和经济效益，也不会有明显的产蛋高峰和持久、稳定和较高的产蛋率。

因此，对其开产日龄应适当控制。一般是通过补料量、营养水平、光照的管理和异性刺激等手段，控制体重增长和卵巢发育，实现控制开产日龄的目的。对于河北柴鸡而言，母鸡 140 日龄左右、体重达 1.4～1.5 千克时开始产蛋比较合适。定期抽测鸡群的体重，如果体重符合设定标准，按照正常饲养，即白天让鸡在放养区内自由采食，傍晚补饲1 次，日补饲量以 50～55 克为宜。如果体重达不到标准体重，应增加补料量，每天补料次数可达到 2 次（早、晚各 1 次），或仅在晚上延长补料时间,增加补料数量,但一般在开产前日补料量控制在 70 克以内。

(二)开产前的准备

放养鸡能否有一个高而稳定的产蛋率,在很大程度上取决于饲养管理,而开产前和产蛋高峰期的饲养管理尤为重要。重视这 2 个阶段的饲养管理,可获得较好的饲养效果。

(1)调整开产前体重　开产前 3 周(18~19 周龄),务必对鸡群进行体重的抽测,看其是否达到标准体重。此时平均体重应达 1 300 克以上,最低体重 1 250 克,群体较整齐,发育一致。如果体重低于此数,应采取果断措施,或加大补料数量,或提高饲料的营养含量,或二者兼而有之。

(2)备好产蛋箱　开始产蛋的前一周,将产蛋箱准备好,让其适应环境。

(3)改换日粮　改换日粮是指由生长日粮换为产蛋日粮,开产时增加光照时间要与改换日粮相配合,如只增加光照,不改换饲料,易造成生殖系统与整个鸡体发育的不协调。如只改换日粮不增加光照,又会使鸡体积聚脂肪,故一般在增加光照 1 周后改换饲粮。

(4)调整饲料中的钙水平　产蛋鸡对钙的需要量比生长鸡多 3~4 倍。笼养条件下,产蛋鸡饲料中一般含钙 3%~3.5%,不超过 4%。而放养鸡的产蛋率低于笼养鸡,此外,在放养场地鸡可以获得较多的矿物质。因此,放养鸡的补钙量低于笼养鸡。根据我们的经验,19 周龄以后,饲料中钙的水平提高到 2%,20~21 周龄提高到 3%。

对产蛋鸡适当补钙应注意的是:如对产蛋鸡喂过多的钙,不但抑制其食欲,也会影响磷、铁、铜、钴、镁、锌等矿物质的吸收。同时也不能过早补钙,补早了反而不利于钙在骨骼中的沉积。这是因为生长后期如饲料中含钙量少时,小母鸡体内保留钙的能力就较高,此时需要的钙量不多。在实践中可以采用的补钙方法是:当鸡群见到第一枚蛋时,或开产前两周在饲料中加一贝壳或碳酸钙颗粒,也可成一些矿物质于料槽中,任开产鸡自由采食,直到鸡群产蛋率达 5%,再将生长饲料改为产蛋饲料。

（5）增加光照　18周龄开始逐渐增加光照。正如上面所述，增加光照与改换饲料相配合。

(三)补料量的确定

产蛋期精料补充量的多少，受很多因素的影响。主要是鸡种、产蛋阶段和产蛋率、草地状况和饲养密度。

1.品种

土鸡的觅食力较强，觅食的范围较广，产蛋性能较低，一般补料量较少。现代配套系在优越的环境下培育而成，习惯于笼内饲养，对野外生存环境的适应性较差，自我寻找食物的能力远不如本地柴（土）鸡。因此，饲料补充量应该多些。

2.产蛋阶段和产蛋率

产蛋高峰期需要的营养多，饲料的补充量自然增加多。非产蛋高峰期补充饲料量少些。生产中发现，同样的鸡种、同一产蛋日龄，但产蛋率差异很大。有的高峰期产蛋率80%左右，而有的仅仅40%。因此，对于不同的鸡群饲料的补充量不能千篇一律。应根据鸡群的具体情况而灵活掌握。

3.草地状况和饲养密度

生态放养鸡主要依靠其自身在草地采食自然饲料，精料、补充料仅是营养的补充，而采食自然饲料的多少，主要受到草地状况和饲养密度的影响。当草地的可食牧草很多，虫体很多，饲养密度较低，基本可以满足鸡的营养要求时，每天仅少量补充饲料即可。否则，饲养密度较大，草地可供采食的植物性饲料和虫体饲料较少，那么主要营养的提供需人工补料。在这种情况下，必须增加补料量。在生产中，具体的补充饲料数量，可根据以下情况灵活掌握。

（1）蛋重增加趋势　初产蛋很小，河北柴鸡一般只有35克左右，2个月后蛋增重达到42～44克，基本达到柴鸡蛋标准。开产后蛋重在不断增加，每千克鸡蛋平均23～24个，说明鸡营养适当。营养不足时鸡蛋的重量小,每个鸡蛋不足 40 克,这说明鸡养得不好,管理不当,营养不平衡,补料不足。

(2)蛋形 柴鸡蛋蛋形圆满,大小端分明。若蛋大端偏小,大小两头没有明显差异,说明营养不良。这样的鸡蛋往往重量小,与补料不足有关。

(3)产蛋时间分布 大多数鸡产蛋在中午以前,上午 10:00 左右产蛋比较集中,12:00 之前产蛋占全天产蛋率的 75% 以上。如果产蛋率不集中,下午产蛋的较多,说明饲料补充不足。

(4)产蛋率上升趋势 开产后产蛋上升很快,在 2 个多月、最迟 3 个月达到产蛋高峰期(柴鸡 60% 以上,现代鸡 75% 以上),说明营养和饲料补充得当。如果产蛋率上升较慢、波动较大,甚至出现下降,可能在饲料的补充和饲养管理上出现了问题。

(5)鸡体重变化 开产时应在夜间抽测鸡的体重。产蛋一段时间后,如鸡体重不变或变化不大,说明管理恰当,补料适宜。如鸡体过肥,是能量饲料过多的表征,说明能量、蛋白质的比例不当,应当减少能量饲料比例。但是,根据笔者几年的观察,在草地放养条件下,除了停产以外,很少出现鸡体过肥现象。如鸡体重下降,说明营养不足,应提高补料质量和增加补料数量,以保持良好的体况。

(6)食欲 每天傍晚喂鸡时,鸡很快围聚争食,说明食欲旺盛,鸡对营养的需求量大,可以适当多喂些。若来得慢,不聚拢、争食、抢食,说明食欲差或已觅食吃饱,应少喂些。

(7)行为 如果鸡群正常,没有发现相互啄食现象,说明饲料配合合理,营养补充满足。如果出现啄羽、啄肛等异常情况,说明饲料搭配不合理,必需氨基酸比例不合适,或饲料的补充不足。应查明原因,及时治疗。

(四)光照的控制

蛋鸡在野外放养,人们很容易忽视光照的控制。其实,正如蛋鸡笼养一样,光照对放养鸡是同等重要的。以往小规模家庭蛋鸡散养,任其自然环境中生长,不另外补光,即只采用自然光照。这样,产蛋随季节而剧烈变化。一般为春季开产,夏季歇窝(抱窝),秋季换毛,冬季停产。因而,产蛋量很低。规模化蛋鸡生态放养,要改变传统的养殖模式,人工控制环境,以便获得较高的生产效益。规模化生态放养蛋鸡光照控制应做好以下工作。

1. 熟悉当地自然光照情况

我国大部分地区自然光照情况是冬至到夏至期间日照时间由短逐渐变长,称为渐长期。从夏至到冬至期间由长逐渐缩短,称为渐短期。应从当地气象部门获取当地每日光照时间资料,以便制订每日的光照计划。

2. 光照原则

在生产实践中,日自然光照时间不足需人工光照补足。光照时间的基本原则是育成期光照时间不能延长,产蛋期光照时间不能缩短。一般产蛋高峰期光照时间控制在 16 小时即可,再增加光照时间的意义不大。

3. 补光方法

一般多采取晚上补光,配合补料和光照诱虫一举多得。也可以采取两头补光,即早晨和傍晚两次将光照时间达到设计程序规定时数。

4. 注意的问题

人工补充光照,应尽量使光照基本稳定,促使产蛋性能相应提高。增加光照时间不要突然增加,应逐渐完成。补光程序一经固定下来,就不要轻易改变。

(五)淘汰低产鸡

鸡群中鸡的产蛋性能和健康状况有很大差别,特别是本地土鸡,缺乏系统选育,无论是体型外貌,还是生产性能,相差悬殊。如果将低产鸡、停产鸡、僵鸡以及软脚、有病的鸡及早淘汰,将高产健康的鸡选留后继续饲养,不仅生产性能进一步提高,而且可以消耗较少的饲料,承受更小的风险,获得更大的效益。

1. 高低产鸡的鉴别

淘汰低产鸡首要的问题是怎样鉴别高产和低产或停产鸡、健康与患病鸡。我国养鸡工作者在生产实践中积累了丰富的经验。即根据表型与生产性能的相关性，鉴别高产与低产、优与劣。

第一，产蛋鸡眼睛明亮有神，鸡冠、肉髯大而红润、富有弹力，用手触之有温暖的感觉，开产后鸡冠倒向一侧（现代培育品种）。低产鸡一般眼神迟钝，鸡冠小而萎缩，苍白无光泽，以手触之有凉的感觉。

第二，产蛋鸡的肛门宽大，湿润、扩张；停产鸡的肛门干燥而收小，无弹性。

第三，高产鸡腹部容积大，触摸皮肤细致、柔软有弹性，两耻骨末端柔软、有弹性。低产鸡或停产鸡腹部容积小，触摸皮肤粗糙、发硬、无弹性，两耻骨末端坚硬。

第四，产蛋鸡耻骨之间分开有伸缩性，可放入 3 个手指。停产鸡耻骨固定紧贴，难以放入 2 个手指。

第五，产蛋鸡羽毛蓬松稀疏，比较粗糙、干燥；不产蛋鸡羽毛光滑，覆盖较严密，富有光泽、丰满。高产鸡换羽晚，但换羽速度快，而低产鸡换羽早但换羽速度慢。

第六，高产的现代配套系鸡种开产以后皮肤的黄色素从肛门、眼睑、耳朵、喙、脚（从脚前到脚后）、膝关节依次褪色，而低产鸡或停产鸡退色较慢或仍为黄色。停产约 3 周的鸡喙呈黄色，停产约 10 天的鸡喙的基部是黄色。

第七，种鸡在产蛋配种季节看不到背部有与公鸡交配时踩踏的痕迹，而外表又很肥胖的多为低产鸡或停产鸡。

第八，低产鸡活动异常灵活、快捷而不易捕捉；而高产鸡却较温驯，活动不多，易捕捉。

第九，产蛋鸡出窝早，归窝晚，采食勤奋；不产蛋鸡相反，饮食位置不固定，常来回走动，随意性较大。

第十，每天早晨看粪便，粪便干成细条状的为低产鸡（不产蛋鸡消化慢，消化道变形）。粪便松软成堆，量多的为高产鸡。

第十一,常趴窝不下蛋,也不抱窝,用手探摸,腹部无蛋,尤其是下午4点钟以后仍在蛋箱中,不愿采食的鸡为寡产鸡或停产鸡。

第十二,卵巢退化,功能紊乱,出现性变异而公性化、同时啼鸣者为低产鸡或停产鸡。

2.低产、停产鸡形成的原因

因种蛋品质或其他原因形成的弱雏,在育雏、育成期未能跟上其他鸡,体重小、瘦弱、卵巢和输卵管发育不充分;育成期群体太大,管理不细,强弱未分群,使部分鸡生长发育受阻;在自然光照长的季节培育后备鸡,往往使鸡性成熟过早,提前开产,引起产蛋疲劳和早衰;部分鸡因卵黄性腹膜炎、马立克氏病、传染性支气管炎、血液原虫病及其他寄生虫病等的侵害,造成停产或低产;因难产脱肛或被其他鸡啄肛,失去正常产蛋能力。

3.淘汰低产鸡的时间

一般来说,发现低产鸡可及时淘汰。但对于规模化鸡场而言,集中淘汰可安排2～3次。

第一次淘汰时间可安排在产蛋高峰初期(28周龄左右),此时可将一些因生理缺陷或发育差未开产的鸡进行淘汰,特别是在青年鸡阶段一些鸡因患某些疾病(如支气管炎),其生殖器官严重受损而发育不良,其终生将不能产蛋。

第二次淘汰时间可安排在产蛋高峰过后(43周左右)。高产鸡经过产蛋高峰之后产蛋率逐渐下降,但其产蛋曲线并非陡降,而是稳中有降。而低产鸡产蛋率下降严重,也有一些鸡已经停产。

第三次淘汰可在第2个产蛋年,即产蛋1周年左右进行(72～73周龄)。此期结合人工强制换羽,将没有饲养价值的鸡淘汰,选留部分优良鸡经过强制换羽后,继续饲养一段时间,挖掘其遗传潜力。

4.淘汰方法

准确选择低产鸡是淘汰的关键。很多有经验的农民采用费工但非常有效的手段。夜间手持手电筒,连续3天触摸鸡的子宫,凡是子宫内有蛋的鸡在其腿部系一个布条。经过3天的检测,凡是有2～3个布条的鸡全部保留，没有布条的鸡全部淘汰，只有 1 根布条的酌情处理。这种方法尽管笨了些，但是非常可靠。

淘汰作业必须在夜间进行。一般由 2 个人同时操作。其中一人熟悉淘汰技术，另一人持手电筒并进行捉鸡。鸡一看到灯光就会抬起头来，通过观察其鸡冠、羽毛、触摸其耻骨等，或根据腿部标记的布条，将被淘汰的鸡轻轻捕捉，放在专用鸡笼内，集中运走。

淘汰鸡的工作一定细致，操作动作轻，小心谨慎，防止惊群。在淘汰鸡的前 2 天和后 2 天，在饮水中添加抗应激剂（电解多维素），以降低淘汰过程对鸡群的影响。一般来说，淘汰鸡后的 1～2 天，鸡群的产蛋率略有下降，但很快恢复，并且产蛋率有个新的高峰（淘汰低产鸡和停产鸡的缘故）。

（六）抱性催醒

抱性，即就巢性，俗称抱窝，属禽类繁殖后代的一种正常生理现象。就巢性的强弱与品种类型有直接关系。一般来讲，我国本地鸡的就巢率很高，如河北柴鸡和乌鸡的就巢率高达 60％ 以上，严重影响鸡群体的产蛋水平。就巢的发生与鸡体内激素变化有关，即下丘脑 5-羟色胺活性增强，腺垂体催乳素分泌增加的结果。

一般来说，母鸡就巢与季节和气温有关。也就是说，有利于鸡孵化，即繁衍后代的气候条件，就容易发生抱窝现象。多发生在春末夏秋。同时，环境因素也会诱发就巢性。幽暗环境和产蛋窝内积蛋不取，可诱发母鸡就巢性。一旦一只鸡出现抱窝，其声音和行为对其他鸡有诱导作用。我国科技工作者和养鸡生产者，在长期的试验和实践中，探索了很多治疗鸡抱窝的方法，积累了丰富的经验，下面列举一些，供生产中参考。

1.丙酸睾丸素法

每只鸡肌肉注射丙酸睾丸素 5～10 毫克，用药后 2～3 天就醒抱，1～2 周后即可恢复产蛋。丙酸睾丸素可抑制和中和催乳素，使体内激素趋于平衡而醒抱。

2.异烟肼法

按就巢母鸡每千克体重 0.08 克异烟肼口服,一般 1 次投药可醒抱 55％左右;对没有醒抱的母鸡次日按每千克体重 0.05 克再投药 1 次。第 2 次投药后醒抱可达到 90％,剩下的返巢母鸡第 3 天再投药 1 次,药量也为每千克体重 0.05 克,可完全消除返巢现象。

异烟肼醒抱就巢母鸡,实际上是利用大剂量异烟肼所产生的中枢兴奋作用。其作用机理是异烟肼可与鸡体内的维生素 B_6 结合,造成维生素 B_6 缺乏,导致谷氨酸生成 γ-氨基丁酸受阻,使中枢抑制性递质 γ-氨基丁酸减少,产生中枢兴奋作用。当出现异烟肼急性中毒时,可内服大剂量维生素 B_6 以解毒,并配合其他对症治疗。

3.三合激素法

三合激素(丙酸睾丸素、黄体酮和苯甲酸雌二醇的油溶液),对抱窝母鸡进行处理,按 1 毫升/只肌肉注射,一般 1～2 天即可醒抱。

4.水浸法

将抱窝母鸡用竹笼装好或用竹栏围好,放入冷水中,以水浸过脚高度。如此 2～3 天,母鸡便可醒抱。

5.悬挂法

将抱窝母鸡放入笼中,悬吊在树上,并使鸡笼不断地左右摇摆,很快促使其醒抱。

6.易地法

将抱窝母鸡放入另一鸡群中,改变生活环境。由于环境陌生,并受到其他鸡追逐,可促使母鸡醒抱。

7.电感应刺激法

以 12 伏低电压刺激抱窝母鸡,即将电极一端放入鸡口腔内,另一端接触鸡冠叉。触电前在鸡冠上涂些盐水,然后通电 10 秒,间歇 10 秒后,再通电 10 秒。经数次刺激后母鸡便可醒抱,并一般在醒抱后 7～10 天便可恢复产蛋。

8.解热镇痛法

服用安乃近或 APC(复方阿司匹林),取 0.5 克安乃近或 0.42 克

APC,每鸡 1 片喂服,同时喂给 3～5 毫升水,10 小时内不醒抱者再增喂 1 次,一般 15 天后即可恢复产蛋。

9.硫酸铜法

每只鸡注射 20％硫酸铜水溶液 1 毫升,促使其脑垂体前叶分泌激素,增强卵巢活动而离巢。

10.针刺法

用缝衣针在其冠点穴、脚底深刺 2 厘米,一般轻抱鸡 3 天后可下窝觅食,很快恢复产蛋,若第 3 天仍没有醒抱按上法继续进行 3 次就可见效。

11.酒醉法

每只抱窝鸡灌服 40°～50°白酒 3 汤匙,促其醉眠,醒酒后即可醒抱。

12.灌醋法

趁早晨空肚时喂抱窝鸡一汤匙醋,到晚上再喂 1 次,连续 3～4 天即可。

13.清凉解热法

早晚各喂人丹 13 粒左右,连用 3～5 天。

14.盐酸麻黄素法

每只抱窝鸡每次服用 0.025 克盐酸麻黄素片,兴奋其中枢神经,若效果不明显,第 3 天再喂 1 次,效果很好。

15.剪毛法

把抱窝鸡大腿、腹部、颈部、背部的长羽毛剪掉,翅膀及尾部羽毛不剪。这样,鸡很快停止抱性,且对鸡的行动没有影响,1 周内可恢复产蛋。

16.复合药物法

将冰片 5 克、乙烯雌酚 2 毫克、咖啡因 1.8 克。大黄苏打片 10 克、氨基比林 2 克、麻黄素 0.05 克,共研细末,加面粉 5 克、白酒适量,搓成 20 粒丸,每日每只喂服 1 粒,连喂 3～5 天。

17. 感冒胶囊法

发现抱窝母鸡,立即分早、晚 2 次口服速效感冒胶囊,每次 1 粒,连服 2 天便可醒抱。醒抱后的母鸡 5～7 天就可产蛋。

18. 磷酸氯喹片法

每日 1 次,每次 0.5 片(每片 0.25 克),连服 2 日,催醒效果在 95% 以上。用 1～2 粒盐酸喹宁丸有同样效果。

19. 清凉降温法

用清凉油在母鸡脸上擦抹,注意不要抹入眼内;热天还可以将鸡用冷水喷淋或每天直接浸浴 3～4 次,以降低体温,促其醒抱。

(七)产蛋窝和捡蛋

草地生态养殖,鸡蛋的内在品质优于笼养,我们在几年的试验中进行了多次比较研究,同时也被众多的试验所验证。但是,不可否认的是,如果管理不善,处理不当,放养鸡所产鸡蛋的外在品质存在很多问题,特别是窝外蛋多,蛋壳较脏,被严重污染,极大地影响鸡蛋的外观和保存期,间接影响内在品质。提高放养蛋鸡鸡蛋外在品质,降低窝外蛋,首先应了解鸡的产蛋行为或产蛋习性。

1. 产蛋习性

(1)喜暗性

鸡喜欢在光线较暗的地方产蛋,产蛋箱应背光放置或遮掩暗,产蛋箱要避开光源直射。

(2)色敏性

禽类的视觉较发达,能迅速识别目标,但对颜色的区别能力较差,只对红、黄、绿光敏感。尽管不同的研究结果不同,有研究认为母鸡喜欢在深黄或绿色的产蛋箱内产蛋,如果产蛋箱颜色能与此一致,则效果较好。

(3)定巢性

鸡的第一蛋产在什么地方,以后仍到此产蛋,如果这个地方被别的鸡占用,宁可在巢门口等候而不愿进入旁边的空巢,在等不及时往往几只鸡同时挤在一个产蛋箱内，这样就发生等窝、争窝现象，相互争斗和踩破鸡蛋，斗败的鸡就另寻去处或将蛋产在箱外，另外，等待时间过长会抑制排卵、推迟下次排卵而减少产蛋量。

（4）隐蔽性

鸡喜欢到安静、隐蔽的地方产蛋，这样有安全感，产蛋也较顺利。因此，产蛋箱设置要有一定的高度和深度，鸡进入其中隐蔽性较好，能免受其他鸡的骚扰。饲养员在操作中要轻、稳，以免弄出突然的响声惊吓正在产蛋的鸡，而产生双黄蛋等异常现象。

（5）探究性

母鸡在产第1枚蛋之前，往往表现出不安，寻找合适的产蛋地点。在临产前爱在蛋箱前来回走动，伸颈凝视箱内。认好窝后，轻踏脚步试探入箱，卧下左右铺开垫料成窝形。离窝回顾，发出产蛋后特有的鸣叫声。因此，产蛋箱的踏步板条高度应不超过40厘米。

2. 垫料

垫料包括垫料的颜色、垫料卫生和垫料厚度等。垫料对鸡的产蛋行为和蛋的外在质量有重大影响。

（1）垫料颜色　研究表明，垫料颜色影响鸡的窝外蛋。产蛋鸡对垫料的颜色有选择性。国外的有关科学家进行了较细致的研究。他们的调查表明，褐色的垫料比橘黄色、白色和黑色的同样垫料更受母鸡喜欢。于是他们以褐色垫料为标准对照组，以绿色、灰色和黑色为对照，试验设计中采用交错排列，保证了所有的产蛋箱位置有均等的代表性。在整个40周的产蛋过程中，对每个产蛋箱中母鸡的产蛋数作为期11周的记录；至49周龄时将产蛋箱垫料的颜色排列顺序颠倒过来，记录停止2天后继续进行，在记录1周后（50周），每隔4周记录1次每个产蛋箱中的产蛋总数。

研究结果表明，与标准褐色垫料相比，仅灰色垫料明显地受母鸡偏爱。在49周龄和50周龄之间进行垫料位置变换的前后，这种优势都明显存在。

在此试验的基础上，他们又专门比较了褐色和灰色两种垫料，以便比较各自窝外蛋的百分率。正如所预料到的,开产时在灰色垫料产蛋箱中下蛋的母鸡产较少的窝外蛋,而用于对照的褐色垫料组表现出较高的窝外蛋百分率。另外,奇怪的是,在灰色垫料产蛋箱中产蛋的母鸡产蛋总数增加(窝内蛋与窝外蛋总和),并且表现出较好的饲料转化率(整个 40 周龄)。分析认为,这种增加可能有两个原因,一种是由于窝外蛋的减少,将所有的鸡蛋全部搜集,没有遗漏损失;还有一种可能是母鸡找到了更适宜自己的产蛋环境而产较多的蛋。

(2)垫料卫生和垫料厚度　鸡产出的蛋首先接触的便是产蛋窝内的垫料,因而要保证产蛋箱内垫料干燥、清洁,无鸡粪。由于刚产出的蛋表面比较湿润,蛋自身湿度与室温温差较大,表面细菌极易侵入,因此必须及时清除窝内垫料中的异物、粪便或潮湿的垫料,经常更换新的、经消毒过的疏松垫料。垫料的厚度大约为产蛋窝深度的 1/3,带鸡消毒时对产蛋箱一并喷雾消毒。防止舍内垫料潮湿和饮水器具的跑冒漏现象,降低舍内湿度。

3.产蛋箱

产蛋箱的多少、位置、高度等,对鸡的产蛋行为和鸡蛋的外在质量有较大影响。

(1)产蛋箱数量　产蛋箱数量少,容易造成争窝现象,久而久之使争斗的弱者离开而到窝外寻找产蛋处。因此,配备足够数量的产蛋窝很有必要。由于本地鸡或放养鸡的产蛋率较低,产蛋时间较分散,可每 4 只母鸡配备一个产蛋窝。

(2)产蛋箱摆放　产蛋箱分布要均匀,放置应与鸡舍纵向垂直,即产蛋箱的开口面向鸡舍中央。蛋箱应尽可能置于避光幽暗的地方。要遮盖好蛋箱的前上部和后上部。开产前将产蛋箱放在地面上,鸡很容易熟悉和适应产蛋环境,而且避免了部分母鸡在产蛋箱下较暗的地方筑窝产蛋。产蛋高峰期再将蛋箱逐渐提高,此时鸡已经形成了就巢产蛋习惯,便不在地面产蛋了。

(3)产蛋箱结实度　产蛋是鸡繁衍后代的行为,它喜欢在最安全的地方产蛋或将蛋产在最安全的地方。如果产蛋箱不稳固,将影响其在窝内产蛋。应使产蛋箱具有吸引力,使它认为是产蛋最可靠的地方。产蛋箱应维护良好,底板结实,安置稳定,母鸡进出产蛋箱时不应摇晃或活动。进出产蛋箱的板条应有足够的强度,能同时承受几只鸡的重量。

(4)产蛋箱的诱导使用　训练母鸡使用产蛋箱是放养蛋鸡的一项基础性工作。为了诱导母鸡进入产蛋箱,可在里面提前放入鸡蛋或鸡蛋样物——引蛋(如空壳鸡蛋、乒乓球等)。较暗的墙边、角落、台阶边、棚架边、钟形饮水器下方和产蛋箱下方比较容易吸引母鸡去就巢。饲养员应小心地将在这些地点筑窝的母鸡放到产蛋箱内,最好关闭产蛋箱,使其熟悉和适应这个产蛋环境,不再到其他地点筑窝。如果母鸡继续在其他地点筑窝,必要时可以用铁丝网进行隔开。通过几次干预,母鸡就会寻找比较安静的产箱内产蛋。发现地面或其他非产蛋箱处有蛋,应及时捡起。

4.捡蛋和蛋的处理

能否及时捡蛋,对蛋的污染程度和破碎率的影响很大。最好是刚产下时即捡走,但生产中捡蛋不可能如此频繁,这就要求捡蛋时间、次数要制度化。大多数鸡在上午产蛋,第一次和第二次的捡蛋时间要调节好,尽量减少蛋在窝内的停留时间。一般要求日捡蛋 3～4 次,捡蛋前用 0.1% 的新洁尔灭洗手消毒,持经消毒的清洁蛋盘捡蛋。捡蛋时要净、污分开,单独存放处理。

捡蛋时应将那些表面有垫料、鸡粪、血污的蛋和地面蛋单独放置。在鸡舍内完成第一次选蛋,将沙壳蛋、钢皮蛋、皱纹蛋、畸形蛋,以及过大、过小、过扁、过圆、双黄和碎蛋剔出。有的人发现鸡蛋表面有污物,用湿毛巾擦洗。这样做破坏了鸡蛋的表面保护膜,使鸡蛋更难以保存。这是鸡蛋处理最忌讳的事情,千万注意!对有一定污染的鸡蛋,可先用细纱布将污物轻轻拭去,并对污染处用酒精进行消毒处理。

5.鸡蛋新鲜度的判断

生态放养鸡生产过程中,漏检、窝外蛋时有发生。因此,检验鸡蛋的新鲜度非常重要。可通过以下几种方法检验鸡蛋的新鲜度。

(1)感官鉴别　用眼睛观察蛋的外观形状、色泽、清洁程度。新鲜鸡蛋，蛋壳干净、无光泽，壳上有一层白霜，色泽鲜明。陈旧蛋，蛋壳表面的粉霜脱落；壳色油亮，呈乌灰色或暗黑色，有油样浸出；壳有较多的霉斑。

(2)手摸鉴别　把蛋放在手掌上翻转。新鲜蛋蛋壳粗糙，重量适中；陈旧蛋，手掂重量轻，手摸有光滑感。

(3)耳听鉴别　新鲜蛋相互碰击的声音清脆，手握蛋摇动无声。陈旧蛋蛋与蛋相互碰击发出嘎嘎声(孵化蛋)、空空声(水花蛋)，手握蛋摇动时是晃荡声。

(4)鼻嗅鉴别　用嘴向蛋壳轻轻哈一口热气，然后用鼻子嗅其气味。新鲜鸡蛋有轻微的生石灰味。

(5)照蛋鉴别　用专门的照蛋器，或用一箱子，上面挖一个小洞，箱子里放一盏灯，将需要检验的鸡蛋放在小洞上，通过从下射出的灯光观察鸡蛋内的结构和轮廓。

新鲜鸡蛋一般里面是实的，没有气室形成，而陈旧鸡蛋气室已经形成，放的时间也越长，气室越大。新鲜的鸡蛋呈微红色、半透明、蛋黄轮廓清晰，而陈旧鸡蛋发污，较浑浊，蛋黄轮廓模糊。

(八)产蛋鸡的其他管理

1.认真观察，掌握鸡群状况

一般来说，放养鸡体质健壮，疾病较少。但也不可掉以轻心。平时要认真观察鸡群的状况，发现个别鸡出现异常，及时分析和处理，防止传染性疾病的发生和流行。

观察鸡群可分几个阶段：第一，每天早晨放鸡时观察鸡群活动情况。健康鸡总是争先恐后向外飞跑，弱者常常落在后边，病鸡不愿离舍或留在栖架上。通过观察可及时发现病鸡，及时治疗和隔离，以免疫情传播。第二，放鸡后清扫鸡舍时观察鸡粪状况。正常的鸡粪便是软硬适中的堆状或条状物，上面覆有少量的白色尿酸盐沉积物。若粪过稀，则为摄入水分过多或消化不良。如为浅黄色泡沫粪便，大部分是由肠炎引起的。白色稀便则多为白痢病。而排泄深红色血便,则为鸡球虫病。第三,每天补料时观察鸡的精神状态。健康鸡特别敏感,往往显示迫不及待感。病弱鸡不吃食或被挤到一边,或吃食动作迟缓,反应迟钝或无反应。病重鸡表现精神沉郁、两眼闭合、低头缩颈、翅膀下垂、呆立不动等。第四,每天晚上观察鸡群的呼吸状况。晚上关灯后倾听鸡的呼吸是否正常,若带有咳嗽或呼噜声,则说明患有呼吸道疾病。

2.鸡舍消毒

草地放养鸡,由于阳光充足、微生物分解,环境的自净作用强,除非发生传染性疾病,一般放养草地不进行消毒。但是,鸡舍内的消毒必须加强。鸡舍地面、补料的场所每天打扫,定期消毒。水槽、料槽每天刷洗,清除槽内的鸡粪和其他杂物,水槽、料槽保持清洁卫生,放养场进出口设消毒带或消毒池。栖架定期清理和消毒。鸡场谢绝参观。放养的草地应实行全进全出制。每批鸡放养完后,应对鸡棚彻底清扫、消毒,对所用器具、盆槽等熏蒸 1 次。同时,放养场地要安排 3～4 周的净化期。

(九)强制换羽

强制换羽是现代养鸡业为提高蛋鸡产蛋量,实现循环产蛋而采取的一项技术措施,在蛋鸡生产中具有重要意义。经过强制换羽,可以缩短自然换羽的时间,延长蛋鸡的利用年限,降低引种和培育成本,可以尽快提高产蛋率,改进蛋壳质量。

强制换羽是笼养商品蛋鸡或种鸡的一项常规技术。但是,放养鸡,特别是放养土鸡,目前还少有人采用这项技术。笔者认为,对土鸡采用这项技术是可行的,尤其是对土种鸡实行强制换羽可缩短鸡的培育时间,抓住商机,获取更大的效益。

1.强制换羽的时间

商品蛋鸡(土鸡)的强制换羽一般依照产蛋时间和产蛋率而定,可在产蛋 8～10 个月后进行或在产蛋率下降至 30％时实施。按照强制换羽时间,可实施 1 次换羽或 2 次换羽。一次换羽是在第 1 期产蛋 12

个月左右时,进行强制换羽,休息 2 个月后,进入第 2 个产蛋高峰期。2 次换羽一般在第 1 期产蛋 8 个月时,进行第 1 次强制换羽,休息 2 个月,在第 2 个产蛋期 6 个月时,进行第 2 次强制换羽,再进入第 3 个产蛋期。

2. 强制换羽的方法

(1)常规法　①控饲。控饲的方法有多种:一是用谷糠类饲料取代配合饲料进行限饲,并在日粮中添加 1％～1.5％ 的生石膏代替矿物质。二是完全停止供料 8～10 天。三是完全停料与供饲整粒禾谷类饲料(玉米粒、小麦粒、谷粒等)结合。同时,用停料与极度限饲结合的方法,让鸡只处于极度饥饿状态,也可迫使蛋鸡停产换羽。②控光。任何一种换羽方法都需要对光照时间加以控制,否则效果不佳。控制光照通常从断料开始进行,将强光改为弱光,并把光照时间由产蛋期 16 小时骤然降至 6～8 小时。③控水。控水即为停水,停水措施并非所有强制换羽方案所必需,停水必须控制在 1～2 天内。在天气炎热或控饲较严时则不能停水,否则会加大死亡率。

(2)高锌换羽法　提高日粮中锌的含量,可按每千克饲料中含锌 200 毫克(0.02％)饲喂。氧化锌、硫酸锌和碳酸锌均可作为锌的来源,其中以氧化锌效果最佳。可在日粮含钙为 3.5％～4％ 时加 2.5％ 的氧化锌,自由采食,连喂 7 天,此法在停药后 20～25 天产蛋率即可达 50％(配套系商品蛋鸡)。若按每千克饲料添加 2 克硫酸锌,连喂 8 天,即可全部停止产蛋,停产后 21 天即恢复产蛋,33 天即可使产蛋率达 50％(配套系商品蛋鸡)。

3. 强制换羽的几项指标变化

实施强制换羽,必然导致鸡群发生一系列的变化。这些变化应控制在一定的范围内。

(1)停产　在强制换羽开始的 5～7 天,必须使鸡群的产蛋率降到 1％ 以下;停产期为 6～8 周,期间要控制所有的鸡不产蛋。

(2)换羽　强制换羽后的第 7 天左右,鸡的体羽开始脱落,15～20 天脱羽最多,35～45 天换羽结束;当产蛋率达到 50％ 时,有一半以上的主翼羽已经脱落。

（3）失重　强制换羽后的 10 天左右,鸡的体重要减轻 18％～21％;整个换羽期的失重应控制在 25％～30％。

（4）死亡　鸡在换羽期间的死亡率增加,但应控制在 3％以内。即第 1 周应低于 1％,10 天内应低于 1.5％,5 周内应低于 2.5％,8 周内应低于 3％。

4. 实行强制换羽应注意的问题

①强制换羽措施的实施,有主动实施和被动实施。当出现以下 4 种情况时,可考虑实行强制换羽:一是当鸡群产蛋率低于 40％（现代商品蛋鸡）或 30％（本地土鸡）或约有 10％的鸡开始自然换羽,该鸡群已准备保留时,应考虑强制换羽。二是当地方性流行某些疾病,鸡群培育将要承担风险或困难,而又需要群体更换时,可进行强制换羽。三是鸡群由于某些原因（饲料更换、发生疾病、光照不足或欠规律、各种应激等）造成群体产蛋量突然下降,数日不能回升时,可考虑强制换羽。四是根据当地市场行情和养禽情况,面临或预测近期蛋类供应过剩时,也可考虑进行人工强制换羽。

②在拟订鸡群强制换羽计划时,应首先人工选择健壮无病、生产性能好、躯体发育良好的鸡。淘汰老、弱、病、残等无培养和利用价值的鸡。这样的鸡在强制换羽过程中多数死亡,即便没有死亡,强制换羽后也没有多大的生产潜力。

③强制换羽开始前 10～15 天,要给予免疫注射,并进行驱虫、除虱,以保证鸡只适应强制换羽所造成的刺激,也可避免在下一个产蛋周期期间进行免疫注射和驱虫等而造成鸡群的应激。

④在高度饥饿和紧张状态时,鸡群的适应能力和消化机能降低。故在强制换羽后开始恢复喂料时,要注意由少到多,先粗后精,少量多次,均匀供给,以保证鸡消化系统逐渐适应饲料更换和药液的刺激,避免因暴食暴饮而造成消化不良或死亡。

⑤夏天实行强制换羽,要注意降温,加强通风遮阴,防止中暑;冬天采用强制换羽,要增加能量饲料,注意防寒保温。以减少无谓损失。

⑥在强制换羽期间,鸡只体重明显下降,体质减弱,抗病能力降低,故易发生疾病。因此,要保护鸡群安全,除注意保持圈舍清洁干燥、温度适宜外,在强制换羽后期可在饮水中增加免疫增效剂(电解多维素)或添加某些中草药等,以增强其扶正祛邪、抗毒抗病功用,减少鸡只因应激而造成过多死亡。

⑦为确保强制换羽效果,迅速恢复产蛋性能,强制换羽后期,可在日粮中加大微量元素的添加,添加量为正常标准的 1～2 倍,连用 5～7天;同时,还应注意钙质和复合维生素的补充。通过上述综合保护性措施,鸡群死亡率可控制在 3% 以内,产蛋性能恢复更快。

⑧强制换羽期间需注意鸡只互啄的问题。其主要防止措施是鸡舍遮黑,减少光照时间。待鸡群基本恢复正常后,再除去遮黑装置,恢复正常光照,进行正常饲养管理。

(十)两个重要阶段的饲养管理要点

放养鸡能否有一个高而稳定的产蛋率,在很大程度上取决于饲养管理。而开产前和产蛋高峰期的饲养管理尤为重要。重视这两个阶段的饲养管理,可获得较好的饲养效果。

1.开产前的饲养管理要点

(1)调整开产前体重　开产前 3 周(15～16 周龄),务必对鸡群进行体重的抽测,看其是否达到标准体重。此时平均体重应达该饲养品种标准,群体较整齐,发育一致。如果体重低于此数,应采取果断措施,或加大补料数量,或提高饲料的营养含量,或二者兼而有之。

(2)备好产蛋箱　开始产蛋的前 1 周,将产蛋箱准备好,让其适应环境。

(3)调整钙水平　19 周龄以后,钙的水平提高到 2%,20～21 周龄提高到 3%。

(4)增加光照　18 周龄开始逐渐增加光照。

2.产蛋高峰期的饲养管理要点

放养条件下,鸡获得的营养较笼养少,而消耗的营养较笼养鸡多。

加之管理不如笼养那样精细,因此,其产蛋率较笼养鸡低(低15％或以上)。在饲养管理不当的情况下,很可能没有明显的产蛋高峰(放养河北柴鸡产蛋高峰应达到60％以上)。为了达到较高而稳定的产蛋率,出现长而明显的产蛋高峰期,认真做好饲养管理工作极为重要。

(1)保证营养水平 对放养鸡而言,其活动量很大,消耗的热能多,因此,饲料的补充能量占据非常重要的位置,应该是首位的;此外,还应满足蛋白质特别是必需氨基酸、钙、磷、维生素 A、维生素 D、维生素 E 的需要。

(2)增加补料量 试验表明,不同的饲料补充量,鸡的产蛋率不同。随着补料量的增加,产蛋性能逐渐提高。根据笔者研究,在一般草场放养,产蛋高峰期,日精料补充量每只鸡以70～90克为宜。

(3)保持环境稳定、安静 产蛋高峰期最忌讳应激,特别是惊吓,如陌生人的进入、野生动物的侵入、剧烈的爆炸声和其他噪声等造成的惊群。

(4)保持清洁卫生 产蛋高峰期也是蛋鸡最脆弱的时期,容易感染疾病或受到其他应激因素的影响而发病,或处于亚临床状态,影响生产潜力的挖掘。因此,应搞好鸡舍卫生、饮水卫生、饲料卫生和场地卫生,消除疾病的隐患。

(5)严防啄癖 产蛋高峰期,由于光照、环境或营养不足,可能出现个别鸡互啄(啄肛、啄羽等)现象。如果发现不及时,被啄的鸡很快被啄死。因此,应认真观察,及时隔离被啄鸡,并予以治疗。如果发生啄癖的鸡比例较高,应查明原因,尽快纠正。

(6)羽毛脱落及其控制 放养鸡鸡羽毛脱落的原因有以下几点。

①自然脱毛。脱毛是一个生理现象,包括现有羽毛的脱落,被新羽毛生长的代替,通常伴随着产蛋量的减少甚至完全停产。自然脱毛先于成年羽毛之前,鸡生命过程要经历新旧羽毛交替的几次脱毛阶段。第1次换毛,绒毛被第一层新羽毛替代,发生在6～8日龄至4周龄结束;第2次换毛,发生在16～18周龄之间,这次换毛对生产是很重要的。在产蛋母鸡,自然换毛发生在每年白昼变短的时间,如我国阴历冬

至前后(12 月 20 日前后),此时甲状腺的激素分泌决定了换毛过程。人工光照的应用维持了恒定的光照,在这种条件下,鸡的自然换羽主要是通过调节家禽体内的"激素钟"来实现的。换毛特征:雄禽比雌禽换毛早。首先观察到家禽头颈部,然后波及胸部,最后是尾、翅部脱毛,换毛可能是局部的或全面的。脱毛的程度取决于家禽品种和家禽个体。脱毛持续的时间长短是可变的,较差的蛋鸡在 6~8 周龄间重新长出羽毛,而优良的蛋鸡则短暂停顿后(2~4 周)较快地完成换毛过程。从生理上讲,产蛋停止使更多的日粮用于羽毛生长(自身合成的主要蛋白质)。雌激素是产蛋过程中释放的一种激素,起阻碍羽毛形成的作用,产蛋的停止减少了雌激素水平。因此,羽毛形成加快。

②啄羽。鸡群群序间的啄羽主要发生在头部,但不很严重。严重的啄羽往往是由于过度拥挤、光照问题和营养不平衡的日粮所致,且会伤及鸡只。啄羽导致的受伤伴随着出血,会吸引更进一步的同类相残的啄食。为了防止同类相残,最好的办法是隔离病弱的或受害的鸡只。受伤的鸡应在伤口上撒消炎杀菌粉处理,伤口用深暗色的食品颜料或焦油涂抹,以减少进一步被其他鸡只的啄食攻击,也可以撒些难闻的粉末于受伤的鸡身上。修喙或者已断喙的鸡群将会减少啄羽或自相残杀的可能性,特别是与光线、饲养密度和营养有关的问题得到改进后。另外,也发现某些品种的鸡群更易发生啄羽现象(遗传特异性)。啄羽的恶习一旦形成很难控制。因此,最好的治疗措施就是预防。

③摩擦。脱羽也可能由于其他鸡只或环境摩擦所致,特别是鸡只在密闭的环境中。为了减少脱羽,鸡群密度应该降低,消除所有的鸡舍内尖锐、粗糙的表面。

④交配。如果是放养的种鸡,或将部分公鸡放入母鸡群,交配时,公鸡踩踏母鸡,母鸡的背部羽毛被公鸡的爪子撕扯掉。为了降低由此引起的羽毛脱落,需要指甲剪等工具修整公鸡的爪子,公鸡腿上的距趾可以修剪到 1.5 厘米左右的长度。

从经济上讲,羽毛消耗导致饲料消耗增加,蛋生产效率下降,因此,改善羽毛状态将为养鸡生产者提高经济效益。对于自然脱毛,用适当强度人工光照来保持不变的光照时间。对于由于过度拥挤、强烈光照或不平衡的日粮造成的严重啄羽,要提供合适的光照、平衡日粮、减少拥挤现象、隔离受伤鸡只、伤口用杀菌消毒药处理、伤口涂以颜料(勿用红色)、幼龄时修剪喙部、购买已修剪过喙部的鸡只。对于摩擦造成的羽毛脱落,可降低鸡群密度,消除舍内所有粗糙和尖锐的表面。对于由于交配造成的羽毛脱落,需要修剪公鸡爪子。

此外,生产中造成产蛋停止和脱毛的因素很多。一般而言,缺水断料是导致脱毛最常见的应激因素,不平衡的日粮或霉变饲料也能引起脱毛。清洁的饮水即使是短时间缺乏也可能导致家禽脱毛。骤冷、过热和通风不良都可能造成鸡群的脱毛。受伤、疾病和寄生虫感染等不良的健康状况或以强凌弱现象可加剧脱毛的发生。

(7)沙浴　人们会经常看到鸡在吃饱以后,在阳光的沐浴下,在沙土里翻滚。也许你认为它是在嬉戏,其实它是在用沙洗澡。

鸡的身体上会附着一些鸡虱,翅膀羽毛上会附着些羽虱、羽虫。这些鸡虱会吸食鸡身上的血。羽虱、羽虫会吃鸡翅膀上的毛。鸡所以用沙来洗澡,是为了要驱除这些虫类。

仔细观察一下鸡用沙洗澡的情形。鸡在泥沙中乱滚,摩擦自己的皮肤,并且把翅膀的羽毛竖立起来,让沙土进入羽毛间有空隙的地方,这时附着在身上、翅膀上的鸡虱、羽虫、羽虱都会随着沙子一起被抖动下来。

和鸡同类的雉鸡、锦鸡、珍珠鸡等,也都会用沙土来洗澡,洗澡的方式和鸡一样。因此,我们在鸡场,要为鸡准备一些沙土,既可以让它洗澡驱除害虫,也可以让它吞食沙粒帮助消化食物。

(十一)提高产品品质

生态养鸡,贵在品质。该产业能否发展,关键在于产品的质量。

1.提高鸡蛋常规品质

鸡蛋的常规品质主要指蛋壳厚度、蛋壳硬度、蛋清稠度、蛋清颜色、蛋中血斑肉斑等异物等。

(1)蛋壳厚度　当饲料中缺乏钙、磷等矿物质元素和维生素 D,或钙、磷比例不当时,产软蛋、薄壳蛋较多。蛋鸡饲料中通常含钙3.2%～3.5%,磷 0.6%,钙与磷的比例为(5.5～6):1。出现产软蛋、薄壳蛋时,应及时按要求补充贝粉、石灰石粉、骨粉或磷酸氢钙等,同时补充维生素 D 制剂,如鱼肝油、维生素 A 和维生素 D 粉等,以促进钙、磷的吸收和利用。

(2)蛋壳硬度　饲料中缺乏锰、锌,则使蛋壳不坚固、不耐压,极易破碎,蛋壳上常伴有大理石样的斑点,并伴有母鸡屈腱病。一般认为,饲料中添加 55～75 毫克/千克的锰,可显著提高蛋壳质量。研究表明,当饮水中加入 2 克/升氯化钠的同时,在饲料日粮中加入 500 毫克/千克蛋氨酸锌或硫酸锌可显著降低蛋壳缺陷,提高蛋壳强度。应注意,锰添加量不宜过多,饲料必须混匀,以免导致维生素 D 遭到破坏,影响钙、磷吸收。

(3)蛋清稠度　蛋清稀薄,且有鱼腥气味,多为饲料中菜籽饼或鱼粉配合比例过大。菜籽饼含有毒物质硫葡萄糖苷,在饲料中如超过8%～10%,就有可能使褐壳蛋鸡产生鱼腥气味(白壳鸡蛋例外)。饲料中的鱼粉特别是劣质鱼粉超过 10%时,褐、白壳蛋都有可能产生鱼腥味,故在蛋鸡饲料中应当限制菜籽饼和鱼粉的使用量,前者应在 6%以内,后者在 10%以下;去毒处理后的菜籽饼则可加大配合比例。若蛋清稀薄且浓蛋白层与稀蛋白层界限不清,则为饲料中的蛋白质或维生素 B_2、维生素 D 等不足,应按实际缺少的营养物质加以补充。

(4)蛋清颜色　鸡蛋冷藏后蛋清呈现粉红色,卵黄体积膨大,质地变硬而有弹性,俗称"橡皮蛋";有的呈现淡绿色、黑褐色,有的出现红色斑点。这些与棉籽饼的质量和配合比例有关。棉籽饼中的环丙烯脂肪酸可使蛋清变成粉红色,游离态棉酚可与卵黄中的铁质生成较深色的复合体物质,促使卵黄发生色变。配合蛋鸡饲料应选用脱毒后的棉籽饼,配合比例应在 7%以内。

(5)蛋中异样血斑　若鸡蛋中有芝麻或黄豆大小的血斑、血块,或蛋清中有淡红色的鲜血,除因卵巢或输卵管微细血管破裂外,多为饲料中缺乏维生素 K。在饲料中适量添加维生素 K,则可减少蛋中血斑的发生。

2.降低鸡蛋中的胆固醇

由于人类摄入胆固醇含量过高会诱发一系列的心血管疾病,因此,降低鸡蛋中的胆固醇含量成为提高鸡蛋品质的重要指标之一。铬是葡萄糖耐受因子的组成成分,参与胰岛素的生理功能,在机体内糖脂代谢中发挥重要作用。研究表明,铬能显著提高蛋鸡产蛋率,并使卵黄胆固醇水平显著下降。铬的作用机理是通过增加胰岛素活性,促进体内脂类物质沉积,减少循环中的脂类,从而降低血浆和蛋黄中的胆固醇含量。饲料中添加铬的量以 0.8 毫克/千克为最佳水平。

笔者研究发现,采食的青草越多,鸡蛋中的胆固醇含量越低。这是由于青饲料中含有大量的粗纤维,而粗纤维在肠道内与胆固醇结合而影响其吸收,使之通过粪便排出。

笔者研究发现,饲料或饮水中添加微生态制剂,可有效地降低鸡蛋中胆固醇的含量。使用笔者研发的生态素,在饮水中添加 3‰,鸡蛋中胆固醇可降低 20％以上。微生态制剂可以抑制胆固醇合成中重要的限速酶 3-羟基-3-甲基戊二酰辅酶 A(HMG-CoA)的活性,从而有效阻止胆固醇的合成。据资料介绍,复方中草药可以有效降低鸡蛋中胆固醇的含量。此外,寡聚糖、类黄酮物质、植物固醇以及微量元素铜、矾等,也有一定效果。

3.提高鸡蛋中微量元素含量

鸡蛋中微量元素种类很多,意义比较大的有硒含量和碘含量,也就是高硒蛋和高碘蛋的生产。硒是保护体细胞膜的酶不可缺少的组成成分,也是日粮中蛋白质、碳水化合物和脂肪有效利用的必需物。硒可使家禽体内的氮氨酸转化为胱氨酸。氮是硒含量的最好指示物。一般蛋鸡日粮硒的用量为 0.10～0.15 毫克/千克。添加高剂量的有机硒,可有效提高鸡蛋中硒的含量。

据笔者试验,在饲料中添加 3％～5％的海藻粉,可有效地提高鸡蛋中碘的含量(添加 5％的海藻粉蛋黄中碘的含量达到 33.12 微克/克,是对照组碘含量 4.05 微克/克的 8.2 倍),同时增加蛋黄颜色,降低鸡蛋黄中的胆固醇含量。

4.改善鸡蛋风味

风味是指食品特有的味道和风格。绿色食品具有良好的风味,不仅有助于人体健康,而且可提高食欲,使消费者感觉是一种美的享受。鸡蛋有其固有的风味。若在饲料或饮水中添加一定的物质(对鸡体和人类健康无害),可以增加其风味,或改变其风味,使之成为特色鲜明、风味独特的食品。郭福存等利用沙棘果渣等组成的复方添加剂饲喂蛋鸡,能明显增加蛋黄颜色,且可以改善鸡蛋风味。

5.提高鸡肉风味

肌肉的风味同样影响人们的食欲和消费欲望。在提高肌肉风味方面通常是以中草药添加剂来实现的。

日本静冈县县立大学药学院和县中小家畜试验场及茶叶试验场用秋冬茶下脚料粉末按 3% 添加到肉仔鸡饲料中,35 天的试验结果表明,添加茶叶的试验组鸡肉较对照组的肉质嫩,味道鲜美。韦凤英等在日粮中添加与风味有关的天然中草药、香料(党参、丁香、川芎、沙姜、辣椒、八角)以及合成调味剂、鲜味剂(主要含谷氨酸钠、肌苷酸、核苷酸、鸟苷酸)等饲喂后期肉鸡,结果发现其肌肉中氨基酸及肌苷酸含量明显提高,从而增进其肌肉风味。

6.提高蛋黄颜色

蛋黄颜色的评判标准目前多以罗氏公司(Roche)制造的罗氏比色扇进行评判。该比色扇是按照黄颜色的深浅分成 15 个等级,分别由长条状面板表示,并由浅到深依次排列,一端固定,另一端游离,打开后好似我国传统的扇子,故而得名。

测定方法:①收集鲜蛋,统一编号;②然后打破蛋壳,倒出蛋清,留下蛋黄;③使用罗氏比色扇在日光灯下测定蛋黄颜色指数。将比色扇打开,使鸡蛋黄位于扇叶中间,反复比较颜色的深浅,最后将最接近比色扇的颜色定为该鸡蛋黄的色度。

为了防止由于不同测定者测定的误差,一般由 3 个人分别测定,取其平均数作为该鸡蛋黄颜色的色度。蛋黄颜色指数读数精确到整位数，平均值保留小数点后 1 位。国家规定，出口鸡蛋的蛋黄颜色不低于 8。根据笔者研究，放养条件下的河北本地鸡产下的鸡蛋，蛋黄颜色在 10 左右。

以上是生鸡蛋蛋黄色度的测定方法。有时候为了防止在鸡饲料中添加人工合成色素，可以采取测定熟鸡蛋的方法。每批鸡蛋取 30 枚以上，煮沸 10 分钟，取出置于凉水中降温后连壳从中间纵向切开，由不同的测定者使用上述比色扇测定 3 次，取其平均值。

鸡蛋蛋黄是由类胡萝卜素（叶黄素）的物质形成。该类物质在蛋鸡体内不能自己合成，只能从饲料中得到补充。蛋鸡通过从体外摄取类胡萝卜素后，将其贮存于体内脂肪，产蛋时再将贮存于脂肪中的类胡萝卜素转移至输卵管以形成蛋黄。在饲料中补充富含类胡萝卜素的添加剂，则可实现增加蛋黄颜色和营养的目的。试验和生产经验表明，添加以下天然物质，对提高蛋黄色泽具有显著效果。

（1）万寿菊　采集万寿菊花瓣，风干后研成细末，加入饲料中喂鸡，可使蛋黄呈深橙色，又可使肉鸡皮肤呈金黄色。

（2）橘皮粉　将橘皮晒干磨成粉，在鸡饲料中添加 2%～5%，可使蛋黄颜色加深，并可明显提高产蛋量。

（3）三叶草　将鲜三叶草切碎，在鸡饲料中添加 5%～10%，可节省部分饲料，蛋黄增色显著。

（4）海带或其他海藻　含有较高的类胡萝卜素和碘，粉碎后在鸡饲料中添加 2%～6%，蛋黄色泽可增加 2～3 个等级，且可产下高碘蛋。

（5）万年菊花瓣　含有丰富的叶黄素，在开花时采集花瓣，烘干后粉碎（通过 2 毫米筛孔），按 0.3% 的比例添加饲喂，可使蛋黄增色。

（6）松针叶粉　将松树嫩枝叶晒干粉碎成细颗粒，在鸡饲料中添加 3%～5%，不仅有良好的增色效果，并可提高产蛋率。

（7）胡萝卜　含有丰富的叶黄素，取鲜胡萝卜洗净捣烂，按 20% 的添加量饲喂，可使蛋黄增色。

（8）栀子　将栀子研成粉，在鸡饲料中添加 0.5%～1%，可使蛋黄呈深黄色,提高产蛋率。

(9)苋菜　将苋菜切碎,在鸡饲料中添加 8%～10%,可使蛋黄呈橘黄色,且能节省饲料和提高产蛋量。

(10)南瓜　将老南瓜剁碎,在鸡饲料中掺入 10%,增加蛋黄色泽。

(11)玉米花粉　取鲜玉米花粉晒干,按 0.5%的添加量添加饲喂,可增强蛋黄色泽。

(12)红辣椒粉　在鸡饲料中添加 0.3%～0.6%的红辣椒,可提高蛋黄、皮肤和皮下脂肪的色泽,并能增进食欲,提高产蛋量。

(13)聚合草　刈割风干后粉碎成粉,在鸡饲料中添加 5%,可使蛋黄的颜色从 1 级提高到 6 级,鸡皮肤及脂肪呈金黄色。

值得注意的是,以上添加的均为天然植物,多为中草药。生产中可根据当地资源酌情添加。但千万不可添加人工合成的色素类物质,其对人体有害。

四、不同场地的放养技术特点

(一)果园

1. 果园养鸡的特点

果园养鸡的特点。果园养鸡好处多,已被众多的实践证实。

(1)消灭害虫,增强鸡体健康　果树在生长期间有不少害虫,而鸡群在果园内活动可捕捉这些害虫。一般来说,害虫是以蛹的形式在地下越冬,而羽化后变成成虫,从地面飞到树上。在其刚刚羽化还不具备飞翔能力时,即可被鸡采食。据原阳县林业局时留成(1995)报道,1 个月左右的小鸡,每天可捕食大量的金龟子、蝼蛄、天牛等害虫,1 只成年鸡,每天可捕食各类大小害虫近 2 800 条。按每 667 米^2 10 只鸡的数量在果园放养,便可以控制果园虫害。同时,减少果园喷打农药,使果品少受化学污染,提高果品质量。另据调查,由于在果园中放养的鸡,捕食肉类害虫,蛋白质、脂肪供应充分,所以生长迅速,较常规农家庭院养殖生长速度快 33%,日产蛋量多 18%,而且节约饲料成本 60%以上。昆虫不仅仅含有高质量的动物蛋白,同时其体内含有抗菌肽,鸡采食之后增强抗病能力。实践表明,凡是采食较多昆虫的鸡,其体质健壮,发病率低,生长发育速度快,生产性能高。

(2)减少农药使用,有利于无公害果的生产　由于鸡采食大量的害虫,结合人工诱虫,使虫害发生率大幅度降低。因此,凡是养鸡的果园,虫害均较轻,农药的喷施量和喷施次数减少,果内农药残留降低,对于提高果的品质、增加销售价格和人体健康均有好处。

(3)鸡食野草,鸡粪肥园　鸡群在果园里活动,除了捕捉一定的害虫以外,主要采食果园内的杂草,起到了除草机的作用,而其排出的粪便直接肥园,为果树的生长提供优质的有机肥料。因而说,果园养鸡,鸡、果双赢。

(4)天然隔离,降低疾病传播　果园是天然的屏障,对于降低疾病的传播和发生起到重要作用。果园内空气新鲜,环境优越,加之捕捉采食昆虫的协助抗病作用,因而,在果园内养鸡疾病的发生率很低。

(5)遮阴避暑,避雨阻鹰　果园内庞大的树冠,炎热季节起到遮阴避暑作用,风雨天可遮风挡雨,同时,老鹰在果园内难以发现目标,有助于鸡躲避鹰的袭击。因此,发生鹰害的可能性较其他草地要少得多。

2.果园养鸡实例

为了探讨果园养鸡的效果,我们分别在梨园和枣园进行了试验研究。

第一部分在梨园进行,选择地力条件、树的品种(水晶梨)和树龄(9 年)相同的两个地块,均为 21 344 米^2(32 亩)。试验地块放养柴鸡的雏鸡 2 000 只,常规管理,小鸡生长到 1.25 千克以后陆续出售。梨园常规管理,包括浇水和施肥。其区别在于试验组药物使用减少 1/3。

第二部分在枣园进行,选择树的品种(沧州小枣)、地力条件和树龄相同(14 年)的两个地块,均为 23 345 米^2(35 亩)。试验组放养柴鸡 2 000 只,其管理同上。两个组不同之处在于试验组少追肥 1 次,减少喷药次数 50%,其他管理完全一样。具体试验设计如表 6-10 所示。

表 6-10 果园养鸡试验设计

项目	组别	养鸡	底肥	追肥	叶肥	农药
梨园	试验组	＋	＋	＋	＋	18
	对照组	－	＋	＋	＋	24
枣园	试验组	＋	＋	1	＋	9
	对照组	－	＋	2	＋	18

分别在 4 月下旬至 5 月下旬选择本地土鸡——河北柴鸡,育雏 5～7 周后转入果园。按程序饲养和免疫,包括温度、湿度、密度、通风和光照的控制等,饲喂商品饲料,自由饮水,自由采食,日喂 5～6 次。在每次喂料时用吹口哨的方式给予信号调教,以便形成条件反射和便于放养期的管理。育雏结束后在果园内放养,并设简易棚舍,每个棚舍 300～400 只。在放养过程中,每天在傍晚补料 1 次,根据采食情况确定投饲量,一般每天控制在 35 克以内,以自由采食野草和果园昆虫为主。小鸡体重达到 1.25 千克以上后陆续出售。

无论是梨园还是枣园,均按照常规管理。梨园对照组 1 个生产季节共计喷洒各种农药 24 次,试验组 16 次,比对照组减少 1/3;枣园对照组一个生产季节共计喷施各种农药 18 次,追肥 2 次。对照组喷药 9 次,减少喷药次数 50％,追肥减少 1 次。

试验期间记录养鸡和果园的生产情况,包括鸡伤亡、各项支出和收入,果园的农药的喷施和施肥情况等。果品收获后,梨每组随机抽取 200 个进行称重,计算平均单果重,并进行梨质量的评定,凡虫果和被虫损伤过的、形状不端正的梨均计入不合格果;小枣每组随机抽取 500 个进行称重,计算平均单果重,并进行枣质量的评定,凡是虫果和浆果均列入不合格果。

梨园试验组好果率达到 85％,较对照组提高 6 个百分点;单果重量较对照增加 5 克,提高 6.81％,每 667 米² 果增加收入 377 元;枣园试验组好果率达到 90.5％,较对照组增加 3.2 个百分点,尤其是虫果率和浆果率降低,单果重量较对照增加 0.2 克,提高了 3.44％,每 667 米² 枣增收 60.1 元。试验结果如表 6-11 所示。

表 6-11　果园生产与经济效益统计表

| 项目 | 组别 | 面积/米² | 管理/次 | | 果产量和质量 | | | | 每 667 米² 纯收入/元 |
			喷药	追肥	每 667 米²产量/千克	总产/千克	单果重/克	好果率/%	
梨园	试验	21 344	16	2	2 430	77 760	204	85	2 887
（梨）	对照	21 344	24	2	2 360	75 520	191	79	2 510
枣园	试验	23 345	9	1	1 016	35 560	6.0	90.5	914.4
（枣）	对照	23 345	18	1	1 005	35 175	5.8	87.3	854.3

注：梨和枣的收入按照当时当地实际销售价格计算。

　　试验中发现，鸡在果园放养过程中，其食物选择的优先序列首先是昆虫，其次为草的嫩尖、嫩叶，在密度适当的情况下，对果没有破坏。尽管试验组的用药次数大大减少，但由于鸡捕捉了大量的成虫和幼虫，2个试验组果园，没有发现明显的虫害。

　　梨园和枣园养鸡的出栏率分别达到了 85.5% 和 87.9%，均为肉仔鸡销售，价格随行就市，梨园鸡平均销售价格每只 16.28 元，枣园鸡出栏每只平均销售 15.88 元。两者每 667 米² 养鸡纯增收分别为 632.44 元和 570.34 元，见表 6-12。

表 6-12　养鸡生产与经济效益统计表

| 组别 | 面积/米² | 养鸡效果 | | | | | |
		育雏数量/只	出栏量/只	总投入/元	产出/元	纯收入/元	每 667 米²收入/元
梨园	32	2 000	1 710	7 600	27 838	20 238	632.44
枣园	35	2 000	1 758	7 946	27 910	19 962	570.34

　　总效益情况：将养鸡和果树二者收入合计，梨园试验组每 667 米² 纯收入 3 519.44 元，较对照组增加收入 1 009.44 元，提高收入 40.22%；枣园试验组每 667 米² 纯增收 1 484.74 元，较对照组每 667 米² 增收 630.44 元，提高收入 73.80%。

　　3.果园养鸡应注意的问题

　　（1）分区轮牧　视果园大小将果园围成若干个小区，进行逐区轮流放牧。这样做,一方面可避免因果园防治病虫害时喷洒农药而造成鸡的农药间接中毒;另一方面轮流放牧有利于牧草的生长和恢复。此外,因放牧范围小,便于气候突变时的管理。

根据以往的经验,只要果园内养鸡,虫害发生率很低,适量的低毒农药喷洒,对鸡群不进行隔离,一般不会发生问题。但为了安全,将果园划分几个小区,小区间用尼龙网隔开。每个小区轮流喷药,而鸡也在小区间轮流放牧,喷药 7 天后再放牧。

(2)捕虫与诱虫结合　果园养鸡,由于果树树冠较高,影响了对害虫的自然捕捉率。要起到灭虫降低虫害发生率和农药施用量,进行生态种养的目的,应将鸡自然捕虫和灯光诱虫相结合。

(3)果园慎用除草剂　鸡在果园内的主要营养来源是地下的嫩草。因此,在果园内养鸡,其草必须保留,不能喷施除草剂。否则,没有草生长,鸡将失去绝大多数营养来源。

(4)注意鸡群规模和放养密度　果园内可食营养是有限的,鸡群规模大、密度大,造成过牧现象,使鸡舍周围的土地寸草不长,光秃一片,甚至被鸡将地面刨出一个个深坑。鸡舍在果园均匀分布,合理规模,是充分利用果园进行生态养殖不可忽视的技术问题。

(二)棉田

1.棉田养鸡的优点

棉花是我国一些省份的主要经济作物和油料作物,种植面积很大。但是由于虫害严重(以棉铃虫、棉蚜、盲椿象为主),致使农药的喷施量增加,不仅增加了生产成本,更重要的是造成药物的残留对人体和环境的威胁。尽管目前大力普及抗虫棉,虫害的发生有所降低,但生产中农药的使用还是很惊人的。我们在研究规模化生态养鸡中,将棉田养鸡作为一个新的尝试,取得良好效果。通过生产和试验,我们认为,开展棉田生态养鸡,可使经济效益、社会效益和生态效益有机结合。

(1)以鸡灭虫,减少农药使用量　鸡在棉田放养,可将棉田的绝大多数害虫捕捉。与果园不同,棉花植株较低,各种害虫的成虫飞翔的高度正好在鸡的捕食范围。其幼虫在棉花叶片爬行时,也将被鸡发现而捕捉。因此,养鸡的棉田,虫口密度很低。一般情况下,少量进行预防性喷药即可有效防止虫害的大发生。即便不喷施农药,棉铃虫、盲椿象的发生率也很低。

(2)以鸡除草,鸡粪肥田　鸡采食棉田的杂草,其排出的粪便直接肥田。根据我们的试验,凡是在棉田养鸡,可少追肥1～2次,不仅节约了肥料费用,还降低了劳动力的投入。

(3)以棉遮阴,以棉避鹰　棉花植株长成之后,整个田间郁闭,也正值炎热的夏季。鸡在田间采食,隐蔽于棉株之下乘凉,同时可躲避老鹰等飞翔天敌的侵害。

(4)充分利用生态资源,增加种养效益　棉花是在阳光充足、气温较高的季节生长,而棉田杂草伴随棉花的生长而生长。此时在棉田养鸡,充分利用了大气的温度、棉花的遮蔽作用和棉田杂草的旺盛生长期,以及害虫的生长发育期。因此,棉田养鸡的投入更少,效益更高。

(5)棉花和养鸡双赢　在棉田养鸡,棉花的投入减少,药物使用减少,肥料的投入降低,可获得较好的经济效益和生态效益。在不增加很多人力、物力和财力的情况下,养鸡可获得可观的收入,可谓棉花增产,养鸡增效。

2.棉田养鸡的实例

为了探讨棉田养鸡的生态效益和经济效益情况,我们进行了试验研究。

(1)试验设计　本研究分2个试验。

试验1　选用土地面积和地力条件相近的3块棉田,试验棉田69 368米²(104亩),对照棉田分别为103 385米²(155亩)和100 050米²(150亩)。试验棉田饲养柴鸡2 500只,少量用药,不追肥,仅少量叶面喷施微肥。对照组按照常规喷药和施肥。

试验2　选用地力一致的棉田两块,其中对照棉田3 335米²(5亩),试验地块22 678米²(34亩);放养柴鸡2 000只,不使用任何化肥和农药,不追肥,而对照组常规施肥和喷药。具体试验设计如表6-13所示。

表 6-13   棉田养鸡试验设计

项目	试验 1					试验 2				
	养鸡	底肥	追肥	叶肥	农药	养鸡	底肥	追肥	叶肥	农药
试验棉田	＋	＋	－	＋	少量	＋	＋	－	－	－
对照棉田	－	＋	＋	＋	＋	－	＋	＋	＋	＋

于 2003 年 4 月下旬至 5 月下旬,选择本地土鸡——河北柴鸡雏鸡,育雏 5～7 周后转入棉田。按程序饲养和免疫,包括温度、湿度、密度、通风和光照的控制等,饲喂商品饲料,自由饮水,自由采食,日喂5～6 次。在每次喂料时用吹口哨的方式给予信号调教,以便形成条件反射和便于放养期的管理。育雏结束后在棉田内放养,并设简易棚舍,每个棚舍 300～400 只。在放养过程中,每天傍晚补料 1 次,根据采食情况确定投饲量,以自由采食野草和棉田昆虫为主。小鸡体重达到 1.25 千克以上后陆续出售。

试验 3   在鸡舍前的运动场内安装 1 盏 500 瓦高压电弧诱虫灯一个,每天傍晚开灯诱虫 3～4 小时。试验期间记录鸡只的疾病、伤亡、饲料消耗、药物的使用和销售收入等情况。

(2)试验结果

①棉田养鸡情况。棉田中养鸡的情况如表 6-14 所示。

表 6-14   棉田养鸡情况统计表   元

组别	育雏数/只	总出栏数/只	总成活率/%	销售收入	投入						毛收入	养鸡每667 米²增加收入
					鸡苗费	取暖费	饲料费	防疫费	棚舍费	合计		
试验 1	2 500	1 900	76.00	25 600*	210	150	5 744	100	300	6 540	19 096	183.62
试验 2	2 000	1 510	75.50	21 770**			9 500***			9 500	12 270	360.88

注:＊为 9 月初销售仔鸡 600 只,体重 0.63～0.7 千克,价格 8.2 元/千克,共计收入 6 100 元;11 月 1 日,剩余鸡均重达 1.5 千克,当时市场价为 10 元/千克,1 300 只鸡销售收入 19 500 元。

＊＊为小鸡生长到 0.75 千克时,销售 110 只,每只价格 7 元,收入 770 元;11 月初剩余鸡体重在 1.5 千克,价格为 10 元/千克,1 400 只鸡销售收入 21 000 元。

＊＊＊为试验 2 的支出没有分类,仅记录支出总额,其平均投入较高,由于饲养密度大,投入主要是饲料费。

②棉田生产效益情况

试验 1　每 667 米² 施基肥尿素 10 千克和复合肥 12.5 千克(合计 3 091元);每 667 米² 播种种子 1.25 千克(合计 3 250 元);地膜费用每 667 米² 20 元(合计 2 081 元);喷洒除草剂 1 次(药费合计 800 元),喷洒农药 5 次,其中防治棉蚜 2 次,盲椿象 2 次,棉铃虫 1 次(药费 1 000 元);喷洒叶面肥 2 次(80 元);喷洒缩节胺 6 次(300 元);浇水 2 次(合计 2 600 元);每 667 米² 收获籽棉 150 千克,共计收获 15 600 千克,平均售价为 6.4 元/千克,收入合计 99 840 元。投入合计 14 161.68 元,每 667 米² 平均投入 136.17 元。

对照棉田,基肥、播种、地膜和喷洒除草剂和叶面肥 3 块地均相同,但喷洒药物 18 次,追肥 2 次,分别是尿素 40 千克,复合肥 37.5 千克。这样,药费开支每 667 米² 增加 25 元,追肥增加投入 100.78 元。两项合计每 667 米² 增加 125.78 元。对照①每 667 米² 收获籽棉 140 千克,对照②每 667 米² 收获籽棉 100 千克(疯长影响产量)。

试验 2　试验棉田每 667 米² 施基肥(磷酸二铵)5 千克、播种种子 1.25 千克、地膜费用每 667 米² 20 元、喷洒除草剂 1 次和浇水 2 次。投资合计 3 100.8 元,每 667 米² 平均投资 91.20 元。每 667 米² 收获籽棉 124 千克(棉花疯长影响产量),共计收获 4 216 千克,平均售价为 6.4 元/千克,收入合计 26 982.4 元。

对照组其他投入相同,但喷洒药物 27 次,其中治疗棉蚜 6 次,黄枯萎病 7 次,盲椿象 8 次,棉铃虫 6 次。喷洒缩节胺 4 次。投入合计 725.25 元,每 667 米² 平均投入 145.05 元。棉花的经济效益见表 6-15。

③效益比较。产棉与养鸡两项合计,试验 1 每 667 米² 棉田纯收入 1 006.68 元,较对照①增加收入 362.63 元,提高收入 77.61%;较对照②每 667 米² 增加收入 618.62 元,提高收入 159.42%;试验 2 每 667 米² 棉田纯收入 1 154.48 元,较对照组增加 194.48 元,提高收入 20.26%。

表6-15 棉花经济效益统计表

单位：元

| 项目 | 面积/米² | 每667米² 投入情况 | | | | | | | | | 每667米² 产量/千克 | 每667米² 棉花收入 | 每667米² 纯收入 | 比较/% |
		基肥	种子	地膜	除草剂	缩节胺	药费	浇水	肥料	合计				
试验1	69 368	29.72	31.25	20.00	7.70	2.88	9.62	25.00	10.77	136.94	150	960.00	823.06	100
对照1-1	103 385	29.72	31.25	20.00	7.70	2.88	34.62	25.00	100.78	251.95	140	896.00	644.05	78.25
对照1-2	100 050	29.72	31.25	20.00	7.70	2.88	34.62	25.00	100.78	251.95	100	640.00	388.05	47.15
试验2	22 678	7.25	31.25	20.00	7.70	0	0.00	25.00	0	91.20	124	793.60	702.40	100
对照2	3 335	7.25	31.25	20.00	7.70	1.92	51.93	25.00	0	145.05	150	960.00	814.95	116.0

定期对棉田进行虫情调查,所有棉田均没有发生明显的棉铃虫虫害。有一定的蚜虫和盲椿象,但两者对棉田的破坏程度对照组明显高于试验组。

　　3.棉田养鸡应注意的问题

　　(1)放养时间　棉花生长的季节性很强,一般是春季播种,而小鸡多为春天育雏,播种与育雏同步。但什么时间在田间放牧合适,应根据棉花生长情况而定。根据生产经验,待棉株长到30厘米左右时放牧较好。如果放牧较早,棉株较低,小鸡可能啄食棉心,对棉花的生长有一定的影响。

　　(2)地膜处理　为了提高棉花产量和质量,提前播种和预防草害,目前多数棉田实行地膜覆盖。棉株从地膜的破洞处长出,地膜下面生长一些小草和小虫,小鸡往往从地膜的破洞处钻进,越钻越深,有时不能自行返回而被闷死。因此,在铺地膜的棉田,应格外注意。可用工具将地膜全部划破,以避免意外伤亡。

　　(3)不良天气时的应急措施　棉田与果园不同,果树有一定的避雨作用,而棉花的这种功能很差。如果遇有大雨,小鸡被雨淋,容易感冒和诱发其他疾病。如果地势低洼,地面积水,可造成批量小鸡被淹死。为了防止以上现象的发生,第一,选择的棉田应有便利的排水条件,防止棉田积水;第二,鸡舍要建筑在较高的地方,防止鸡舍被淹;第三,加强调教,及时收听当地天气预报,遇有不良天气,及时将鸡圈回;第四,大雨过后,及时寻找没有及时返回的小鸡,并将其放在温暖的地方,使羽毛尽快干燥。

　　(4)农药喷施与安全　根据试验观察,只要放养鸡,棉田虫害可得到有效控制。不使用农药或少量喷药即可。由于目前只允许喷施高效低毒或无毒农药,即便喷施农药,对鸡的影响不大。但为确保安全,在喷施农药期,采取分区轮牧,7天后在喷施农药的小区放养。

　　(5)围网设置　大面积棉田养鸡,可不设置任何围网。但小地块棉田养鸡,周围种植的作物不同,使用农药的情况不能控制。为了防止小鸡到周围地块采食而受到农药等伤害,应考虑在放牧地块周围设置尼龙网,使鸡仅在特定的区域觅食。

(6)棉花收获后的管理　秋后棉花收获,地表被暴露,此时蚂蚱等昆虫更容易被捕捉。可利用这短暂的时间放牧。但是,由于没有棉花的遮蔽作用,此时很容易被天空飞翔的老鹰等发现。因此,应跟踪放牧,防止老鹰的偷袭。短暂的放牧之后,气温逐渐降低,如果饲养的是育肥鸡,应尽早出售。若饲养的是商品蛋鸡或种鸡,应逐渐增加饲料的补充。

(7)兽害的预防　棉花收获后主要预防老鹰,在放养的初期主要预防老鼠和蛇,中期和后期主要预防黄鼠狼。应按照上面介绍的方法进行防控。

(8)除草剂和中耕问题　由于鸡在棉田放牧,以采食野草为主。因此,棉田不应施用除草剂。但在日常棉田的管理中,可适当中耕,必须保留一定密度野草的生长。

(9)放养密度　实践表明,棉田养鸡适宜的密度为每 667 米^2 放养 30～40 只为宜,一般不应超过 50 只。这样的密度既可有效控制虫害的发生,又可充分利用棉田的杂草等营养资源,还不至于造成过牧现象,仅少量补料即可满足鸡的营养需要。

(10)诱虫与补饲　我们在试验中发现,在棉田利用高压电弧灭虫灯,可将周围的昆虫吸引过来,每天傍晚开灯 3～4 小时,可减少饲料补充 30% 左右,既实现了生态灭虫,又使鸡获得丰富的动物饲料。平时补料数量应根据棉田野草的生长情况和灯光诱虫的情况确定。为了使鸡早日出栏,在快速生长阶段适当增加饲料的补充量在经济上是合算的。

(三)林地
1.林地养鸡的优点

(1)鸡肉鸡蛋品质好　林地资源丰富,不仅有普通的植物性饲料、虫类饲料,还有一定的中草药。树林内很少有农药喷施,空气新鲜。在林地养鸡,有助于提高鸡产品品质,增强市场竞争力。

(2)采食天然饲料,降低饲养成本 林地内富有天然饲料资源,每天补充少量的饲料即可满足鸡营养需要。相对庭院散养和笼养,其饲养成本大幅度降低。据覃桂才(1999)调查,林地养鸡62.39万只,增重耗料比1∶3.86,而庭院养鸡8.52万只,增重耗料比1∶4.23,前者较后者减少用料8.75%。

(3)环境幽雅卫生,成活率提高 林地的自然环境是最理想的养鸡场地。冬暖夏凉,空气清新,阳光充足,天然的隔离环境,少有的应激因素,有助于鸡体健康和疾病的预防。据有关资料报道,林地养鸡的总死亡率为5.02%,而庭院养鸡的死亡率为10.7%,前者较后者的死亡率降低5.76个百分点。

(4)以鸡除虫,鸡粪肥地 树林为鸡提供了优越舒适的生活环境,鸡捕捉一定的林地害虫,同时鸡将粪便直接排泄在林地,作为林木生长的优质肥料。据测定,鸡粪含有的氮素相当于人粪尿的1.5倍,磷为3倍,钾为2.3倍。每100只育成鸡可产鲜粪2 500千克,相当于16.7千克磷、167千克过磷酸钙和33千克氯化钾所含有的养分。对于改良林地土壤,促进林木生长起到重要作用。

(5)遮阴避暑防鹰侵袭 树林密集的树冠,为鸡的生活提供了遮阴避暑防风避雨的环境。同时鸡在林丛中觅食,可躲避老鹰的侵袭。

2.林地养鸡的实践

据姚迎波等(2005)报道,嘉祥县造林绿化面积1.33万千米^2。为了充分利用林间空地,提高单位面积的收益,他们开展了土鸡养殖(肉用),取得了满意的效果,创造了可喜的经济效益,闯出了一条以林养牧,以牧促林,林牧结合的致富路子。他们选择销路较好的本地土鸡,在林间隙地建造大棚,育雏1个月,然后在林间放牧。以采食林地丰富的自然饲料为主,配合灯光诱虫。尽管在林间放养的鸡比棚内饲养的鸡生长周期长一些,但放养的鸡毛色鲜亮,肉质鲜美,无药物残留,纯属绿色食品,市场价格比棚内饲养的肉鸡每千克高3元以上,市场销售旺盛,前景看好。

据施顺昌等(2005)报道,江苏苏州吴中区各级党委、政府凭借当地丰富的山林资源和区位经济,大力发展林果茶园和山坡地饲养生态草鸡,实施产业化建设,培育和壮大了一批龙头企业。自2003年3月开始,苏州光福茶场尝试茶园养鸡。10公顷茶园里1年出栏6万只生态草鸡,饲养效果良好,每只鸡获利8.20元。通过茶园生态养鸡,以鸡治虫,以鸡除草,鸡粪还田沤茶树,农药化肥成本由以前的每公顷2 850元降至现在的1 050元,生产成本(不含人工)降低74%。苏州光福茶场饲养成功后,吴中区水产畜牧局及时总结经验,召开现场会,加以推广。他们采取公司+基地+农户的模式,充分发挥企业的经济、科技、人才优势,带动周边农民养鸡。目前,农民养鸡,已辐射到周边的8个乡镇,共有105户农户养鸡,饲养量达60万只。他们凭借优良的饲养环境、绿色的产品质量,创造名牌产品,建立销售网络,使该产业蓬勃发展。

3.林地养鸡应注意的问题

(1)分区轮牧,全进全出　林地养鸡,特别是郁闭性较好的林地,树冠大,树下光线弱,长此以往形成潮湿的地面,鸡的粪便自净作用弱。为了有效地利用林地,也给林地一个充分自净的时间,平时要分区轮牧,全进全出。上一批鸡出栏后,根据林地的具体情况,留有较长一段时间的空白期。

(2)重视兽害　树林养鸡,尤其是山场树林养鸡,尽管老鹰的伤害在一定程度上可以降低,但是野生动物较其他地方多,特别是狐狸、黄鼠狼、獾、老鼠等,对鸡的伤害严重。除了一般的防范措施以外,可考虑饲养和训练猎犬护鸡。

(3)谢绝参观　林地养鸡,环境幽静,对鸡的应激因素少,疾病传播的可能性也少。但应严格限制非生产人员的进入。一旦将病原菌带入林地,其根除病原菌的难度较其他地方要大得多。

(4)林下种草　为了给鸡提供丰富的营养,在林下植被不佳的地方,应考虑人工种植牧草。如林下草的质量较差,可考虑进行牧草更新。

（5）注意饲养密度和小群规模 根据林下饲草资源情况，合理安排饲养密度和小群规模。考虑林地的长期循环利用，饲养密度不可太大，以防止林地草场的退化。

（6）重视体内寄生虫病的预防 长期在林地饲养，鸡群多有体内寄生虫病，应定期驱虫。

（四）草场

我国拥有大面积的天然草场和人工草场，如何合理利用是值得思考的问题。试验和实践表明，草场养鸡是一条可行的途径。

1.草场养鸡的优点

（1）牧鸡灭蝗，一举两得 草场蝗灾是多年来草场的一大灾害。尽管喷洒农药在一定程度上可以控制，但农药的使用不仅增加费用，而且造成农药对牧草和草地的污染。消除这种污染并非易事，可能数百年也难以彻底解决。同时，农药的使用对生态环境的破坏也不可忽视。通过草场养鸡，以鸡灭蝗，生物防治虫害，是最理想的途径。

（2）以草养鸡，鸡粪养草 以草养鸡，鸡粪养草，二者相互依存，相得益彰。

（3）丰富的营养，优质的产品 草场牧草营养丰富，为鸡的生长和生产提供了优质的营养。草场在养鸡条件下一般可不使用任何农药，因此，鸡的产品，无论是鸡肉，还是鸡蛋，其质量上乘，纯属无公害食品，乃至绿色食品。凡是草场上饲养的鸡，其产品价格较一般产品高，有时甚至高出 1 倍以上。草原的产品之所以如此热销，在很大程度上与"草原绿鸟鸡，渴了喝露水，饿了吃蚂蚱"的优美的绿色生态饲养环境。

2.草场养鸡的实例

实例之一 2003 年以来，我们在黄骅县绿海滩鸡场的人工苜蓿草地放养本地柴鸡，优良的生产和生态环境，优质的牧草资源和丰富的营养，使鸡生长状况良好。在放牧季节，每天补充少量的饲料即可满足生长和产蛋的需要。产蛋期每天补充精料 70 克左右，平时产蛋率达到

50%以上,产蛋高峰期达到 66%以上。蛋黄颜色达到 9～11 个罗氏单位,深受消费者喜爱,因此,产品供不应求。产生良好的经济效益和生态效益。

实例之二 据魏书兰(1995)报道,喀左县十二德堡乡烂泥塘子村的天然草场和人工草场,多次发生不同程度的蝗虫危害。蝗虫不仅啃食破坏牧草,影响牧草产量和草地有效利用年限,而且威胁着周围数万亩农田作物。自 1985 年草地放牧养鸡以来,有 200 万米²(3 000 亩)草地蝗害被控制住了。据调查,一般年景,不牧鸡的天然草场平均每 667米² 产干草 25 千克,人工草场平均每 667 米² 产干草 200 千克,未牧鸡的草地平均每平方米生存小型蝗虫 6～8 只;经牧鸡的草地,蝗虫存留数下降为每平方米 1～2 只;天然草场每 667 米² 产干草可增加到 30 千克,增产 20%,而人工草地每 667 米² 产干草 250 千克,增加 50 千克,提高 25%。

实例之三 据陆元彪等(1995)报道,海北州地处青藏高原,自然条件严酷,草原蝗虫危害十分严重,给草地畜牧业生产造成了很大损失。年发生面积 67 333 公顷(101 万亩),成灾面积 43 333 公顷(65 万亩),年损失牧草 6 545 万千克,相当于 5.77 万只羊全年的采食量,直接经济损失达 288 万元。他们在省、州有关部门的支持和帮助下,进行了高寒草场牧鸡治蝗技术开发试验。试验从 1992 年 6 月 28 日开始至 8 月1 日结束,历时 1 个多月。通过试验,证明在高寒草场牧鸡治蝗是成功的,达到了预定的目标。灭蝗效果,具体表现如下。

①根据野外测定,平均灭治率为 90%,其中最高 97%,最低 82%,基本达到防治要求。

②根据野外定点观测,每只鸡每天可捕食 2～3 龄蝗虫 1 600～1 800 只,解剖捕食半天蝗虫的鸡,嗉囊中平均有 2～3 龄蝗虫 300～400 只。

③试验地蝗虫平均密度 56 只/米²,防治标准 90%,每只鸡每天可治蝗 34 米²。

④灭治期间平均鸡群规模 430 只,灭治时间按 20 天计算,每天防

治14 674米²(22亩),试验期间共防治29.33公顷(440亩)。

⑤实际支出2 480元,其中购鸡1 547元,购鸡用配合饲料365元,购骨粉40元,鸡笼折旧132元,药品50元,人工工资350元。试验结束后出售鸡收入2 000元,收支相抵,实际支出484元。灭治成本:实际支出(484元)÷灭治面积29.33公顷=16.50元/公顷。按照当时药物灭蝗实际费用约30元/公顷,牧鸡治蝗与常规药物相比,每公顷可节省费用13.50元,治蝗成本下降45%,经济效益明显。

3.草场养鸡应注意的问题

除了与其他地方放养鸡应注意的问题相同以外,还存在一些问题,应特别注意一些技术环节。

(1)注意昼夜温差　草原昼夜温差大,在放牧的初期、鸡月龄较小的时候,以及春季和晚秋,一定要注意夜间鸡舍内温度的变化,防止温度骤然下降导致鸡群患感冒和其他呼吸道疾病。必要的时候应增加增温设施。

(2)严防兽害　与其他草场养鸡相比,草场的兽害最为严重。尤其鹰类、黄鼠狼、狐狸、老鼠,以及南方草场的蛇害。应有针对性地采取措施。

(3)建造遮阴防雨棚舍　与其他相比,草场的遮阴状况不好。没有高大的树木,特别是退化的草场,在炎热的夏季会使鸡暴露在阳光下,雨天没有可躲避的地方。应根据具体情况增设简易棚舍。

(4)秋季早晨晚放牧　秋季晚上气温低,早晨草叶表面带有露水,对鸡的健康不利。因此,遇有这种情况应适当晚放牧。

(5)轮牧和刈割　养鸡实践中发现,鸡喜欢采食幼嫩的草芽和叶片,不喜欢粗硬老化的牧草。因此,在草场养鸡时,应将放牧和刈割相结合。将草场划分不同的小区,轮流放牧和轮流刈割,使鸡经常可采食到愿意采食的幼嫩牧草。

(6)严防鸡产窝外蛋　草场辽阔,鸡活动的半径大,适于营巢的地方多。应注意鸡在外面营巢产蛋和孵化。

(五)山场

1.山场养鸡的优点

我国是一个多山的国家,山区面积约占国土面积的 2/3,远远高出世界平均水平。我国山区人口占全国总人口的 56%。在全国 2 100 多个行政县(市)中有 1 500 多个是山区县(市),而山区多数是贫困地区和革命老区。充分利用山场资源,发展生态养鸡,帮助山区人民脱贫致富是畜牧工作者的责任和义务,具有重大的现实意义和深远的历史意义。近年来,我们开展了此项研究工作,取得了可喜进展。在实践中我们逐渐认识到,山区发展生态养鸡具有明显的优势和广阔的前景。

(1)山场的利用　山场是可利用资源,闲置不用而受穷不是明智之举。养羊虽然可利用山场草场资源,但对山场生态破坏严重,是山区生态保护的大忌。面对尚未脱贫的农民,硬性禁止养羊,必须给他们指出一条新的致富之路,即经济效益、社会效益和生态效益高度统一的项目。养鸡项目只要认真运作,其经济收入远远超过养羊。

(2)绿色食品生产　随着生活水平的提高人们对食品的构成和质量要求日益苛刻,这是自然的,无可厚非。规模化养鸡的出现满足了人们对鸡蛋数量上的要求,但是,随之而来的是口味欠佳、蛋黄色浅、蛋白变稀、胆固醇含量增高、农药和兽药残留超标等一系列的问题,使人们淡化了对这种鸡蛋的兴趣,而激起了对过去柴鸡蛋的美好回忆。因而,其他鸡蛋的价格一落再落,柴鸡蛋的价格猛涨,备受青睐,大有供不应求之势。

(3)生产基地转移　由于供求矛盾的出现,生产"柴鸡蛋"成为必然趋势。但是,由于平原地区在场地、投资趋向、饲料资源、环境条件和饲料质量等方面的限制,生产这种鸡蛋的任务不可能由平原地区完成,更不可能由城市来解决,历史地落到了山区。山区有广阔的山场和丰富的自然饲草饲料资源,是理想的生产基地。

2.山场养鸡实例

实例之一　1999 年我们提出了"山场蛋鸡规模化生态养殖"设想

后,得到河北易县县委、政府及业务部门的大力支持,广大山区农民的积极响应。该县2000年生态养鸡数量已经超过30万只,2001年后年饲养量达到60万~80万只,产生良好的经济效益、生态效益和社会效益。比如,普通鸡蛋一般价格每千克在4元左右,而山场生产的鸡蛋每千克在11~16元,育肥的小肉鸡和淘汰的老母鸡每千克售价也在12元左右,在节日期间更高。农户饲养本地柴鸡(产蛋)每只年盈利20~30元,每只小公鸡盈利也在10元左右。由于养鸡数量的增加,带动了相关产业的发展。目前专门经营柴鸡产品的企业6家,一些企业经营的鸡蛋注册了商标。他们已与北京、天津、石家庄、保定等附近一些大中城市签订了供销协议,形势看好。该技术已在河北省的保定、承德、石家庄、邢台、邯郸等市的山区县逐渐推广。

实例之二　据刘庆才(2001)报道,吉林省通化市蚕种场位于罗通山脉脚下,职工朱运1999年6月5日至10月20日利用天然草场和果树下放牧养鸡,45日龄鸡上山,经过4个半月的野外自然饲养,上山鸡380只,出栏345只,成活率达90.8%,平均体重2.25千克,按照当时市场价格8~9元/千克,只均纯收入14.5元。

3.山场生态养鸡应注意的问题

(1)山场的选择　山场生态养鸡必须突出"生态"二字。山场生态养鸡的提出是基于山场养羊对山场的破坏,通过养鸡使农民靠山吃山,找到既开发利用山场,又保护山场的途径。实践中发现,并非所有的山场都适合发展养鸡。比如,坡度较大的山场、植被退化和可食牧草含量较少的山场、植被稀疏的山场等均不适于养鸡。因为在这样的环境下,鸡不能获得足够的营养而依靠人工补料,同时为寻找食物而对山场造成破坏。植被状况良好、可食牧草丰富、坡度较小的山场,特别是经过人工改造的山场果园和山地草场最适合养鸡。

(2)饲养规模和饲养密度　根据我们的观察,山场养鸡鸡的活动半径较平原农区小,因此,饲养的规模和饲养密度必须严格控制。为了获得较好的经济和生态效益,山场养鸡的饲养密度应控制在每667米²20

只左右,一般不超过30只。一个群体的数量应控制在500只以内。调查发现,100~300只的规模效果最好。因此,可在一个山场增设若干个小区,实行小群体大规模。

(3)补料问题 山场养鸡不可出现过牧现象,以保护山场生态。因此,其饲料的补充必须根据鸡每天采食情况而定。如果补料不足,鸡很可能用爪刨食,使山场遭到破坏。

(4)兽害预防 山区野生动物较平原更多,饲养过程中要严加防范。

(5)组织问题 山区交通、信息、人们的文化和科技素质、经营理念等,都与农区和城市有一定差距。因此,山场养鸡应进行有效地组织。通过群众性的养鸡协会,解决一家一户难以解决的鸡苗、饲料、疫苗、药品的供应,特别是产品的销路,使之真正成为一个产业。

五、不同季节的放养技术要点

不同季节,气候和饲料资源情况有很大的差别,在管理方面也应进行相应的调整。

(一)春季

春季是养鸡的黄金季节,不仅是孵化和育雏最繁忙的时候,也是蛋鸡产蛋率最高的时候,种蛋质量最佳的时候。同时,春季也存在一些不利因素,应注意一些技术环节。

1.防气温突变

春季气温渐渐上升,但是其上升的方式为螺旋式。升中有降,变化无常。时刻注意气候的变化,防止突然变化造成对生产性能的影响和诱发疾病。

2.保证营养

春天是蛋鸡产蛋上升较快的时段,同时早春又是缺青季节。如何保证产蛋率的快速上升,而又保证其鸡蛋品质符合鸡蛋标准,应在保证饲料补充量、饲料质量的前提下,补充一定青绿饲料。如果此时青草不能满足,可补充一定的青菜。

3. 放牧时间的确定

春季培育的雏鸡放牧时间,北京以南地区一般应在 4 月中旬以后,此时气温较高而相对稳定;但对于成年鸡而言,温度不是主要问题,而草地牧草的生长是放牧的限制因素。如果放牧过早,草还没有充分生长便被采食,草芽被鸡迅速一扫而光,造成草场的退化,牧草以后难以生长。因此,春季放牧的时间应根据当地气温、雨水和牧草的生长情况而定,不可过早。

4. 疾病预防

春季温度升高,阳光明媚,万物复苏,既是养鸡的最好季节,也是病原微生物复苏和繁衍的时机。鸡在这个季节最容易发生传染性疾病。因此,疫苗注射、药物预防和环境消毒各项措施都应引起高度重视。

(二)夏季

1. 注意防暑

鸡无汗腺,体内产生的热主要依靠呼吸散失,因而鸡对高温的适应能力很差。所以,防暑是夏季管理的关键环节。尤其是在没有高大植被遮阴的草场,应在放牧地设置遮阴棚,为鸡提供防晒遮阴乘凉的躲避处。

2. 保证饮水

尽管放养鸡一年四季都应保证饮水,但夏季供水更为重要。供水不仅是提高生产性能的需要,更是防暑降温、保持机体代谢平衡和机体健康的需要。必要时,在饮水中加入一定的补液盐等抗热应激制剂。

3. 鸡群整顿

夏季一些鸡开始抱窝,有些鸡出现停产。应及时进行清理整顿。对饲养价值不大的鸡可作淘汰处理,以减少饲料费用,降低饲养密度。

4.饲喂和饲料

夏季天气炎热,鸡的采食量减少,在饲喂和饲料方面进行适当的调整。利用早晨和傍晚天气凉爽时,强化补料,以便保证有足够的营养摄入。一些人认为夏季应降低营养水平,其结果不仅采食饲料的总量降低,获得的营养更少,不能满足生产的需要。可采取提高营养浓度和制作颗粒饲料的措施,使鸡在较短的时间内补充较多的营养,以保证有较高的生产性能。

5.搞好卫生

夏季蚊虫和微生物活动猖獗,粪便容易发酵,饲料易霉变,雨水偏多,环境容易污染。应注意饲料卫生、饮水卫生和环境卫生,控制蚊蝇滋生,定期驱除鸡体内寄生虫,保证鸡体健康。

6.及时捡蛋

夏季由于环境控制难度大,鸡蛋的蛋壳更容易受到污染。特别是窝外蛋,稍不留意便遭受雨水而难以保证质量。因此,应及时发现窝外蛋,及时搜集窝内蛋,进行妥善保管或处理。

(三)秋季

1.加强饲养和营养

秋季是鸡换毛的季节。老鸡产蛋达 1 年,身体衰竭,加上换毛在生理上变化很大。所以,不能因为换毛停产而放松饲养管理。有的高产鸡边换毛边产蛋。况且鸡的旧毛脱落换新羽,仍需要大量的营养物质。因此饲料中应增加精料和微量营养的比例,以保证鸡换掉旧羽和生新羽的热能消耗,及早恢复产蛋。当年雏鸡到秋季已转为成年鸡,开始产蛋,但其体格还小,尚未发育完全。因此,也要供应足够的饲料,让其吃饱喝足,并增加精料比例,以满足其继续发育和产蛋的需要,为来年产蛋期打下良好的基础。

2.调整鸡群

正如上面所言,秋季是成年母鸡停产换羽,新蛋鸡陆续开产的季节。此时应进行鸡群的调整,淘汰老弱母鸡,调整新老鸡群。老弱母鸡淘汰的方法是：将淘汰的母鸡挑选出来，分圈饲养，增加光照，每天保持16小时以上。多喂高热量饲料等促使母鸡增膘，及时上市。当新蛋鸡开始产蛋时，则应老新分开饲养，鸡也逐渐由产前饲养过渡到产蛋鸡饲养管理。

3. 控制蚊虫，预防鸡痘

鸡痘是鸡的一种高度接触性传染病，在秋冬季最容易流行，秋季发生皮肤型鸡痘较多，冬季白喉型最常见。

预防鸡痘可用鸡痘疫苗接种。将疫苗稀释50倍，用消毒的钢笔尖或大号缝衣针蘸取疫苗，刺在鸡翅膀内侧皮下．每只鸡刺一下即可。接种1周左右，可见到刺种处皮肤上产生绿豆大的小痘，后逐渐干燥结痂而脱落。如刺种部位不发生反应则必须重新刺种疫苗。

治疗鸡痘可采用对症疗法。皮肤型鸡痘，可用镊子剥离，伤口涂擦紫药水，鸡眼睛上长的痘，往往有痒感，鸡有时向体内摩擦，有时用鸡爪弹蹬。可将痘划破，把里边的纤维素挤出，涂上"肤轻松"。

4. 预防其他疾病

秋季对蛋鸡危害较大疾病除了鸡痘以外，还有鸡新城疫、禽霍乱和寄生虫病。因此，必须进行疫苗接种和驱虫，迎接产蛋高峰期到来。一般情况下，在实行强制换羽前一周接种新城疫Ⅰ系苗；盐酸左旋咪唑，在每千克饲料或饮水中加入药物20克，让鸡自由采食或饮用，连喂3～5天；驱蛔灵，每千克体重用驱蛔灵0.2～0.25克，拌在料内或直接投喂均可；虫克星，每次每50千克体重用2％虫克星粉剂5克，内服、灌服或均匀拌入饲料中饲喂；复方敌菌净，按0.02％混入饲料拌匀，连用3～5天；氨丙啉，按0.025％混入饲料或饮水中，连用3～5天。给鸡驱虫期间，要及时清除鸡粪，同时对鸡舍、用具等进行彻底消毒。

5. 人工补光

秋后日照时间渐短，与产蛋鸡要求的每天16小时的光照时间的差距越来越大，应针对当地光照时数合理补充光照，以保证成年产蛋鸡的产蛋稳定，促进新开产鸡尽快达到产蛋高峰。

6.防天气突变

深秋气温低而不稳,有时秋雨连绵,给放养鸡的饲养和疾病防治带来诸多困难。应有针对性地提前预防。

(四)冬季

1.舍养保温

冬季草地没有什么可采食的食物,如果继续室外放养,能量的散失会更严重,很多鸡由于能量的负平衡而停止产蛋。因此,应采取圈养方式,并加强鸡舍保温,可实现冬季较高的产蛋率。生产中,我们采取鸡舍阳面搭建塑料棚的方法,不仅增加了运动场地,而且通过塑料暖棚,增加光照和增温。

2.增强营养供应

冬季天气寒冷,机体散热多,因此,饲料的配合不仅要增加能量饲料的比例,饲料的补充量也应有所增加。没有足够的营养供应,不会有高的产蛋性能和经济效益。一些鸡场仍然按照放养期进行补料,造成严重的营养负平衡,产蛋率急剧下降,甚至停产。

3.重视补青补粗

柴鸡蛋品质优于普通的笼养鸡蛋,主要指标在于蛋黄色泽、胆固醇和磷脂含量。但是,冬季失去了放牧条件,如果不采取有力措施,其鸡蛋品质难以保证。经过我们多年的试验和实践,冬季适当补充青绿多汁饲料,可弥补圈养的不足。根据我们的试验,饲料中要强化维生素添加剂,并添加 $5\% \sim 7\%$ 的苜蓿草粉,有助于鸡蛋品质的提高,达到柴鸡蛋的标准。试验结果如表 6-16 所示。

试验表明,添加 $3\% \sim 7\%$ 的苜蓿草粉对冬季蛋鸡的产蛋性能没有影响,而显著提高鸡蛋品质:蛋黄颜色均达到 9.8 以上,胆固醇含量降低,磷脂增加等。综合考虑,以添加 5% 效果最佳。

4.补充光照

根据当地光照时数和产蛋鸡的要求合理补充光照。

表 6-16　不同苜蓿粉含量对鸡蛋品质及生产性能的影响

期别	项目	I（对照）	II（3%苜蓿）	III（5%苜蓿）	IV（7%苜蓿）
试验前期（鸡蛋品质）	蛋重/克	50.42 ± 1.31a	52.26 ± 2.98ba	59.27 ± 4.04c	55.18 ± 4.60bd
	蛋黄胆固醇（克/100 克）	1.42 ± 0.07a	1.44 ± 0.10a	1.26 ± 0.09b	1.27 ± 0.09b
	蛋黄磷脂/%	14.99 ± 0.33	14.67 ± 0.68	14.93 ± 0.28	14.80 ± 0.52
	哈夫单位	95.91 ± 4.75	94.50 ± 4.82	94.65 ± 3.78	93.02 ± 3.58
	蛋壳厚度/毫米	0.408 ± 0.007	0.417 ± 0.008	0.438 ± 0.029	0.406 ± 0.039
	蛋黄颜色	8.40 ± 0.55a	9.10 ± 0.55a	9.60 ± 0.55	9.80 ± 0.84
	蛋黄系数	47.35 ± 1.34	46.99 ± 3.56	45.65 ± 1.42	46.69 ± 3.40
	蛋重/克	45.77 ± 4.01b	51.50 ± 3.68a	53.50 ± 2.16a	50.29 ± 3.77a
试验后期（鸡蛋品质）	蛋黄胆固醇（克/100 克）	1.42 ± 0.07a	1.44 ± 0.10a	1.26 ± 0.09b	1.27 ± 0.09b
	蛋黄磷脂/%	14.99 ± 0.33	14.67 ± 0.68	14.93 ± 0.28	14.80 ± 0.52
	哈夫单位	95.39 ± 4.16a	94.89 ± 3.86a	96.98 ± 4.68a	93.92 ± 3.54a
	蛋壳厚度/毫米	0.415 ± 0.145a	0.422 ± 0.045a	0.401 ± 0.024a	0.417 ± 0.021a
	蛋黄颜色	8.20 ± 0.37a	9.80 ± 0.37bc	10.00 ± 0.00bc	10.20 ± 0.24c
	蛋黄系数	45.56 ± 1.62a	44.98 ± 1.62a	43.50 ± 0.75a	42.12 ± 2.26a
试验全期（生产性能）	产蛋率/%	60.40 ± 0.30	60.33 ± 0.30	60.06 ± 0.40	60.55 ± 0.13
	料蛋比	5.90 ± 0.14c	5.54 ± 0.09ab	5.11 ± 0.05c	5.41 ± 0.29ab
	耗料量/千克	166.08 ± 0.10	166.99 ± 0.09	167.74 ± 0.36	167.13 ± 0.21
	破壳蛋/%	4.00	3.00	2.00	4.00

5.加强通风,预防呼吸道疾病

冬季是鸡呼吸道传染病的流行季节,尤其是在通风不良的鸡舍更容易诱发。应重视鸡舍内的通风。一旦发现病情应立即隔离,并使用相应的药物进行治疗,使其早日康复。同时,每隔 5～7 天用百毒杀等消毒剂进行消毒,以免发生疫病。

6.注意兽害

冬季野生动物捕捉的猎物减少,因而对野外养鸡的威胁很大。以黄鼠狼为甚,应严加防范。

思考题

1.怎样提高雏鸡的成活率?

2.育成鸡的体重及整齐度如何控制?

3.夏季如何保证笼养蛋鸡高产?

4.放养场地选择应注意什么?不同放养场地的饲养管理特点如何?

5.不同放养季节应如何饲养管理?

第七章

蛋鸡生态养殖的建筑与设施

　　导　　读　放养鸡场要符合无公害和可持续发展的原则,有放养鸡可食的虫草资源,植被良好,建筑布局、结构便于防病。放养鸡舍不宜过大,间隔150米以上,内设栖架。设置自动饮水装置和诱虫设备。

　　生态放养鸡的场地、房舍、设备是影响生态放养鸡效果的重要因素之一。生态放养鸡环境相对开放,受外界自然气候影响明显,结合生态放养鸡的生活习性特点,其棚舍和相关设备应确保生态放养鸡的生活力、生产力和安全性。考虑到鸡的品种与用途、各地的气温、养殖规模、饲养方式和放养场地的不同,对鸡舍和设备的要求也不同。鸡场的建设必须通过认真科学的设计,从场址选择、鸡舍建设、布局结构、设备和用具的应用、场区卫生防疫设施等方面综合考虑,做到生产和管理科学合理。

第一节　鸡场的选址与布局

一、放养鸡场场址选择原则

(一)无公害生产原则

所选场址的土壤土质、水源水质、空气、周围建筑等环境应该符合无公害生产标准,环境质量符合无公害食品畜禽场环境质量标准 NY/T 388 的规定;水源充足,水质符合无公害食品畜禽饮水水质标准 NY/T 5027 的规定。防止重工业、化工工业等工厂的公害污染。

(二)生态和可持续发展原则

鸡场选址和建设时要有长远规划,做到可持续发展。鸡场的生产不能对周围环境造成污染,选择场址时应该考虑处理粪便、污水和废弃物的条件和能力。一定要根据饲养规模选择放养地或根据放养地的载畜量确定放养规模,防止过度放牧鸡群对植被的破坏作用。

(三)经济性原则

放养场地的选择要考虑放养地的虫草资源、水资源、交通运输的便利性和饲养管理的方便性等直接影响放养鸡经济效益的问题。无论是选地,还是进行场舍建设,都应精打细算,厉行节约。

(四)防疫性原则

拟建场地的环境及附近的兽医防疫条件的好坏,是影响鸡场经营盈亏的关键因素之一。不要在旧鸡场上建场或扩建,必须对当地的历史疫情做周密详细的调查研究,需特别警惕与其他养殖场、屠宰场、集贸市场等微生物污染源的距离、方位,以及有无自然隔离条件等。

二、放养鸡场的场址选择

生态放养鸡首先要做好场址的选择。放养场地直接关系到生态放养鸡的生产水平、鸡群的健康状况和经济效益以及鸡场的运营状况。因此,放养场址选择时一定要认真研究、科学安排,要从交通、地势、土质、水质、电源、防疫以及虫草等多方面综合考虑。水源地保护区、旅游区、自然保护区、环境污染严重区、发生重大动物传染病疫区,其他畜禽场、屠宰厂附近,候鸟迁徙途径地和栖息地,山谷洼地易受洪涝威胁地段,退化的草场、草山草坡等不适宜建场。

(一)位置和电力

化工厂、矿厂排放的废水、废气中含有重金属及有害气体、烟尘及其他微细粒子,鸡群如果长期处在公害严重的环境中鸡体和产品中也会留有有害物质,对人体健康不利。因此,按无公害食品部颁标准规定要求,放养场地应距离大型化工厂、矿厂和其他养殖场、屠宰场、畜产品加工厂、皮革加工厂以及兽医院等生物污染严重的地点3千米以上,距离干线交通公路、村庄和居民点1千米以上,周围不能有任何污染源,空气良好。另外,要求供电充沛,并保证能连续供电。

(二)地势地形

地势是指场地的高低起伏状况,地形是指场地的形状、范围以及地物。场区要求地势平坦或缓坡(以3%～5%为最好),高于周围地平面,容易排水,背风向阳。这种场地阳光充足、地势高燥、卫生。低洼积水的地方不宜建场。山区建场还要注意地质构造情况,避开断层、滑坡、塌方的地段;也要避开坡底、谷底以及风口,以免受山洪和暴风雨的袭击。

(三)土壤

土壤指地球陆地表面能够生长绿色植物的疏松层,是由固体颗粒、土壤溶液和土壤空气3部分组成。土壤固体大颗粒称为沙粒,中等粒径的颗粒称为粉粒,细小颗粒称为黏粒。沙粒含量特别多的是沙土;黏粒含量特别多的是黏土;而沙粒、粉粒、黏粒三者比例相等的是壤土。壤土地的耕性最好,土壤水气比例最易达到理想范围,土壤温度状况也较易保持和调整,也就是说,壤土的土壤物理性质最理想。沙土地往往气多水少,这种土壤导热快,夏天地表灼热,缺乏肥力,不利于植物生长;黏土地则水多气少,冬天地温易偏低,紧实黏重。沙土地和黏土地均不利于形成较好的鸡舍周围小气候。生态放养鸡场应以壤土地为好,并且要求无病源和工业废水污染。

(四)水源水质

场址附近必须有洁净充足的水源,取用、防护方便。鸡场用水比较多,每只成鸡每天的饮水量平均为300毫升,生活用水及其他用水,是鸡饮水量的2~3倍。最理想的水是不经过处理或稍加处理即可饮用。要求水中不含病原微生物,无臭味或其他异味,水质澄清透明,酸碱度、硬度、有机物或重金属含量符合无公害生态生产的要求。如有条件则应提取水样做水质的物理、化学和微生物污染等方面的化验分析。地面水源包括江水、河水、塘水等,其水量随气候和季节变化较大,有机物含量多,水质不稳定,多受污染,使用时必须经过处理。深层地下水水量较为稳定,并经过较厚的沙土层过滤,杂质和微生物较少,水质洁净,且所含矿物质较多。

(五)放养场地

生态放养的鸡只活泼好动,觅食力强,因此除要求具有较为开阔的饲喂、活动场地外,还需有一定面积的果园、农田、林地、草场或草山草坡等,以供其自行采食杂草、野菜、虫体、谷物及矿土等丰富的食料,满足其营养的需要,促进机体的发育和生长,增强体质,改善肉蛋品质。无论哪种放养地最好均有树木遮阴,在中午能为鸡群提供休息的场所。

1. 果园

果园的选择,以干果、主干略高的果树和农药用药少的果园地为佳,并且要求排水良好。最理想的是核桃园、枣园、柿园和桑园等。这些果树主干较高,果实结果部位亦高,果实未成熟前坚硬,不易被鸡啄食。其次为山楂园,因山楂果实坚硬,全年除防治 1～2 次食心虫外,很少用药。在苹果园、梨园、桃园养鸡,放养期应躲过用药和采收期,以减少药害以及鸡对果实的伤害。

2. 林间隙地

选择树冠较小、树木稀疏、地势高燥、排水良好的地方,空气清新,环境安静,鸡能自由觅食、活动、休息和晒太阳。林地以中成林为佳,最好是成林林地。鸡舍坐北朝南,鸡舍和运动场地势应比周围稍高,倾斜度以 10°～20°为宜,不应高于 30°。树枝应高于鸡舍门窗,以利于鸡舍空气流通。

山区林地最好是果园、灌木丛、荆棘林或阔叶林等,土质以沙壤为佳,若是黏质土壤,在放养区应设立一块沙地。附近有小溪、池塘等清洁水源。鸡舍建在向阳南坡上。

果园和林间隙地可以种植苜蓿为放养鸡提供优质的饲草,据试验在鸡日粮种加入 3%～5%的苜蓿粉不但能使蛋黄颜色变黄,还能降低鸡蛋胆固醇含量。

3. 农田

一般选择种植玉米、高粱等高秆作物的田地养鸡,要求地势较高,作物的生长期在 90 天以上,周围用围网隔离。农田放养鸡,以采食杂草、昆虫为主,这样就解除了除草、除虫之忧,减少了农药用量。鸡粪还是良好的天然肥料,可以降低农田种植业的投资。田间放养鸡,饲养条件简单,管理方法简便,但饲养密度不高,每 667 米²(1 亩)地养鸡不超过 50 只成年鸡或 80 只青年鸡。田间养鸡注意错开苗期,要在鸡对作物不造成危害后再放养。作物到了成熟期,如果鸡还不能上市,可以半圈养为主,大量补饲精料催肥。

4. 草场

草场养鸡,以自然饲料为主,生态环境优良,饲草、空气、土壤等基本没有污染;草场是天然的绿色屏障,有广阔的活动场地,烈性传染病很少,鸡体健壮,药物用量少,无论是鸡蛋还是鸡肉纯属绿色食品,有益于人体健康。草场具有丰富虫草资源,鸡群能够采食到大量的绿色植物、昆虫、草子和土壤中的矿物质。近年来草场蝗灾频频发生,越干旱蝗虫越多,牧鸡灭蝗效果显著,配合灯光、激素等诱虫技术,可大幅度降低草场虫害的发生率。选择草场一定要地势高燥,洼地低阴潮湿,对鸡的健康不利。草场中最好要有树木能为中午的鸡群提供遮阴或下雨时的庇护场所,若无树木则需搭设遮阴棚。

选择草山草坡放养鸡一定要避开风口、泄洪沟和易塌方的地方,并将棚舍搭建在避风向阳、地势较高的场所。

三、放养鸡场的布局

鸡场的设计主要是分区和布局问题。生态放养鸡场一般每批鸡饲养量 500～3 000 只,规模相对较小,各类设施建设和布局相对简单。但总体布局要科学、合理、实用,并根据地形、地势和当地风向确定各种房舍和设施的相对位置,包括各种房舍分区规划、道路规划、供排水和供电等线路布置以及厂区内防疫卫生的安排,做到既要考虑卫生防疫条件,又要照顾到相互之间的联系,做到有利于生产,有利于管理,又利于生活。否则,容易导致鸡群疫病不断,影响生产和效益。合理的总体布局可以节省土地面积,节省建场投资,给管理工作带来方便。

(一)便于卫生管理

生产区是总体布局的中心主体。生产区内鸡舍的设置应根据常年主导风向,按孵化室(种鸡场)、育雏舍、放养鸡舍这一顺序布置鸡场建筑物,以减少雏鸡发病机会,利于鸡的转群。鸡场生产区内,按规模大小、饲养批次不同分成几个小区,区与区之间要相隔一定距离。放养鸡舍间距根据活动半径不低于 150 米。

生产区与生活区要分开,非生产人员不准随便进入生产区。生活区、行政区、供应区地势要高于生产区,且与生产区距离在 80 米以上,且有严格的隔离措施。以保证空气清新。根据地势的高低、水流方向和主导风向,按人、鸡、污的顺序,将各种房舍和建筑设施按其环境卫生条件的需要次序排列。首先,考虑人的工作和生活集中场所的环境保护,使其尽量不受饲料粉尘、粪便气味和其他废弃物的污染。其次,需要注意生产鸡群的防疫卫生,尽量杜绝污染源对生产鸡群的环境污染。如地势与风向在方向上不一致时,则以风向(夏季主风向)为主。对因地势造成水流方向的地面径流,可用沟渠改变流水方向,避免污染鸡舍;或者利用侧风向避开主风,将需要重点保护的房舍建在"安全角"的位置,以免受上风向空气污染。根据拟建场区的土地条件,也可用林带相隔,拉开距离,将空气自然净化。对人员流动方向的改变,可筑墙阻隔等其他设施或种植灌木加以解决。

场内道路应分为清洁道和脏污道,互不交叉。清洁道用于鸡只、饲养和清洁设备等的运输。脏污道用于处理鸡粪、死鸡和脏污设备等的运输。

(二)便于生产管理

鸡场各建筑物的布局,要求尽量减少占地面积、鸡舍排列整齐,以使饲料、粪便、产品、供水及其他物品的运输等呈直线往返,减少拐弯。各建筑之间的距离应尽量缩短,以减少修筑道路、管线的投资。林地、果园、荒坡、小丘陵地养鸡要实行轮牧饲养,因此,育雏舍尽可能建在轮放饲养地的中央位置。

第二节　放养鸡舍的建筑

一、鸡舍的建筑要求

(一)防暑保温

放养鸡舍建在野外,舍内温度和通风情况随着外界气候的变化而变化,受外界环境气候的影响直接而迅速。尤其是育雏舍,鸡个体较小,新陈代谢机能旺盛,体温也比一般家畜高。因此,鸡舍温度要适宜,不可骤变。尤其是1日龄至1月龄的雏鸡,由于调节体温和适应低温的机能不健全,在育雏期间受冷、受热或过度拥挤,常易引起大批死亡。

(二)背风向阳

鸡舍朝向指用于通风和采光的棚舍门窗的指向。鸡舍朝向的选择应根据当地气候条件、鸡舍的采光及温度、通风、地理环境、排污等情况确定。舍内的自然光照依赖阳光,舍内的温度在一定程度上受太阳辐射的影响,自然通风时舍内通风换气受主导风向的影响。因此,必须了解当地的主导风向、太阳的高度角。各地太阳高度角因纬度和季节的不同而不同。鸡舍朝南,冬季日光斜射,可以充分利用太阳辐射的温热效应和射入舍内的阳光,以利于鸡舍的保温取暖。鸡舍内的通风效果与气流的均匀性、通风的大小有关。但主要看进入舍内的风向角度多大。若风向角度为90°,则进入舍内的风为"穿堂风",舍内有滞留区存在,不利于排除污浊气体,在夏季不利于通风降温;若风向角度为0°,即风向与鸡舍的长轴平行,风不能进入鸡舍,通风量等于零,通风效果最差;只有风向角度为45°时,通风效果最好。

（三）光照充足

光照分为自然光照和人工光照,自然光照主要对开放式鸡舍而言,充足的阳光照射,特别是冬季可使鸡舍温暖、干燥和消灭病原微生物等。因此,利用自然采光的鸡舍首先要选择好鸡舍的方位。另外,窗户的面积大小也要恰当,种鸡鸡舍窗户与地面面积之比以 1：5 为好,商品鸡舍可相对小一些。

（四）布列均匀

如果饲养规模大而棚舍较少,或放养地面积大而棚舍集中在一角,容易造成超载和过度放牧,影响正常生长,造成植被破坏,并易促成传染病的暴发。因此,应根据放养规模和放养场地的面积搭建棚舍的数量,多棚舍要布列均匀,间隔 150～200 米。每 1 棚舍能容纳300～500只的青年鸡或 200～300 只的产蛋鸡。

（五）便于卫生防疫

无论何种类型的棚舍,在设计建造时必须考虑以后便于卫生管理和防疫消毒。鸡舍内地面要比舍外地面高出 30～50 厘米,鸡舍周围30 米内不能有积水,以防舍内潮湿滋生病菌。棚舍内地面要铺垫 5 厘米厚的沙土,并且根据污染情况定期更换。鸡舍的入口处应设消毒池。通向鸡舍的道路要分为运料清洁道和运粪脏道。有窗鸡舍窗户要安装铁丝网,以防止飞鸟、野兽进入鸡舍,避免引起鸡群应激和传播疾病。

二、鸡舍的类型

放养鸡舍一般分为普通型鸡舍、简易型鸡舍和移动型鸡舍,普通鸡舍一般为砖瓦结构,常用于育雏、放养鸡越冬或产蛋鸡;简易鸡舍一般用于放养季节的青年鸡。无论是在农田、果园还是林间隙地中生态放养鸡,棚舍作为鸡的休息和避风雨、保温暖的场所,除了避风向阳、地势高燥外,整体要求应符合放养鸡的生活特点,并能适应野外放牧条件。

(一)普通型鸡舍

1. 育雏鸡舍

育雏舍是饲养出壳到 3～6 周龄雏鸡的专用鸡舍。设计育雏舍时,要特别注意做到保温良好,光亮适度,地面干燥,空气新鲜,工作方便。平面育雏的育雏舍,其墙高以 2.4 米为宜;多层笼养育雏舍,其墙高要2.8 米。育雏舍的墙过高不易保温,会造成舍内上部温度很高,而雏鸡生活的地面温度不够。这不但浪费燃料,而且导致雏鸡发育不良。育雏舍的屋顶要设天花板,以利于消毒、保温和防鼠。此外,育雏舍与生长鸡舍应有一定的距离,以利于防疫。育雏期结束之后,即可转入放养期鸡舍。

利用农村家庭的空闲房舍,经过适当修理,使其符合养鸡要求,以节约鸡舍建筑投资,达到综合利用,可以降低成本。一般旧的农舍较矮,窗户小,通风性能差。改建时应将窗户改大,或在北墙开窗,增加通风和采光量。舍内要保持干燥。旧的房屋地基大都低注,湿度大,改建时要用石灰、泥土和煤渣打成三合土垫高舍内地面。

2. 放养鸡舍

放养鸡舍主要用于生长鸡或产蛋鸡放养期夜间休息或避雨、避暑。总体要求保温防暑性能及通风换气良好,便于冲洗排水和消毒防疫,舍前有活动场地(图 7-1)。这类棚舍无论放养季节或冬季越冬产蛋都较适宜。棚舍跨度 4～5 米,高 2～2.5 米,长 10～15 米。棚舍内设置栖架,每只鸡所占栖架的位置不低于 17～20 厘米;每 1 棚舍能容纳300～500 只的青年鸡或 300 只左右的产蛋鸡。产蛋鸡棚舍要求环境安静,防暑保温,每 5 只母鸡设 1 个产蛋窝。产蛋窝位置要求安静避光,窝内放入少许麦秸或稻草,开产时窝内放入 1 个空蛋壳或蛋形物以引导产蛋鸡在此产蛋。放养鸡舍要特别注意通风换气,否则,舍内空气污浊,会导致生长鸡增重减缓、饲养期延长或导致疾病暴发。

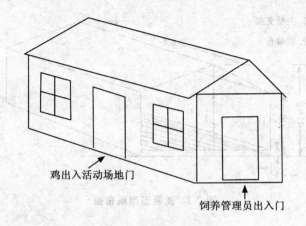

鸡出入活动场地门

饲养管理员出入门

图 7-1　普通型放养鸡舍

(二)简易型鸡舍

放养鸡的简易棚舍,主要是为了在夏秋季节为放养鸡提供遮风避雨、晚间休息的场所。棚舍材料可用砖瓦、竹竿、木棍、角铁、钢管、油毡、石棉瓦以及篷布、塑编布、塑料布等搭建;棚舍四周要留通风口;对简易棚舍的主要支架用铁丝分 4 个方向拉牢(图 7-2 和图 7-3)。其方法和形式不拘一格,随鸡群年龄的增长及所需面积的增加,可以灵活扩展,要求棚舍能保温挡风、不漏雨不积水。每 1 棚舍能容纳 200～300只的青年鸡或 200 只左右的产蛋鸡。

如简易的塑料大棚,其突出优点是投资少,见效快,不破坏耕地,节省能源。与建造固定鸡舍相比,资金的周转回收较快;缺点是管理维护麻烦、不潮湿和不防火等。塑料大棚养鸡,在通风、取暖、光照等方面可充分利用自然能源:冬天利用塑料薄膜的"温室效应"提高舍温、降低能耗。夏天棚顶盖厚度为 1.5 厘米以上的麦秸草或草帘子,中午最热天,舍内比舍外低 2～3℃;如果结合棚顶喷水,可降低 3～5℃。一般冬天夜间或阴雪天,适当提供一些热源,棚内温度可达 12～18℃。塑料大

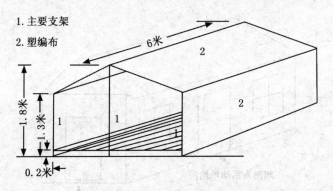

1. 主要支架

2. 塑编布

图 7-2　简易型塑编布棚

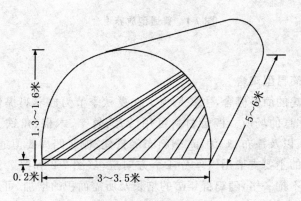

图 7-3　简易型塑料大棚

棚饲养放养鸡设备简单,建造容易,拆装方便,适合小规模冬闲田、果园养鸡或轮牧饲养法。只要了解塑料大棚建造方法和掌握大棚养鸡的饲养管理技术特点,就能把鸡养好,并可取得较好的经济效益。

(三)移动型鸡舍

移动型鸡舍适用于喷洒农药和划区轮牧的棉田、果园、草场等场地,有利于充分利用自然资源和饲养管理,用于放养期间的青年鸡或产蛋鸡。整体结构不宜太大,要求相对轻巧且结构牢固,2~4人即可推拉或搬移。主要支架材料采用木料、钢管、角铁或钢筋,周围和隔层用铁丝网,夜间用塑料布、塑编布或篷布搭盖,注意要留有透气孔。内设栖架、产蛋窝。底架要求坚固,若要推拉移动,底架下面要安装直径50～80厘米的车轮,车轮数量和位置应根据移动型棚舍的长宽合理设置。每个移动型棚舍可容纳100～150只的青年鸡或80～100只的产蛋鸡。移动型棚舍,开始鸡不适应,因此注意调教驯化。

第三节 放养鸡场的设备和用具

生态放养鸡需要的设备和用具,应根据放养的特点和放养鸡的生活习性,做到简单,实用,易于搬动,维修方便,且经济耐用。生态放养鸡场常用设备和用具包括供暖设备、饮水设备、喂料设备、产蛋箱、诱虫设备等。

一、供温设备

供温设备主要用于雏鸡的育雏阶段,生长鸡和成年鸡基本不用。雏鸡在育雏阶段,尤其是寒冷的冬天及早春、晚秋都需增加育雏室的温度,以满足雏鸡健康生长的基本需要。供温设备有多种,不同地区可根据当地的条件(煤、电、煤气、石油等)选择经济的供温设备。下面介绍5种保暖设备和加温方法供选择。

(一)煤火炉

煤火炉是最经济的供温设备,且制作简易。如果鸡舍保温性能良好,一般15～20米²用1个火炉即可。如果做成煤火墙,则供温性能更高。火炉的内腔要用黄泥制成,厚度为10厘米。火炉上方留有出气孔,以便接上烟囱通向室外排出煤烟及煤气;在下部(出气孔的另一侧)

留有1个进气孔,并能对进气量自由调节。烟囱的散热过程就是对室内空气的加温过程,所以烟囱在室内应尽量长些。烟囱由炉子到室外要逐步向上倾斜,到达室外后应折向上方,并根据风向放置,以免烟囱口经常迎风,使火炉倒烟,不利于煤气的排出,造成雏鸡一氧化碳中毒。煤火炉升温较慢,降温也较慢,所以要及时根据室温更换煤球和调节进风量,尽量不使室温忽高忽低。在距火炉15厘米的周围用铁丝网或砖隔离,以防雏鸡进入火炉烧死或垫料燃烧引起火灾。

(二)电热伞

电热伞又叫保温伞,有折叠式和非折叠式两种。非折叠式又分方形、长方形及圆形等。伞内热源有红外线灯、电热丝、煤气燃烧等,采用自动调节温度装置。折叠式保温伞适用于网上育雏和地面育雏,伞内用陶瓷远红外线加热,伞上装有自动控温装置,省电,育雏效率高。非折叠式方形保温伞,长、宽各为1~1.1米,高70厘米,向上倾斜呈45°,一般可用于250~300只雏鸡的保温。伞的下缘要留有10~12厘米的空隙,让雏鸡自由进出。保温伞的外围40厘米处加20~30厘米高的围栏,以防止雏鸡远离热源而受冷。雏鸡3日龄后将围栏逐渐向外扩大,10日龄后撤离。冬天使用电热保温伞育雏,需用火炉增加一定的室温。

(三)红外线灯泡

红外线灯分有亮光和无亮光的两种,生产中用的大部分是有亮光的,靠红外线灯散发热量,保温效果也很好。每只红外线灯为250~500瓦,通常3~4只灯泡为1组轮流使用。灯泡悬挂在离地面40~60厘米处,每只灯泡用于250~300只雏鸡保温。料槽与饮水器不宜放在灯下。红外线灯泡优点是温度稳定,室内干燥;其缺点是耗电量大,成本高,易损坏。特别注意在通电时不能碰到水。

(四)立体电热育雏笼

一般为 4 层,每层 4 个笼为 1 组,每个笼宽 60 厘米,高 30 厘米,长 110 厘米,笼内装有电热板或电热管为热源。立体电热育雏笼饲养雏鸡的密度,开始每平方米可容纳 70 只,随着日龄的增加和雏鸡的生长,应逐渐减少饲养数量,到 20 日龄应减少到 50 只,夏季还应适当减少。

另外,育雏舍还应配置干湿球温度计,随时测量鸡舍温度和相对湿度,根据实际数据及时进行温度和湿度的调整,以保证雏鸡的正常生长。

二、饮水设备

放养鸡的活动半径一般在 100～500 米,活动面积相对较大;夏季天气炎热,又经常采食一些高黏度的虫体蛋白,饮水量较多。所以,对饮水设备要求既要供水充足、保证清洁,又要尽可能地节约人力,并且要与棚舍整体布局形成有机结合。

(一)水槽

水槽通常由镀锌铁皮、塑料制成,呈长条 V 字状,挂于鸡笼或围栏之前,多用于笼养或网上平养,一般采用长流水供应。其优点是鸡喝水方便,结构简单,清洗容易,成本低。缺点是水易受到污染,易传播疫病,耗水量大。每只鸡所占的槽位见表 7-1。

表 7-1　雏鸡需要的料槽及水槽的长度　　　　　　　　　　厘米/只

周龄	饲槽长度	水槽长度
1～2	3	1
3～4	4	1.5
5～8	5	2

(二)真空饮水器

真空饮水器多用于平养。由1个圆锥形或圆柱形的容器倒扣在1个浅水盘内组成。圆柱形容器浸入浅盘边缘处开有小孔,孔的高度为浅盘深度的1/2左右,当浅盘中水位低于小孔时,容器内的水便流出直至淹没小孔,容器内形成负压,水不再流出。真空饮水器轻便实用,也易于清洗;缺点是容易污染,大鸡使用时容易翻倒。

(三)自动饮水装置

自动饮水装置适用于大面积的放养鸡场。

1.自动饮水装置Ⅰ

根据真空饮水器原理,利用铁桶进行改装,如图7-4所示。水桶离地30~50厘米。将直径10~12厘米的塑料管沿中间分隔开用作水槽,根据鸡群的活动面积铺设水槽的网络和长度。向水桶加水前关闭"水槽注水管",加满水后关闭"加水管",开启"水槽注水管","进气管"进气,水槽内液面升高,待水槽内液面升高至堵塞"进气管"口时,水桶

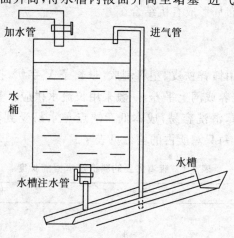

图7-4　自动饮水装置Ⅰ

内的气压形成负压,"水槽注水管"停止漏水;待鸡只饮用水槽内的水而使液面降低露出进气口后,"进气管"进气,"水槽注水管"漏水。如此反复而达到为鸡群提供饮水的目的。

2. 自动饮水装置Ⅱ

将1个水桶放在离地面3米高的支架上,用直径2厘米的塑料管向鸡群放养场区内布管提供水源,每隔一定长度在水管上安置1个自动饮水器,该自动饮水器安装了漏水压力开关(图7-5)。当水槽内没有水时,自重较轻,弹簧将水槽弹起,漏水压力开关开启,水流入水槽。当水槽里的水达到一定量时,压力使水槽往下移动,推动压力弹簧,将漏水开关关闭。生态放养鸡的供水是一个困难问题。采用普通饮水器,其容水量少,在野外放置受污染较严重,费工、费力、费水。自动饮水装置Ⅰ是普通真空饮水器的放大,1桶水约为250升,可供500只鸡1天的饮水量。节省了人工,但是水槽连接要严密,水管放置要水平,否则容易漏水溢水;自动饮水装置Ⅱ克服了上面两种饮水装置的缺点,节约人工,且不容易漏水,用封闭的水管导水,污染程度也相对较小。水槽尽量设置于树荫处,及时清除水槽内的污物,对堵塞进水口的水槽及时修理。

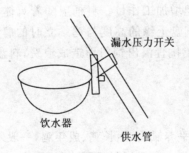

漏水压力开关

饮水器

供水管

图7-5 自动饮水装置Ⅱ

三、喂料设备

(一)料盘

雏鸡喂料盘主要供开食及育雏早期(0~2周龄)使用。市场上销售的料盘有方形、圆形等不同形状。食盘上要盖料隔,以防鸡把料刨出盘外。面积大小视雏鸡数量而定,一般每只喂料盘可供80~100只雏鸡使用。

(二)料桶

料桶可用于地面垫料平养或网上平养2周龄以后的小鸡或大鸡,其结构为1个圆桶和1个料盘,圆桶内装上饲料,鸡吃料时,饲料从圆桶内流出。它的特点是一次可添加大量饲料,贮存于桶内,供鸡只不停地采食。目前市场上销售的饲料桶有4~10千克的几种规格。容量大,可以减少喂料次数,减少对鸡群的干扰,但由于布料点少,会影响鸡群采食的均匀度;容量小,喂料次数和布点多,可刺激食欲,有利于鸡加大采食量及增重.但增加工作量。料桶应随着鸡体的生长而提高悬挂的高度,要求料桶圆盘上缘的高度与鸡站立时的肩高相平即可。若料盘的高度过低,因鸡挑食溢出饲料而造成浪费;料盘过高,则影响鸡的采食,影响生长。

(三)食槽

适用于笼养或平养雏鸡、生长鸡、成年鸡,一般采用木板、镀锌板和硬塑料板等材料制作。雏鸡用料槽两边斜,底宽5~7厘米,上口宽10厘米,槽高5~6厘米,料槽底长70~80厘米;生长鸡或成年鸡用料槽,底宽10~15厘米,上口宽15~18厘米,槽高10~12厘米,料槽底长110~120厘米。要求食槽方便采食,不浪费饲料,不易被粪便、垫料污染,坚固耐用,方便清刷和消毒。为防止鸡只踏入槽内弄脏饲料,可在槽口上方安装 1 根能转动的横杆或盖料隔,使鸡不能进入料槽,以防止鸡的粪便、垫料污染饲料。每只雏鸡需要的料槽的长度见表 7-1。

四、产蛋箱

生态放养产蛋鸡,在开产初期就要驯导在指定的产蛋窝内产蛋,不然易造成丢蛋,或因蛋被发现不及时,在野外时间长而造成鸡蛋品质无法保证。驯导方法是在产蛋窝内铺设垫草,并预先放入 1 个鸡蛋或空壳蛋,引导产蛋鸡在预置的产蛋窝产蛋。产蛋窝的材料和形状因地制宜,或根据饲养规模统一制作。简易的如竹篮、编筐、木箱等,统一制作可用砖瓦砌成统一规格的方形窝,离地面高度 40～50 厘米,一般设 2～3 层,内部空间一般宽 30～35 厘米,深 35～40 厘米,高 30～40 厘米。每 5 只鸡设 1 个产蛋箱,并且要设置在安静避光处。

五、诱虫设备

主要设备有黑光灯、高压灭蛾灯、白炽灯、荧光灯、支竿、电线、性激素诱虫盒或以橡胶为载体的昆虫性外激素诱芯片等。有虫季节在傍晚后于棚舍前活动场内,用支架将黑光灯或高压灭蛾灯悬挂于离地面 3 米高的位置,每天开灯 2～3 小时。果园和农田每公顷放置 15～30 个性激素诱虫盒或昆虫性外激素诱芯片,30～40 天更换 1 次。

在远离电网、具备风力发电条件的放养场可配备 300～500 瓦风力发电设备或汽(柴)油动力发电设备,用于照明及灯光诱虫。没有电源的地方还需要 300 瓦的风力发电机和 2 个 12 伏的大容量电瓶。在有沼气池的地方也可以用沼气灯进行傍晚灯光诱虫。

第四节 场区环境的绿化

生态放养是养殖与环境保护的有机结合。放养场的绿化是一项关键措施,场区的绿化设计必须根据放养场的具体情况因地制宜,做好统一规划,做到环保与经济效益相结合。

一、绿化的作用

①改善生态环境,防止水土流失。
②调节气温、净化空气。
③防疫屏障作用。
④为鸡群提供觅食环境。
⑤为鸡群提供遮阴、避雨的场所。
⑥增加经济效益。
⑦美化场区的面貌。

二、场区

①生产区与辅助区、管理生活区之间以及各放养区之间,在总体规划布局时就留有较宽的防疫地带,应利用此空间种植一些梧桐、白杨等组成防疫林带。

②场内道路两旁可进行重点绿化,宜种植防污吸尘力强、树冠高大、叶小而密的树种。

③各放养区内绿化,应因地制宜,根据环境特点选择适宜的树种,做到生态、养殖和经济效益兼顾,适宜种植速生杨、果树等,果树以坚果类最佳,增加经济收益。

④放养区林间种植优质牧草如：紫花苜蓿等。为鸡群提供优质的青饲料。

⑤管理生活区的绿化以美化环境为主，种植观赏性植物，做到乔木与灌木、常绿与落叶、不同的树姿和色彩相组合，以常绿、开花类、草坪等为主，打造优美的生活办公环境。

思考题

1.如何选择放养鸡场？

2.放养鸡场如何分区和布局？如何确定放养鸡舍间距？

3.自动饮水装置有何优点？怎样建造？

4.如何设置诱虫设备？

第八章

生态养鸡场卫生消毒与防疫

导　　读　本章介绍了影响消毒与防疫的因素、消毒和防疫制度、消毒和免疫技术及常用消毒药物。搞好生态养鸡场卫生消毒与防疫，可最大力量消灭饲养环境中的病原体，阻止外界病原微生物侵害鸡体，切断传播途径，防止传染病的发生和蔓延是搞好生态养鸡的关键。

一方面，消毒是控制病原体进入养鸡场和消灭养鸡场内存在的病原体的主要方法。如何进行经济有效的消毒，是现代养鸡场面临的重要课题之一。同时我国的养鸡场疫病的发生出现了新的特点，不断有新的鸡病发生和流行，疫病中混合感染的比例增加，细菌性疫病出现的比例增高。

另一方面，一些鸡场不断增加给鸡群投服抗微生物药，试图控制细菌性疾病和细菌的继发或并发感染，结果造成鸡群中耐药菌株的大量增加，以致在发病后很难挑选出敏感有效的药物。同时也使鸡体内正常有益的微生物被杀死，造成菌群失调，影响鸡只的健康。

有效的消毒，能够大大减少病原体的数量。但目前，消毒工作是我国蛋鸡疫病防治工作中的一个主要薄弱环节。同时免疫接种能激发家禽机体产生特异性免疫力,是预防和控制疾病的重要措施之一,鸡场必须要制定合理的免疫程序,并进行必要的免疫监测,及时了解抗体水平。

第一节 生态养鸡场消毒与防疫的影响因素

一、影响消毒剂作用的因素

影响消毒剂作用的因素很多,主要有以下几个方面。

(一)消毒剂方面

1.消毒剂的种类

各种消毒剂杀灭微生物的方式和对微生物的作用各不相同,对微生物具有一定的选择性,也就是说,某些药物只对某一部分微生物有抑制和杀灭作用,而对另一些微生物则效力较差或不发生作用。但也有些消毒剂,对各种微生物均具有抑制或杀灭作用,这些被称为广谱消毒剂,在选择消毒剂时一定要考虑到药物的特异性,即各种消毒剂对微生物的作用范围,从而达到有效的消毒目的。

2.消毒剂的浓度

消毒剂可杀灭微生物——杀菌作用或干扰微生物的正常生活周期——抑菌作用,往往在高浓度时为杀菌,在低浓度时为抑菌。一般地,消毒剂的消毒效果与其浓度成正比,也就是说浓度越大,消毒效果越好。但浓度越大,对机体或器具的损伤或破坏作用也越大。不过,也有一些消毒剂,其杀菌效力有一定的浓度范围,例如 70%～77%酒精的杀菌效力最好,而 95％以上浓度的酒精,杀菌效力反而不好,并造成药品浪费。如稀释过量,达不到应有的浓度,则消毒效果不佳,甚至起不到消毒的作用。因此在使用消毒剂时,不可随意加大或减少消毒剂的浓度。应当注意,目前市面上销售的消毒剂,厂家为了推销产品,其推荐的浓度往往低于鸡场条件下使用的浓度。

3. 消毒剂的用量

为了达到有效的消毒,被消毒物表面要完全被消毒剂浸润,即每平方米消毒面至少需要 300 毫升稀释后的消毒液。

(二)微生物方面

1. 微生物的种类

消毒剂的作用对象主要是细菌、病毒和真菌。不同种类的微生物如细菌、真菌、病毒、衣原体和支原体等以及同一种类中不同类群的微生物对消毒剂的敏感性并不完全相同。由于许多病毒由一层或多层蛋白质包裹的核酸组成,消毒剂只有在破坏了蛋白质,并穿透蛋白质层、破坏了核酸,才能有效地杀灭病毒,这是很不容易的。许多消毒剂只能把病毒外层的蛋白质毁坏,而不能破坏核酸,若该核酸进入细胞,仍可以繁殖。因此,多数消毒剂在使用的稀释浓度下,并不能真正地杀灭病毒。在选用消毒剂时,要考虑消毒对象。选择杀灭病毒的消毒剂,更应慎重。

2. 微生物的状态

同一种微生物处于不同状态时,对消毒剂的敏感性也不同。细菌的芽孢、真菌的孢子比细菌的繁殖体、真菌体对消毒剂的抵抗力强得多,生长期的细菌比静止期的细菌对消毒剂敏感。多数在鸡体外阶段的原虫是其整个生活周期中不活动的时期,也就是抵抗力最强时期,比如未孢子化的球虫卵囊,常用的消毒剂对它无效。

3. 微生物的数量

同样条件下,微生物的数量不同,对同一种消毒剂的作用也不同,病原微生物的数量越多,要求消毒剂的浓度越大或消毒时间越长。

（三）外界因素

1. 有机物质的存在

有机物质特别是蛋白质能和许多消毒剂结合，而中和消毒剂的消毒性能，覆盖在物体表面的粪便，饲料残渣、蛋清等阻碍消毒剂直接与微生物接触，所以使用消毒剂时，应先将消毒表面清扫、清洗干净，再使用消毒药。此外，对于鸡舍、粪便的消毒要选用有去污能力，受有机物影响较小的消毒剂。

2. 水质

许多消毒剂能和硬水中的钙、镁离子等结合而失去消毒作用，也就是说，硬水能使所有的消毒剂的效力不同程度的降低。在水源为井水或其他地下水以及经检测水的硬度较高地区的鸡场，则应选择经证明用硬水稀释仍有效的产品，或对硬水处理，使其软化。

3. 消毒时的温度

一般消毒药的消毒效果，会随温度升高而增强，杀菌速度会按几何级数增加。因此在消毒时，要适当提高消毒液的温度或环境温度，如果提高温度很困难，如冬季鸡舍外消毒时，则应选用受温度影响较小的消毒药。

4. 消毒时的酸碱度

酚类、卤素类、酸类和阳离子消毒剂在酸性条件下效果好。而碱类、戊二醛阳离子消毒剂则在碱性条件下消毒效果好。

5. 湿度

湿度对许多气体消毒剂有显著影响。每种气体消毒剂均要求有适宜的相对湿度，如甲醛要求相对湿度以 60％ 以上为宜，过氧乙酸要求不低于 40％，环氧乙烷为 33％。

二、病原因素导致疾病难控

（一）鸡病种类越来越多，防治难度不断增大

当前对我国养鸡业构成威胁和造成危害的疾病种类很多，蛋鸡总

死亡率占 5%～10%,涉及病毒病、细菌病、寄生虫病、营养代谢病和中毒性疾病等。其中病毒性疾病最多,约占疾病总数的 60%,细菌性疾病占 15%,非传染性疾病占 25%。

(二)病原发生变化,疾病症状非典型化

在疫病的流行过程中,由于多种因素的影响导致病原的毒力发生变化,出现新的亚型其变异速度加快。非典型新城疫仅表现为产蛋量下降和慢性死亡较多,其他症状不明显,呈现非典型性。传染性法氏囊病毒和马立克氏病病毒都出现了超强毒株的报道,鸡传染性支气管炎除了呼吸型又出现了腺胃型。

(三)混合感染不断发生,病症越发复杂

不同病原混合感染因病原间存在协同致病作用,引起鸡发病甚至死亡。如大肠杆菌、支原体等病原和各种呼吸道病毒及不良环境协同作用的严重困扰养鸡业的呼吸道综合征或复合慢性呼吸道病,若同时存在免疫抑制性疾病,则使呼吸道综合征异常严重;病毒和寄生虫同时发生,如新城疫和球虫病;细菌和寄生虫同时发生,如大肠杆菌和球虫病;遗传因素和饲养管理导致疾病的发生,如呼吸系统疾病等。混合感染的发生,使得临床诊断愈发困难,疾病症状越发复杂,治疗也更加困难。

(四)免疫抑制性疾病增多

免疫抑制可由传染病、不良环境、营养缺乏和应激等造成。但最主要的因素是传染性疾病,包括禽白血病、网状内皮组织增生症、传染性法氏囊病、马立克病、鸡传染性贫血、沙门菌病、鸡球虫病等。鸡群感染后,不仅由于发病造成直接经济损失,而且发生免疫抑制,对其他病原易感性增加,对多种疫苗免疫应答下降,甚至导致免疫失败,间接损失不可低估。在我国种鸡群总体净化不利和非 SPF 胚来源的疫苗大量应用的情况下,更增加了免疫抑制性疾病的流行程度和防治难度。

三、环境控制不利,增加疫病传播的机会

由于鸡群密集、通风不良、寒冷季节温度变化剧烈,导致了呼吸道疾病的发生;病鸡的分泌物、排泄物等污染了水源、饲料和周围环境,导致了消化道疾病的传染;共用设备与用具不注意消毒,如饲料袋、蛋箱、鸡笼、运输车等各舍之间混用,场内与场外混用,也导致了传染病的发生。另外放养鸡场气候环境因素多变,应激大;放养鸡接触地面,病鸡粪便易污染饲料、饮水、土地;夏季天热多雨,鸡群过分拥挤,运动场太潮湿,使粪便得不到及时清理、堆沤发酵,场内的污物也得不到及时清除,使得病原体"接力传染",容易造成该病的流行;放养鸡场相关配套技术滞后,管理水平普遍不高等。

四、易感鸡群导致传染病的流行

鸡群对于每种传染病病原体的感受性的高低或易感个体占鸡群总体百分率的多少,直接与传染病能够在鸡群中流行有关。易感鸡群是特指对传染病没有抵抗力的鸡群,易感程度由下列因素决定。

(一)鸡群的免疫水平

许多鸡的传染病可用接种疫苗注射来进行预防免疫,其预防免疫效果的好坏与疫苗的种类、质量有关,也与免疫接种技术、免疫程序的合理程度等诸多因素有关,在目前来讲,对某些传染病搞好免疫接种是提高鸡群免疫力的关键。

(二)鸡群的饲养管理

如环境不良,空气质量不好,鸡群拥挤密度大,饲料营养水平达不到要求都会对鸡体的抵抗力造成影响,使鸡只对疫病的易感性增高,良好的饲养管理是保证鸡群健康的基础。

(三)鸡群的状态

不同日龄、不同品种的鸡对疫病的抵抗力也不同,成年鸡一般讲较雏鸡抵抗力强,但初生雏由于母源抗体的作用,对某些传染病有一定的抵抗力。鸡体的某些器官受损伤程度也与易感性有关,如法氏囊对鸡只早期的免疫机制有重要作用,如患过法氏囊炎的鸡只,可能造成免疫功能下降或消失。要提高鸡群的免疫水平,加强饲养管理,使鸡群保持在一个良好的状态。

第二节　消毒和防疫制度

为了保证鸡群健康和安全生产,场内必须制定严格的消毒防疫措施,规定对场内、外人员、车辆、场内环境进行及时或定期的消毒、鸡舍在空出后的冲洗、消毒,各类鸡群的免疫等。

一、鸡场消毒防疫制度

(一)场区卫生管理

①鸡场大门口设车辆消毒池和人员消毒池。车辆消毒池长、宽、深分别为 3.5 米、2.5 米、0.3 米,两边为缓坡;人员消毒池长、宽、深分别为 1 米、0.5 米、0.08 米。人员、车辆必须消毒后方可进场。消毒池内放入 3% 氢氧化钠溶液,每周更换一次,保持有效消毒浓度。

②场区内要求无杂草、无垃圾,不准堆放杂物,每月用 3% 的热火碱水泼洒场区地面 3 次。

③生活区的各个区域要求整洁卫生,每月消毒 2 次。

④场内设置消毒更衣室,室内设消毒洗手池,臭氧或紫外线消毒

灯,对室内物品进行消毒,有专用工作服、鞋、帽、口罩等。

⑤任何外来人员在得到批准后方可进入生产区,进入前必须更衣、消毒,紫外线下照射 10 分钟,穿全封闭一次性工作服在技术员的陪同下进入。

⑥工作人员需经洗澡、更衣后方可进入。工作人员不得随意离开生产区,在生产区穿工作服和胶靴,工作服应保持清洁,定期消毒。

⑦场区净道、污道分开,鸡苗车、饲料车走净道,毛鸡车、出粪车、死鸡处理走污道。

⑧场区道路硬化,道路两旁有排水沟,沟底硬化,不积水,有一定坡度,排水方向从清洁区流向污染区。

⑨禁止携带与饲养家禽无关的物品进入场区,尤其禁止家禽及家禽产品进入场内,与生产无关的人员严禁入场。

⑩鸡场内禁止饲养其他畜禽。

⑪场内兽医人员不得对外诊疗鸡只及其他动物的疾病。

(二)舍内卫生管理

1.新建鸡舍进鸡前

要求舍内干燥后,屋顶和地面用消毒液消毒 1 次。饮水器、料桶、其他用具等充分清洗消毒。

2.老鸡场进鸡前

①彻底清除一切物品,包括饮水器、料桶、网架、粪便、羽毛等。

②彻底清扫鸡舍地面、窗台、屋顶以及每一个角落,然后用高压水枪由上到下,由内向外冲洗。要求无鸡毛、鸡粪和灰尘。

③待鸡舍干燥后,要用消毒液从上到下整个鸡舍喷雾消毒 1 次。

④撤出的设备,如饮水器、料桶等用消毒液浸泡 30 分钟,然后用清水冲洗,置阳光下暴晒 2~3 天,搬入鸡舍。

⑤进鸡前 6 天,封闭门窗,按每立方米用高锰酸钾 21 克＋甲醛 42 毫升,熏蒸 24 小时(温度 20~25℃,湿度 80％)后,通风 2 天,此后人员进鸡舍,必须换工作服、工作鞋,脚踏消毒液。

⑥鸡舍门口设脚踏消毒池(长宽深分别为 0.6 米、0.4 米、0.08 米)或消毒盆,消毒液每天更换 1 次。工作人员进入鸡舍,必须洗手、脚踏消毒、穿工作服。工作服不能穿出鸡舍,每周至少清洗消毒 1 次。

⑦每天早上清扫鸡舍、道路等,将污物鸡粪集中放入粪便堆积区处理。保持鸡舍的清洁卫生,保证饲料无霉变,保持舍内地面清洁干燥、空气新鲜、光照、通风、湿度、温度等符合饲养管理要求。

⑧鸡舍坚持每周带鸡消毒 2～3 次,每天清扫 1 次。饮水器具每天定时消毒,保证鸡饮水清洁卫生,及时修检饮水系统,杜绝漏水现象。

⑨饲养人员不得互相串舍。鸡舍内用具固定,不得相互串用,进鸡舍的所有用具必须消毒后方可进舍。

⑩及时捡出死鸡、病鸡、残鸡、弱鸡,死鸡装入饲料内袋密封后焚烧或深埋;病鸡、残鸡、弱鸡隔离饲养。严禁死鸡贩子入场,不可因小失大。

⑪清理场内卫生死角,消灭蚊蝇及其滋生地。定期灭鼠,注意不让鼠药污染饲料和饮水。

⑫采取"全进全出"的饲养模式。

二、防疫保健制度

①定期检查饮水卫生及饲料的加工、贮运是否符合卫生防疫要求。

②定期检查鸡舍、用具、隔离舍和鸡场环境卫生和消毒情况。

③技术员每天的诊疗情况有台账记录。详细记录兽医诊断、处方、用药、免疫等内容。

④养殖场(小区)动物强制免疫工作由场方兽医负责完成。使用的疫苗必须是正规厂家生产并由动物疫病预防控制机构逐级供应的合格产品并建立台账。要严格按照疫苗使用说明进行保存和操作。

⑤配合检疫部门每年 2 次鸡群新城疫、禽流感等检测。确保免疫抗体合格率常年保持国家规定的标准。

⑥妥善保管各种检测报告书,省级检测报告书保存期为 3 年,市级

检测报告书保存 2 年。

第三节　饲养场地的卫生消毒与综合防疫措施

一、鸡场消毒技术

(一)鸡舍消毒

现代养鸡实践中,都强调采用全进全出的饲养管理方式。经过一个饲养周期,舍内的顶棚、墙壁、机械用具表面积满的羽绒、饲料碎屑、粪便残渣等,笼网、网架上沾染了尘垢,笼网下积满了粪便,为给下一个饲养周期创造良好的环境,必须进行彻底的消毒。同时,在鸡群转群、销售、淘汰完毕后,鸡舍成为空舍,这是鸡舍中能彻底消毒,消灭上批养鸡过程中蓄积的细菌、病毒、球虫卵囊等一切病原体的唯一有利时机。

1.空舍

(1)将所有的鸡(活的、死的、逃出的)全部清转　清转鸡的同时,马上开始实施蚊蝇、蟑螂等昆虫及啮齿动物(老鼠)的控制方案。

(2)清扫

①在鸡舍外把风扇和进风口清理干净。

②在鸡舍内,用扫、涮或真空吸尘的方法,抹净天花板、灯的固座、横梁、壁架、墙壁、笼子、风扇各部分,进风口和过道上的尘土和其他地方的尘土。要先清扫这些器械用具等的上部后,再清扫下部,刮掉污染的粪便等,并用铁刷刷去留下的污斑。

③清扫饲料传送装置,用吸尘器、鼓气机或金属刷清除料槽中各角落残留的饲料。在此过程中,要特别注意难于清除的牢固沾染的料痂。据报道,把配有研磨材料(如细砂纸)的木块系于传动链条上,拉动链

条,可使饲料痂块脱落。

④若使用自动集蛋系统,则应在鸡舍前部,打开鸡蛋运输系统,清掉尘土、渣子、破损部件。

⑤尽可能将粪板上的粪便全部清掉,除了用低速机械刮清除外,还可使用手工清除。

⑥清掉所有垫料和粪便,包括每一角落和粪池的边缘。为了达到满意的效果,有必要用手工刮铲四周、门口、过道、支柱和鸡舍每一角落。可能的话,将鸡舍的粪便装于拖车上,用东西盖上后,送往处理地点。

⑦清除鸡舍、贮藏室、蛋房、冷藏间、门厅、楼道、附近休息室、洗手间的垃圾。

⑧清扫前应关掉所有设备的电源,用高压空气或刷子清扫不能移动的机器和开关等。

⑨也可在清扫前,稍洒一点含有消毒剂的水,有助于减少灰尘飞扬。

(3)清洗　清洗包括浸泡、清洗和冲洗等方法。最好使用热水。常在清洗的用水中加入清洁剂和其他的表面活性剂,用以除去碎片和薄膜,这样才能使清洗液易进入物体。当存在有碎片和潮湿的条件下,沙门氏菌便能最大繁殖。因此,为了把清洗工作做得很彻底,必须无间歇地采取下列步骤:

①在严重污秽的地方应软化粪便、饲料、破蛋液的污渍,较为适宜的是使用一个低压喷雾器每分钟喷出 40~110 升水。

②清洗:专业人员采用系列喷雾技术先喷房舍的后部,再喷房舍的前部;先喷天花板,再喷墙,最后喷地面。喷雾器应带有附件和喷嘴,这样才能喷射到难以喷到的地方。

③冲洗:最后进行冲洗,使之真正达到清洁。

清扫和清洗是非常必要和十分有益的。经过认真彻底清扫和清洗不但可以清除 80%~90% 的病原体,而且可以大大减少粪便等有机物的数量,有利于化学消毒剂发挥作用。彻底清洗完毕后,进行化学消毒。

　　(4)整修　冲洗之后,应进行各种各样的修理工作,例如应填充地面裂缝,修理好门框,替换已经损坏的各种板条等。整修用于处理粪便和鸡蛋用的各种设备以及其他的设备。

　　(5)检查　建议对物理清扫冲洗、整修之后,鸡舍的卫生情况由管理人员和兽医进行眼观检查。眼观检查不合格的不能进行下一步工作。

　　(6)化学消毒　冲洗干燥后才能开始化学消毒,因为各种消毒剂只能对清洁表面具有较好的消毒作用,在鸡舍尚未通过清洁检查之前,不要开始进行消毒工作。为了达到彻底消灭病原体的目的,建议空舍消毒使用 2 种或 3 种不同类型的消毒药进行 2 次或 3 次消毒。空舍消毒只进行 1 次消毒或只用 1 种消毒剂的消毒,效果是不完全的,因为不同病原体对不同消毒剂的敏感性不同,一次消毒不能杀死所有的病原体。

　　第 1 次消毒可用碱性消毒剂,如适当浓度的火碱或 10% 的石灰乳。适当浓度的火碱水可喷雾消毒,10% 的石灰乳可用来粉刷墙壁或地面。

　　第 2 次消毒可用酚类、卤素类、表面活性剂或氧化剂(过氧乙酸),进行喷雾消毒。喷雾消毒时,为了促使消毒剂能深入条板孔隙。裂隙、裂缝内,建议用高压喷雾器,喷雾消毒时,应先消毒鸡舍的后部再消毒前部,先消毒顶部墙壁,再消毒地面。

　　第 3 次用甲醛熏蒸消毒。可用加热法或氧化法产生甲醛蒸气,氧化法时用甲醛 42 毫升,高锰酸钾 21 克,加热法时可用甲醛 25 毫升或聚甲醛 26 克。甲醛消毒时应关闭门窗,至少密闭 24 小时以上,通风换气。

　　空舍消毒的注意事项:①清扫、冲洗、消毒要细致认真,要按照一定顺序进行,一般是先洗棚、后墙壁再地面。从鸡舍的远离门口的一边到靠近门口的一边,先室内后环境,逐步进行,不留下死角和空白。如用生石灰粉刷墙壁和地面,也应使用宽度不超过 20 厘米的排刷认真粉刷,而不应当使用扫帚等宽大的"刷子"连刷带撒,敷衍了事。②清扫出来的粪便,灰尘要集中处理,而使用过的消毒液也要排放到下水道中,而不应随便堆置在鸡舍附近,或让其自由漫流到鸡舍周围,造成新的人为的环境污染。③各次消毒的间隔,应在每次冲洗、消毒干燥后,再进行下一次消毒。因为,在湿润状态下,喷洒的消毒药浓度比规定的浓度要低,特别是地面、墙壁等的微小空隙中充满了水滴,消毒药浸透不进去,消毒效果差。

2.带鸡消毒

鸡舍虽在养鸡之前已经进行了严格的消毒处理,可在后来的饲养过程中鸡群还会发生这样或那样的传染病,这是因为鸡本身携带、排出、传播病原微生物,再加上外界的病原微生物携带和空气的传播等途径随时进入鸡舍。带鸡喷雾消毒就是要及时杀灭入侵的病原微生物,消除疾病隐患。

所谓带鸡喷雾消毒技术,即在鸡舍进鸡后至出舍的整个存养期内定期使用有效消毒剂对鸡舍内环境和鸡体表喷雾,以杀灭或减少病原微生物,达到预防性消毒的目的。

(1)带鸡喷雾消毒的作用

①全面消毒。带鸡喷雾消毒彻底、全面,既能直接杀灭隐藏于鸡舍内环境包括空气在内的病原微生物,又能直接杀灭鸡体表、呼吸道浅表滞留的病原微生物。对于目前疫苗预防效果不甚理想的马立克氏病、传染性法氏囊病和鸡新城疫有良好的预防作用,对常见的细菌性疾病如葡萄球菌病、大肠杆菌病和沙门氏杆菌病等也有良好的防治作用。

②沉降粉尘选用。适当消毒剂所形成的气雾粒子能黏附空气中的尘埃,沉落地面干燥后不再扬起,这样可减少空气中的粉尘,降低粉尘对鸡只呼吸道的刺激和损伤作用,避免诱发呼吸道疾病。

③夏季防暑降温。冷水喷雾,靠水温的调节作用及水分蒸发带走热量,这对鸡舍、鸡体有冷却降温的功效。在酷夏,降温缓解热应激,防止由热应激引起的鸡中暑、产蛋量下降。夏天喷雾次数可增到每日2～3次(每日上、下午各喷1次,可使鸡舍温度下降4～5℃)。另一方面,由于鸡舍内温度下降,鸡只饮水大量减少,软便也随之减少,地面粪便

含水量下降(上、下午各喷雾 1 次,约下降 2%),有利于鸡舍环境的清洁。

④提供湿度。从鸡的生理需要看,育雏初期,尤其在保温时需要 60%～70% 的高湿度,带鸡喷雾消毒起了供湿的作用,避免雏鸡机体高温脱水死亡,有助于鸡体生长发育。

⑤喷雾消毒使鸡体体表羽毛洁白、皮肤洁净,又净化了空气,有利于鸡体生长发育,也有利于饲养人员的健康。

(2)鸡体消毒的注意事项　①鸡体消毒可选择性的使用消毒液,最好 2 种消毒液交替使用,对杀死病原微生物较有效。②育雏期每 7～10 天消毒 1 次,最少不低于 10 天;育成鸡每 10～15 天消毒 1 次;成年鸡每 20～30 天消毒 1 次,药液的浓度和剂量要准确把握。③消毒时间可依据疫病发生情况及鸡舍污染情况而定。平时可作预防性消毒,如有疫病发生则需临时消毒,解除封锁疫区后还要进行彻底大消毒。

3.工作人员的消毒

在养鸡工作中,人员活动频繁,是传播疫病的重要媒介。人们的衣服、鞋子会被粪便等污物污染,人的手在检查鸡、清扫鸡舍时也会污染,从而使人员成为疾病传播的媒介。因而,要求各工作人员要固定。工作人员入出鸡舍要洗衣、换衣,甚至洗澡,穿戴消毒后的工作服、鞋帽,并在消毒池消毒后才能进入鸡舍。衣服要定期清洗消毒,平时放在有紫外线照射消毒的地方。工作人员在接触鸡、饲料前或接触病死鸡后,都要用 2% 的新洁尔灭洗手消毒。鸡场场门经常关闭,饲养期、空舍期谢绝参观。

4.设备用具的消毒

(1)料槽、饮水器　塑料制成的料槽与自流饮水器,可先用水冲刷,洗净晒干后再用 0.1% 新洁尔灭刷洗消毒。在鸡舍熏蒸前送回去,再经熏蒸消毒。

(2)蛋箱、蛋托　反复使用的蛋箱与蛋托,特别是送到销售点又返回的蛋箱,传染病原的危险很大。因此,必须严格消毒。用 2% 苛性钠热溶液浸泡与洗刷,晾干后再送回鸡舍。

二、综合防疫措施

(一)把好鸡种引入关

鸡群发生的疫病中,部分是从引种鸡场带来的。因此,从外地引进雏鸡时,应首先了解当地有无疫情。若有疫情则不能购买,无疫情时,引进前也要对种鸡场的饲养管理、防疫进行详细的了解。雏鸡应来自非疫区,信誉度高、正规种鸡场。

(二)科学饲养管理,增强鸡体抗病力

1.同一品种、同一日龄要单独饲养

从疾病预防的角度出发,一个养鸡场将不同日龄的鸡混养于一个鸡场,对疾病预防十分不利。不同日龄雏鸡的饲养、管理、光照、温度等要求不一致,要按日龄分开饲养,有利于整批进出,又能有效预防疾病的发生。

2.满足鸡群营养需要

疾病的发生与发展,与鸡群体质强弱有关。而鸡群体质强弱除与品种有关外,还与鸡的营养状况有着直接的关系。如果不按科学方法配制饲料,鸡体缺乏某种或某些必需的营养元素,就会使机体所需的营养失去平衡,新陈代谢失调,从而影响生长发育,体质减弱,易感染各种疾病。因此,在饲养管理过程中,按其不同生长阶段的营养需要、饲养密度,供给相应的配合饲料,以保证鸡体的营养需要,同时还要供给足够的清洁饮水。只有这样,才能有效地防御多种疾病的发生,特别是防止营养代谢性疾病的发生。

3.创造良好的生活环境

饲养环境条件差,往往影响鸡的生长发育,也是诱发疫病的重要因素。要按照鸡群在不同生长阶段的生理特点,控制适当的温度、湿度、光照、通风和饲养密度。

4.减少应激

应激和外伤能促使疫病的发生和流行。断喙、切趾、断料断水、温度变化、光照不合理、密度过大、通风不良、噪声、转群等都是不利因素。工作人员进行饲养管理必须按一定的程序进行。在管理中注意笼子不要有刺，不要夹脚，垫料不要尖利，断喙时做好消毒工作。

5.采取"全进全出"的饲养方式

所谓"全进全出"，就是同一栋鸡舍和放牧地块在同一时期内只饲养同一日龄的鸡，又在同一时期出栏。这种饲养方式简单易行，优点很多，即便于在饲养期内调整日粮，控制适宜的舍温，进行合理的免疫，又便于鸡出栏后对舍内地面、墙壁、房顶、门窗及各种设备彻底打扫、清洗和消毒以及放牧地的自然净化。这样可以彻底切断各种病原体循环感染的途径，有利于消灭舍内的病原体。

6.做好日常观察工作，随时掌握鸡群健康状况

逐日观察记录鸡群的采食量、饮水表现、粪便、精神、活动、呼吸等基本情况，统计发病和死亡情况，对鸡病做到"早发现、早诊断、早治疗"，以减少经济损失。

(三)建立健全的卫生防疫制度

1.定期检查

定期检查饲料的消耗、饮水、产蛋数及蛋的质量，注意鸡群的健康状况，如精神状态、呼吸状况、粪便颜色、羽毛颜色及声音、动作等。注意观察舍内氧气、通风、光照等情况，及时发现病鸡或饲养管理的问题。定期检查其垂直传播的传染病如鸡白痢、白血病、慢性呼吸道病，并同步进行抗体监测、寄生虫检查等内容，发现病情按期净化或按国务院发布的《家畜、家禽防疫条例》执行。

2.早期诊断

经兽医师及相关实验室检验，证实是传染病后立即采取隔离、封锁措施。鸡群不准出售、转运，在场工作人员出入严格消毒，不准外来人员进入鸡舍，对鸡舍、用具要消毒，鸡舍门口设消毒池或喷雾器，严格把

关,报告上级相关部门。

3.隔离期检疫

鸡群隔离后,可分为病鸡群、可疑鸡群、假定健康鸡群。分别对策,同时治疗,紧急接种。应对小疫区严格消毒,尽早扑灭。

(1)病鸡群　有典型症状,血检阴性,危害性很大,烈性传染病。少数剔除处理,多数进行隔离、治疗。

(2)可疑鸡群　症状不典型,但与病鸡群同舍饲养的鸡要隔离治疗,紧急接种,严密消毒,加大临床观察。

(3)假定健康鸡群　无明显临床症状,食欲正常,但必须进行治疗和紧急接种。

4.封锁

当暴发烈性传染病时,由疫病防控中心化验、诊断,上级管理部门确认,立即封锁,严密消毒,禁止禽产品带出场外,限制工作人员出入鸡场。积极治疗,无治疗价值的淘汰、扑杀、深埋、烧毁。数周内该场鸡群治愈或处理完毕后,严格彻底大消毒,解除封锁。

(四)实施有效的免疫计划,认真做好免疫接种工作

免疫是一个复杂的生物学过程,免疫能否成功,受多种因素的影响。例如疫苗的种类、疫苗的质量、疫苗的运输保存、免疫的时机、免疫的方法等,都会对免疫的效果产生影响。因此,养鸡场一定要根据本场的疫情和生产情况,制订本场的免疫计划。兽医人员要有计划地对鸡群进行抗体监测,以确定免疫的最佳时机,检查免疫效果。使用的疫苗要确保质量,免疫的剂量准确,方法得当。免疫前后要保护好鸡群,要避免各种应激,对鸡群增加一些维生素E和维生素C等,以提高免疫效果。

1.制定免疫程序

免疫程序是根据鸡群的实际情况选用疫苗,并按疫苗的特性合理安排预防接种时间、方法、次数。科学的免疫程序应根据许多因素综合分析制定,如本地疫病发生情况、鸡群生产规模、当地传染病流行特点、

母源抗体和前次免疫接种后的残余抗体水平、免疫接种方法、鸡的免疫应答能力等,绝不能凭主观判断或直接从别的地方抄袭。另外,所制定的程序还要根据实际应用效果、免疫变化、鸡群动态,不断地总结和更正。同时也要注意疫苗类型和接种途径对家禽免疫力的影响,不同疫苗的免疫源性和毒性会有所不同,原则上选择免疫源性好,毒力较弱的疫苗;接种途径不同,免疫效果也不同,应选择产生免疫效果好,操作简便,易于大规模免疫的方法。下面表 8-1 推荐一免疫程序,仅供参考使用。

表 8-1　商品蛋鸡免疫程序

日龄	疫苗	用法和用量	
1	MD－CVI988 液氮苗	颈部皮下注射	1 羽份
1～3	新支二联苗	气雾、滴鼻或点眼	1～2 羽份
9～10	新支二联苗	滴鼻或点眼	1～2 羽份
	新城疫灭活疫苗	颈部皮下注射	0.3 毫升
10～12	鸡传染性法氏囊病活疫苗	滴口或饮水	1～2 羽份
15～16	鸡毒支原体活疫苗	点眼	1 羽份
	禽流感(H_5、H_9)二价灭活疫苗	颈部皮下注射	0.5 毫升
18～20	鸡传染性法氏囊病活疫苗	滴口或饮水	1～2 羽份
20～30	鸡痘活疫苗	无毛处刺种	1 羽份
30～40	鸡传染性喉气管炎活疫苗	点眼、涂肛	1 羽份
35～40	L-H_{52} 二联活疫苗	滴鼻或饮水	1～3 羽份
	新城疫灭活疫苗	颈部皮下注射	0.5 毫升
40～45	鸡传染性鼻炎灭活疫苗	颈部皮下注射	0.5 毫升
60～70	新城疫 I-H_{52} 二联活疫苗	肌肉或皮下注射	1～2 羽份
	禽流感(H_5、H_9)二联灭活疫苗	颈部皮下注射	0.5 毫升
80～90	鸡传染性喉气管炎活疫苗	点眼、涂肛	1 羽份
100	鸡痘活疫苗	刺种	1 羽份
	鸡传染性鼻炎灭活疫苗	颈部皮下注射	0.5 毫升
	鸡毒支原体活疫苗	点眼	1 羽份

续表 8-1

日龄	疫苗	用法和用量	
110	禽流感（H_5、H_9）二联灭活疫苗	颈部或腹股沟皮下注射	0.5毫升
120	新城疫克隆Ⅰ活疫苗	喷喉或注射	2～3羽份
	新-支-减三联灭活疫苗	颈部皮下注射	0.5毫升
140-150	新城疫Ⅰ-H_{52}二联活疫苗	注射、饮水	1～2羽份
180-200	新城疫克隆Ⅰ活疫苗	饮水、喷喉、注射	2～3羽份
	新城疫-禽流感（H_9）二联灭活疫苗	颈部皮下注射	0.5毫升
	禽流感（H_5）灭活疫苗	颈部皮下或浅层肌肉注射	0.5毫升

2.免疫操作方法

蛋鸡疫苗的免疫方法可分为群体免疫法和个体免疫法。前者包括气雾、饮水、拌料、浸嘴法等；后者包括注射、刺种、涂擦、点眼、滴鼻等。无论何种疫苗，无论何接种方法，只有正确地、科学地使用和操作，才能获得预期的效果。

(1)注射法　根据疫苗注入的组织不同，注射法又有皮下注射法、肌肉注射法之分。常用于灭活疫苗的免疫。

①皮下注射法

皮下注射的部位在鸡的颈背部，局部消毒后，用食指和拇指将颈背部皮肤捏起呈三角形，针头近于水平刺入，按量注入即可。

②肌肉注射法

肌肉注射的部位有胸肌和大腿肌。胸肌注射时应沿胸肌呈45°角斜向刺入，避免与胸部垂直刺入误伤内脏，同时也不能与胸肌成垂直角度刺入，否则会使胸部形成肉油，胸肌注射法适用于成鸡。腿肌注射，因大腿内侧神经、血管丰富，容易刺伤甚至死亡，故应在大腿外侧接种。这种方法可用于雏鸡。但腿肌注射，虽然操作十分小心，仍往往造成跛行。

(2)滴鼻、点眼法　滴鼻、点眼免疫能确保每只鸡得到准确疫苗量，达到快速免疫，形成很好的局部免疫，抗体效果好，用于弱毒活疫苗的接种如鸡新城疫Ⅱ系、鸡新城疫 Lasota 系疫苗、传染性支气管炎疫苗及传染性喉气管炎弱毒型疫苗,适用于任何鸡龄,对于幼雏来说,这种方法可以避免或减少疫苗病毒被母源抗体的中和,免疫效果较好。具体操作时,将 1 000 羽份的疫苗稀释于 56～60 毫升的生理盐水中,每只鸡的眼、鼻各滴一滴,免疫时应该在饲料或饮水中加多维电解质,以减少应激的发生。

操作时注意事项:①使用厂家配套的稀释液和滴头;②配制疫苗时摇动不要太剧烈;③疫苗现配现用,2 小时内用完;④疫苗避免受热和阳光照射;⑤点眼时滴头距离鸡眼 1 厘米,以防戳伤鸡眼;⑥滴鼻时,用食指封住一侧鼻孔,以便疫苗滴能快速吸入;⑦滴鼻、点眼时,待疫苗在眼或鼻孔吸收后再放开鸡;⑧免疫接种后的废弃物应焚毁。

(3)刺种法 多用于鸡痘疫苗的接种,将 1 000 羽份的疫苗稀释于 25 毫升的生理盐水中,用接种针或蘸水笔尖蘸取并刺种于鸡翅膀内侧无血管处的翼膜内,通过在穿刺部位的皮肤处增殖产生免疫,雏鸡刺种 1 针,较大的鸡刺种 2 针即可。

(4)饮水免疫法 这是一种便捷的接种方法,在生产中应用较多,适用于饮水法的有鸡新城疫Ⅱ系、鸡新城疫 Lasota 系疫苗、传染性支气管炎疫苗、传染性法氏囊病疫苗等,将一定量疫苗放入水中让鸡自由饮用,通过吞咽后的疫苗,病毒离子经腭裂、鼻腔、肠道,产生局部免疫及全身免疫。比个体免疫省时省力,但饮疫苗量多少不均匀,不适用于初次免疫,为保证免疫效果,必须注意以下事项:①用于饮水法的疫苗必须是高效价的,免疫前可加免疫增效剂;②免疫前后 3 天不能饮水消毒;③免疫前后 1～2 天禁止使用抗病毒药物;④免疫前视季节和舍温情况限水 2～3 小时,以便鸡只能及时饮取疫苗,并在短时间内饮完;⑤在水中加入 0.2%～0.3% 的脱脂奶粉,对疫苗有一定的保护作用;⑥配制鸡饮用的疫苗水,现用现配,不可事先配制备用;⑦不能使用金属器皿,稀释疫苗用水量要适当,使用清洁不含氯、铁等离子的水稀释。

(5)气雾法 气雾法适用于密集鸡群的免疫,使用方便,节省人力。疫苗的稀释以蒸馏水为好,最好加入 0.1% 的脱脂奶粉或 3%～5% 甘油,疫苗量应加倍。此法是用压缩空气通过气雾发生器,使稀释的疫苗液形成直径为1~10微米的雾化粒子,均匀地悬浮于空气中,随呼吸而进入鸡体内。雾滴大小要适中,一般要求喷出的雾粒在70%以上,雾粒的直径应在1~10微米。喷雾时房舍要密闭,要遮蔽直射阳光,保持一定的温、湿度,最好在夜间鸡群密集时进行,待10~15分钟后打开门窗。气雾免疫接种对鸡群的干扰较大,尤其会加重鸡病毒、霉形体及大肠杆菌引起的气囊炎,应予以注意,必要时于气雾免疫接种前、后在饲料中加入抗菌药物。

3.接种疫苗时应注意的事项

①疫苗的稀释倍数、剂量和接种方法等,都要严格按照说明书规定进行。

②疫苗应现配现用,稀释时绝对不能用热水,稀释的疫苗不可置于阳光下暴晒,应放在阴凉处,且必须在2小时内尽快用完。

③接种疫苗的鸡群必须健康,只有在鸡群健康状况良好的情况下接种,才能取得预期的免疫效果。对环境恶劣、疾病、营养缺乏等情况下的鸡群接种,往往效果不佳。

④要妥善保管、运输疫苗。生物药品怕热,特别是弱毒苗必须低温冷藏,要求在0℃以下,灭活苗保存在4℃左右为宜。要防止温度忽高忽低,运输时要有冷藏设备。若疫苗保管不当,如:不用冷藏瓶提取疫苗,存放时间过久而超过有效期,或冰箱冷藏条件差,均会使疫苗降低力,影响免疫效果。

⑤接种疫苗时,要注意母源抗体和其他病毒感染时,对疫苗接种的干扰和抗体产生的抑制作用,要选择恰当的时间接种疫苗。

⑥对接种用具必须事先按规定消毒。遵守无菌操作要求,接种后所用容器、用具也必须进行消毒,以防感染其他鸡群。

⑦注意接种某些疫苗时能用和禁用的药物。如在接种禽霍乱活菌苗前后各5天,应停止使用抗生素和磺胺类药物;而在接种病毒性疫苗时,在前2天和后5天要用抗菌药物,以防接种应激引起其他病毒感染;各种疫苗接种前后,均应在饲料中添加比平时多1倍的维生素以保

持鸡群强健的体质。

　　此外,由于同一鸡群中个体的抗体水平不一致,体质也不一样,因此,同一种疫苗接种后反应和产生的免疫力也不一样。所以,单靠接种疫苗扑灭传染病往往有一定的困难,必须配合综合性防疫措施,才能取得预期的效果。

第四节　生态养殖场常用消毒剂与生态防疫药物

一、常用消毒剂

　　理想的化学消毒剂应是杀菌性能高,低浓度便可杀灭微生物;同时作用迅速,可在低温下使用;无色、无味、无臭,消毒后易于除去残留药物,对人和鸡都无副作用;价格便宜易于购买;性能稳定;无异味,并可溶于水中;对金属、木材、塑料制品都无破坏作用;无易燃易爆性,使用安全;不会因外界存在有机物、蛋白质、渗出液而影响杀菌效果。但目前条件下各种消毒剂都有一些缺点,在无公害蛋鸡生产中不许使用酚类消毒剂,在产蛋期禁止使用酚类、醛类消毒剂。使用时要根据情况选择较合适的消毒剂(表8-2)。

表8-2　常用消毒剂

药名	常用浓度	用途	注意事项
氢氧化钠	2%~4%溶液	鸡舍、鸡笼、非金属用具、消毒池消毒	氢氧化钠对皮肤有腐蚀作用,操作时佩戴防护眼镜、手套和工作服;对金属制品有腐蚀性,铝制品的设备和器具不能用于盛放氢氧化钠消毒剂

续表 8-2

药名	常用浓度	用途	注意事项
石灰	10%~20%石灰乳	粉刷鸡舍墙壁、地面,或直接用于被消毒的液体中,撒在阴湿地面、粪池周围及污水沟等处进行消毒	会吸收空气中的二氧化碳而变成碳酸钙,失去消毒作用,所以应现配现用
漂白粉	1%~3%水溶液	用于料槽、饮水器和其他非金属制品的消毒	漂白粉对金属制品有腐蚀性,对棉毛等纺织品有褪色漂白作用
	5%~20%乳剂	用于鸡舍墙壁、地面的消毒	
	6~10 克/米³	用于饮水消毒,搅拌均匀后 30 分钟即可饮用	
高锰酸钾	0.1%低浓度	用于鸡群的饮水消毒	在酸性溶液中可明显提高其杀菌作用,如在 0.1%溶液中加入 1%盐酸,只需 30 秒即可杀灭细菌芽孢。高锰酸钾易被有机物分解,还原为无杀毒能力的二氧化锰。
	2%~5%高浓度	可在 24 小时内杀灭细菌芽孢,用于浸泡消毒	
		高锰酸钾同甲醛溶液相混合可用于鸡舍、化验室、更衣室等空间消毒	
新洁尔灭	0.1%~1%水溶液	用于手臂洗涤,操作器械和用具浸泡消毒	浸泡时的水温要求 40~43℃,浸泡时间不应超过 3 分钟。不宜用于饮水、粪便和污水的消毒,不可与碘、碘化钾和过氧化氢等消毒剂配合使用
来苏儿(煤酚皂)	1%~2%溶液	用作工作人员洗手的消毒液	因其有臭粪味,不可用作鸡蛋、鸡体表及鸡蛋产品库房的消毒,经来苏儿消毒的物体,须再用清水冲洗 1 次
	3%~5%溶液	鸡舍墙壁、地面、鸡舍内用具的洗刷消毒和运料及运鸡车的喷雾消毒;也可用作消毒池内的消毒液	

续表 8-2

药名	常用浓度	用途	注意事项
复合酚	0.3%～1%	用于鸡舍、笼具、路面、运输车辆和病鸡排泄物的消毒。若环境污染特别严重时,可适当增加药液浓度和消毒次数	复合酚禁止与碱性药物或消毒液混用
过氧乙酸	0.5%水溶液	用于鸡舍、料槽、车辆等用具的喷洒消毒	
	0.04%～0.2%溶液	用于塑料、玻璃、搪瓷和橡胶制品的短时间浸泡消毒	
	5%,2.5 毫升/米³	喷雾消毒密闭的实验室、无菌间、仓库等	
	3%,30 毫升/米³	用于 10 日龄以上鸡的带鸡消毒	
菌毒清、百毒杀	0.5～1毫升/10升水(10 000～20 000 倍)	用于鸡群日常预防性饮水消毒	
	1～2 毫升/10 升(5 000～10 000 倍)	用于有疫情发生时的饮水消毒,连续消毒饮用水7 天	
	3毫升/10 升(3 000倍)	用于鸡舍、饲养用具喷雾、冲洗消毒	
	3～5 毫升	设备喷雾、冲洗、浸泡消毒	
	10 毫升/10 升(1 000倍)	用于有疫情发生时的鸡舍、器具和笼具消毒	
甲醛	20 毫升/米³ 空间	用于鸡舍熏蒸消毒	室内温度不低于 15℃,相对湿度 60%～80%,消毒时间为 8～10 小时
	2%水溶液,13 毫升/100 米³	用于地面消毒	
	3%～4%	用于洗刷和浸泡消毒器具	

续表 8-2

药名	常用浓度	用途	注意事项
酒精	70％～75％	常用于皮肤和器械（针头、体温计等）的消毒	
碘酒（碘酊）	2％～5％	用于皮肤消毒	

二、常用生态防疫用药

在蛋鸡生产中,很多情况下,使用药物是用于预防鸡病,因为鸡只体小,抵抗疾病的能力有限;一旦鸡群患病,药物的治疗作用有限。所以用药物防治成为综合防治措施中的重要组成部分;本意是用药物切断鸡病与鸡群的传染链,但广大养鸡从业者唯恐受到损失,用药量大,滥用药物或错用药物的事件屡见不鲜;规模化生态蛋鸡生产就是要规范用药行为,以强有力的手段来控制药物残留。

为加强无公害蛋鸡生产中兽药的使用管理,农业部在 21 世纪初发布的无公害畜产品行业标准中,明确规定了无公害蛋鸡生产中兽药使用准则,规范了允许使用的兽药种类、剂型、用法与用量、休药期与注意事项,在实际生产中可参照无公害食品蛋鸡饲养中允许使用的预防和治疗用药。强调对鸡群进行预防、诊断和治疗鸡病时所用的兽药必须符合《中华人民共和国兽药典》、《中华人民共和国兽药规范》、《兽药质量标准》、《进口兽药质量标准》、《兽用生物制品质量标准》和《饲料药物添加剂使用规定》等的相关规定。所用兽药必须来自具有《兽药生产许可证》和产品批准文号的生产企业;或者具有《进口兽药许可证》的供应商,所用兽药的标签必须符合《兽药管理条例》的规定。

治疗药和预防药时应注意以下几点:第一,治疗药物需凭兽医处方购买,并在兽医指导下使用;第二,抗球虫药应以轮换或穿梭方式使用,以免产生抗药性;第三,严格遵守规定的作用与用途、使用剂量、疗程、注意事项;第四,休药期不得少于规定的时间,如未做规定则不应少于7天;第五,产蛋期允许在兽医指导下使用治疗药物,但弃蛋期内所产鸡蛋不得供人类食用,禁止在整个产蛋期饲料中添加药物饲料添加剂。育雏、育成蛋鸡预防和治疗用药、产蛋期用药可参照表8-3、表8-4、表8-5。

表 8-3　育雏、育成期治疗用药(必须在兽医指导下)

类别	药品名称	剂型	用法与用量(以有效成分计)	休药期/天	用途	注意事项
抗寄生虫药	盐酸氨丙啉	可溶性粉	混饮:48 克/升水,连用 5～10 天	1	预防球虫病	饲料中维生素 B_1 含量在 10 毫克/千克以上时明显拮抗
	盐酸氨丙啉＋磺胺喹噁啉钠	可溶性粉	混饮:0.5 克/升水;治疗:连用 3 天,停 2～3 天,再用 2～3 天	7	球虫病	
	越霉素 A	预混剂	混饲:5～10 克/1 000 千克饲料,连用 8 周	3	蛔虫病	
	二硝托胺	预混剂	混饲:125 克/1 000 千克饲料	3	球虫病	
	芬苯达唑	粉剂	口服:10～50 毫克/千克体重		线虫和绦虫病	
	氟苯咪唑	预混剂	混饲:30 克/1 000 千克饲料,连用 4～7 天	14	驱除胃肠道线虫及绦虫	
	潮霉素 B	预混剂	混饲:8～12 克/1 000 千克饲料,连用 8 周	3	蛔虫病	
	甲基盐霉素＋尼卡巴嗪	预混剂	混饲:(24.8＋24.8)～(44.8＋44.8)克/1 000 千克饲料	5	球虫病	禁与泰妙霉素、竹桃霉素并用;高温季节慎用

规模化生态蛋鸡养殖技术

续表 8-3

类别	药品名称	剂型	用法与用量（以有效成分计）	休药期/天	用途	注意事项
抗寄生虫药	盐酸氯苯胍	片剂	口服：10～15 毫克/千克体重	5	球虫病	影响肉质品质
		预混剂	混饲：3～6 克/1 000 千克饲料			
	磺胺喹噁啉十二甲基氧苄啶	预混剂	混饲：(100＋20)克/1 000 千克饲料	10	球虫病	
	磺胺喹噁啉钠	可溶性粉	混饮：300～500 毫克/升水，连续饮用不超过 5 天	10	球虫病	
	妥曲珠利	溶液	混饮：7 毫克/千克体重，连用 2 天	21	球虫病	
抗菌药	硫酸安普霉素	可溶性粉	混饮：0.25～0.5 克/升水，连用 5 天	7	大肠杆菌、沙门氏菌及部分支原体感染	
	亚甲基水杨酸杆菌肽	可溶性粉	混饮：50～100 毫克/升水，连用 5～7 天（治疗）	0	治疗慢性呼吸道病；提高产蛋量，提高产蛋期饲料效率	每日新配
	甲磺酸达氟沙星	溶液	混饮：20～50 毫克/升，1 天 1 次，连用 3 天		细菌和支原体感染	
	盐酸二氟沙星	粉剂溶液	内服：5～10 毫克/千克体重，1天 2 次，连用3～5 天	1	细菌和支原体感染	

续表 8-3

类别	药品名称	剂型	用法与用量（以有效成分计）	休药期/天	用途	注意事项
抗菌药	恩诺沙星	可溶性粉溶液	混饮：25～75毫克/升水，连用3～5天	2	细菌性疾病和支原体感染	避免与四环素、氯霉素、大环内酯类抗生素合用；避免与铁、镁、铝药物或高价配合饲料同服
	硫氰酸红霉素	可溶性粉	混饮：125毫克/升水，连用3～5天	3	革兰氏阳性菌及支原体感染	
	氟苯尼考	粉剂	内服：20～30毫克/千克体重，连用3～5天	30	敏感细菌所致细菌性疾病	
	氟甲喹	可溶性粉	内服：3～6毫克/千克体重，首次量加倍，2次/日，连用3～4天		革兰氏阴性菌引起的急性胃肠道及呼吸道感染	
	吉他霉素	预混剂	混饲：100～300克/1 000千克饲料，连用5～7天（防治疾病）	7	革兰氏阳性菌及支原体感染，促生长	
	酒石酸吉他霉素	可溶性粉	混饮：250～500毫克/升水，连用3～5天	7	革兰氏阴性菌及支原体等感染	
	硫酸新霉素	可溶性粉	混饮：50～75毫克/升水，连用3～5天	5	革兰氏阴性菌所致胃肠道感染	
		预混剂	混饲：77～154克/1 000千克饲料，连用3～5天			

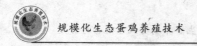

续表 8-3

类别	药品名称	剂型	用法与用量（以有效成分计）	休药期/天	用途	注意事项
抗菌药	牛至油	预混剂	混饲:22.5克/1 000千克饲料,连用7天(治疗)	0	大肠杆菌、沙门氏菌所致下痢	
	盐酸土霉素	可溶性粉	混饮:53～211毫克/升,用药7～14天	5	鸡霍乱、白痢、肠炎、球虫、鸡伤寒	
	盐酸沙拉沙星	可溶性粉溶液	混饮:25～50毫克/千克体重,连用3～5天		细菌及支原体感染	
	磺胺喹噁啉钠＋甲氧苄啶	预混剂	混饲:25～30毫克/千克体重,连用10天	1	大肠杆菌、沙门氏菌感染	
		混悬液	混饮:(80＋16)～(160＋32)毫克/升水,连用5～7天			
	复方磺胺嘧啶	预混剂	混饲:0.17～0.2克/千克体重,连用10天	1	革兰氏阳性菌及阴性菌感染	
	延胡索酸泰妙菌素	可溶性粉	混饮:125～250毫克/升水,连用3天	7	慢性呼吸道病	禁与莫能菌素、盐霉素等聚醚类抗生素混合使用
	酒石酸泰乐菌素	可溶性粉	混饮:500毫克/升水,连用3～5天	1	革兰氏阳性菌及支原体感染	

表 8-4　育雏、育成期预防用药

类别	药品名称	剂型	用法与用量（以有效成分计）	休药期/天	用途	注意事项
抗寄生虫药	盐酸氨丙啉＋乙氧酰胺苯甲酯	预混剂	混饲:（125＋8）克/1 000 千克饲料	3	球虫病	
	盐酸氨丙啉＋磺胺喹噁啉钠	可溶性粉	混饮:0.5 克/升水,连用2～4 天	7	球虫病	
	盐酸氨丙啉＋乙氧酰胺苯甲酯＋磺胺喹噁啉	预混剂	混饲:（100＋5＋60）克/1 000 千克饲料	7	球虫病	
	氯羟吡啶	预混剂	混饲:125 克/1 000 千克饲料	5	球虫病	
	地克珠利	预混剂	混饲:1 克/1 000 千克饲料		球虫病	
		溶液	混饮:0.5～1 毫克/升水			
	二硝托胺	预混剂	混饲:125 克/1 000 千克饲料	3	球虫病	
	氢溴酸常山酮	预混剂	混饲:3 克/1 000 千克饲料	5	球虫病	
	拉沙洛西钠	预混剂	混饲:75～125 克/1 000 千克饲料	3	球虫病	
	马杜霉素铵	预混剂	混饲:5 克/1 000 千克饲料	5	球虫病	
	莫能菌素钠	预混剂	混饲:90～110 克/1 000 千克饲料	5	球虫病	禁与泰妙菌素、竹桃霉素并用
	甲基盐霉素	预混剂	混饲:6～8 克/1 000 千克饲料	5	球虫病	禁与泰妙菌素、竹桃霉素及其他抗球虫药伍用

续表 8-4

类别	药品名称	剂型	用法与用量（以有效成分计）	休药期/天	用途	注意事项
抗寄生虫药	甲基盐霉素＋尼卡巴嗪	预混剂	混饲：（24.8＋24.8）～（44.8＋44.8）克/1 000千克饲料	5	球虫病	禁与泰妙菌素、竹桃霉素并用，高温季节慎用
	尼卡巴嗪	预混剂	混饲：20～25克/1 000千克饲料	4	球虫病	
	尼卡巴嗪＋乙氧酰胺苯甲酯	预混剂	混饲：（125＋8）克/1 000千克饲料	9	球虫病	种鸡禁用
	盐霉素钠	预混剂	混饲：50～70克/1 000千克饲料	5	球虫病及促生长	禁与泰妙菌素、竹桃霉素并用
	赛杜霉素钠	预混剂	混饲：25克/1 000千克饲料	5	球虫病	
	磺胺氯吡嗪钠	可溶性粉	混饮：0.3克/升水，混饲：0.6克/1 000千克饲料，连用5～10天	1	球虫病、鸡霍乱及伤寒	不得作饲料添加长期使用；凭兽医处方购买
	磺胺喹噁啉＋十二甲氧苄啶	预混剂	混饲：（100＋20）克/1 000千克饲料	10	球虫病	凭兽医处方购买抗菌药
	亚甲基水杨酸杆菌肽	可溶性粉	混饮：25毫克/升水（预防量）	0	治疗慢性呼吸道病；提高产蛋量，提高产蛋期饲料效率	每日新配

续表 8-4

类别	药品名称	剂型	用法与用量 （以有效成分计）	休药 期/天	用途	注意事项
抗寄生虫药	杆菌肽锌	预混剂	混饲：4～40 克/1 000 千克饲料	7	促进畜禽生长	用于 16 周龄以下
	杆菌肽锌＋硫酸黏杆菌素	预混剂	混饲：2～20 克/1 000 千克饲料	7	革兰氏阳性菌和阴性菌感染	
	金霉素（饲料级）	预混剂	混饲：20 ～ 50 克/1 000 千克饲料（10 周龄以内）	7	促生长	
	硫酸黏杆菌素	可溶性粉	混饮：20～60 毫克/升水	7	革兰氏阴性杆菌引起的肠道疾病；促生长	避免连续用药 1 周以上
		预混剂	混饲：2～20 克/1 000 千克饲料			
	恩拉霉素	预混剂	混饲：1～10 克/1 000 千克饲料	7	促生长	
	黄霉素	预混剂	混饲：5 克/1 000 千克饲料	0	促生长	
	吉他霉素	预混剂	混饲：5～11 克/1 000 千克饲料（促生长）	7	革兰氏阳性菌、支原体感染；促生长	
	那西肽	预混剂	混饲：2.5 克/1 000 千克饲料	3	促生长	
	牛至油	预混剂	混饲：促生长，1.25～12.5 克/1 000 千克饲料；预防，11.25 克/1 000 千克饲料	0	大肠杆菌、沙门氏菌所致下痢	

267

续表 8-4

类别	药品名称	剂型	用法与用量（以有效成分计）	休药期/天	用途	注意事项
抗寄生虫药	土霉素钙	粉剂	混饲:10～50 克/1 000 千克饲料（10 周龄以内）；添加于低钙饲料（含钙量 0.18%～0.55%）时,连续用药不超过 5 天	5	促生长	
	酒石酸泰乐菌素	可溶性粉	混饮:500 毫升/升,连用 3～5 天	1	革兰氏阳性菌及支原体感染	
	维吉尼亚霉素	预混剂	混饲:5～20 克/1 000 千克饲料	1	革兰氏阳性菌及支原体感染	

表 8-5　产蛋期用药(必须在兽医指导下使用)

药品名称	剂型	用法与用量（以有效成分计算）	弃蛋期/天	用途
氟苯咪唑	预混剂	混饲:30 克/1 000 千克饲料,连用 4～7 天	7	驱除胃肠道线虫及绦虫
土霉素	可溶性粉	混饮:60～250 毫升/升	1	抗革兰氏阳性菌和阴性菌
杆菌肽锌	预混剂	混饲:15～100 克/1 000 千克饲料	0	促进畜禽生长
牛至油	预混剂	混饲:22.5 克/1 000 千克饲料,连用 7 天（治疗）	0	大肠杆菌、沙门氏菌所致下痢
复方磺胺氯达嗪钠(磺胺氯达嗪钠＋甲氧苄啶)	粉剂	内服:20 毫克/千克体重,连用 3～6 天	6	大肠杆菌和巴氏杆菌感染

续表8-5

药品名称	剂型	用法与用量 (以有效成分计算)	弃蛋期/天	用途
妥曲珠利	溶液	混饮:7毫克/千克体重, 连用2天	14	球虫病
维吉尼亚霉素	预混剂	混饲:20克/1 000千克 饲料	0	抑菌、促生长

思考题

1.鸡场疫病综合防控措施如何制定?

2.饲养场地如何进行有效的消毒?

3.如何制定科学的免疫程序?

4.鸡场免疫时应注意哪些问题?

5.怎样科学合理地用药?

第九章

生态养鸡场环境保护技术

导　　读　人类社会对防止环境污染愈来愈为重视,随着养鸡场逐渐向规模化、集约化发展,养鸡场的粪污、有害物质如果不进行无害化处理就排放将会对大气环境、水、土壤、人类健康及生态系统造成很大的危害,同时也制约着养鸡生产本身的正常发展。因此养鸡场在制定生产规划和布局时要相应地考虑对环境污染的控制,依照《畜禽养殖业污染防治管理办法》、《畜禽养殖业污染物排放标准》、《畜禽养殖业污染防治技术规范》,把废弃物的处理和开发利用作为整个养鸡生产系统中的一个重要环节,从鸡场规划设计、生产工艺、设备配套等方面统筹考虑,走生态养殖、循环利用的可持续发展之路。

第一节　蛋鸡场粪污对环境的污染及危害

现代养鸡的污染主要来源于动物机体排泄的粪尿、垫料和浪费的饲料等废弃物经腐败分解的产物及呼吸道等呼出的气体等。据测定，1只鸡每天排粪量为 0.10 千克，每年排泄量为 36 千克，以全国养鸡 15 亿只计，每年产生的鸡粪数量是十分庞大的。鸡粪（以干物质计算）中粗蛋白平均含量为 24%，17 种氨基酸的总量在 6.1%～17.96%。这些含氮有机物，在有氧的条件下，分解最终产物为硝酸盐；在无氧环境中，可分解为氨、乙烯酸、二甲基硫醇、硫化氢、甲胺和三甲胺等恶臭气体。资料表明，在各种动物中，鸡粪含氨量最高，其氨挥发量占总氮含量的百分比最高，约为猪粪的 1.8 倍，不仅含有多种有害物质，还产生大量恶臭物质，严重影响了生态环境和养殖的经济效益。

一、氮、磷的污染

鸡的消化道较短，饲料在机体内停留的时间不长。因此，对食物中氮和磷的吸收率很低，大量的氮和磷被排出体外。氮和磷在土壤中累积后，通过雨水的冲刷会造成地下水源和地表水源的污染，使地表水中的硝酸盐含量超出允许范围（50 毫克/升），以致危及人体健康，首先是饮水源中硝酸盐的存在，会转化成致癌物。其次氮、磷的污染对渔业的危害也非常严重，表现为：①鸡粪中氮、磷进入水体后，致使水体富营养化，引起低等浮游生物、藻类大量繁殖，而这些藻类又是鱼类难以消化利用的生物群体，在水体中大量繁殖后又大量死亡，产生一些毒素并消耗大量氧气，使得养殖鱼类中毒和缺氧而死亡；②粪便中大量的氨等耗氧物质进入水体可使水中溶解氧大幅度减少（1 克氨态氮彻底氧化需要 4.2 克氧）。大量的耗氧物质将水体变成厌氧环境，导致水底有机物发生厌氧菌分解，产生恶臭物质。据估测，鸡场未经处理而直接排放出的粪便污染水中生化耗氧量（BOD）可达 10 000～30 000 毫克/升。

二、臭气的污染

据分析鸡粪中含有臭味化合物达 150 多种。在各种恶臭气味中，主要包括氮化物(氨气、甲胺)、硫化物(硫化氢、甲基硫醇)、脂肪族化合物(吲哚、丙烯醛和粪臭素等)、二氧化碳和甲烷气体等。据估计,1 个存栏 3 万只的蛋鸡场每天向空气中排放的氨气达 1.8 千克以上,这些恶臭物质尤其是氨气、硫化氢等气体易溶于水。因此,可被人畜的粘膜、结膜等部位吸附,引起结膜和呼吸系统粘膜出现充血、水肿乃至发炎,浓度高的可导致机体呼吸中枢麻痹而死亡。如果动物长时间处于低浓度臭气的环境中,可使体质变弱,生产性能下降,机体抵抗力降低,诱发多种传染病。同时大量鸡粪的产生和积聚也是滋生蚊蝇、细菌繁殖和疾病传播的源头。

三、残留药物的污染

研究表明,养鸡生产中应用的大多数抗生素等药物被动物吸收到体内后难以通过机体天然屏障如血脑屏障、血睾屏障等被代谢排出体外。一些性质稳定的药物被排泄到环境中仍能稳定存在很长时间,从而造成环境中的药物残留。据 Kcbeckere(1982)报道,土霉素在环境中易降解;螺旋霉素低浓度降解很快,但浓度高时需 6 个月才能降解完;杆菌肽锌在有氧的条件下完全降解需 3～4 个月,在无氧环境中,降解需要的时间更长。据报道,动物养殖场污水处理池中红霉素、复红霉素浓度可达 6 克/升,这些药物的排放严重污染了环境,破坏了生态平衡。

四、微量元素的污染

畜禽粪便作为有机肥施入农田,有助于作物生长,但长期使用,也可能导致磷、铜、锌、砷及其他微量元素在土壤中的富积,从而对作物产生毒害作用,严重影响作物的生长发育,使作物减产。更为严重的是,一旦土壤受到污染,这些有害物在农产品中的含量会有大幅度提高,最终通过食物链进入人体或动物体内而产生危害。

第二节 蛋鸡场粪污综合处理技术

一、鸡粪处理与利用

鸡粪是鸡场的主要废弃物和最大的污染源,也是鸡场内产生臭气和蚊蝇滋生等问题的直接根源。任何一个鸡场每天都要面对如何正确处理鸡粪的问题。为此,首先应了解鸡粪的特点。

(一)鸡粪的特点

1.鸡粪的产量大

鸡的相对采食量高、消化能力较差,因此粪便产量很高。加上养鸡生产的集约化程度很高,饲养密度大,因而全场的鸡粪产量极大。各种鸡的鸡粪产量见表9-1。

表9-1 各种鸡的估计鸡粪产量 克/(只·天)

鸡种	采食量	鸡粪干物质量	鲜鸡粪产量
轻型蛋鸡	110	35	125
中型蛋鸡	120	38	135
后备鸡(0~140日龄)	55	20	72

注:鲜鸡粪含水率按72%计算。

可以看出,在一个20万只蛋鸡场,仅成年鸡每日就要产生鸡粪近2.5吨,其中含干物质0.7吨左右。如果加上相应的后备鸡,则全场鸡粪日产量可达近3.5吨。

2.水分含量高

由于鸡独特的排泄器官构造,其排泄物(鸡粪)实际上是粪和尿的混合物,因而其水分含量很高,可达 70％～75％。鸡粪的实际含水率随季节、饮水方式、鸡龄、室温等的不同而有较大变化,也受饲养管理因素的强烈影响。当鸡的饮水装置发生漏水或使用水冲刮粪时,鸡粪的含水率会大幅度提高。由此形成的稀粪不但体积增大、运输困难,还会促进鸡粪的厌氧发酵,散发出大量臭气,而且也为鸡粪的加工处理带来了困难。因此,在鸡的饲养管理中,必须加强用水管理,尽量避免饮水器(槽)漏水,出现的问题要及时维修处理;使用刮粪机的鸡舍,尽量改变用水冲刮粪的工艺;在气温较高时,要限制鸡过量饮水,因鸡体内无汗腺,不可能像其他动物那样通过增加饮水后出汗来排除体内热量。

3.鸡粪利用价值高

鸡粪是一种重要的农业生产资源。由于鸡饲料的营养浓度高,而鸡的消化道短、消化吸收能力有限,因而在鸡粪中含有大量未被鸡消化吸收、而又可被其他动植物所利用的营养成分。鸡粪经适当的加工处理,可制成优质肥料和饲料,还可作为能源加以利用,从而使鸡粪发挥较高的利用价值。

(二)鸡粪的处理方法

鸡粪的加工处理必须符合以下基本要求:①鸡粪产品应当是便于贮存和运输的商品化产品,应当经过干燥处理;②必须杀虫灭菌,符合卫生标准,而且没有难闻的气味;③应当尽可能保存鸡粪的营养价值;在鸡粪加工处理过程中不能造成二次污染。

1.脱水干燥处理

新鲜鸡粪的主要成分是水。通过脱水干燥处理,使鸡粪的含水量降到 15％以下。这样,一方面减少了鸡粪的体积和重量,便于包装运输;另一方面可以有效地抑制鸡粪中微生物的活动,减少营养成分(特别是蛋白质)的损失。干燥后的粪便大大降低了对环境的污染,且干燥后的粪便可以加工成颗粒肥料。脱水干燥处理的主要方法有:高温快速干燥、太阳能自然干燥以及鸡舍内干燥等。

(1)高温快速干燥　采用以回转圆筒烘干炉为代表的高温快速干

燥设备,可在短时间(10 分钟左右)将含水率达 70％的湿鸡粪迅速干燥至含水仅 10％～15％的鸡粪加工品。采用的烘干温度依机器类型不同有所区别,主要在 300～900℃之间。在加热干燥过程中,还可做到彻底杀灭病原体,消除臭味,鸡粪营养损失量小于 6％。其加工过程不受自然气候的影响,可实现工厂化连续生产。生产出的干鸡粪具有较高的商品价值,可用作优质饲料成分,也可作为优质肥料使用。但由于鲜鸡粪直接干燥时没有经过发酵处理,干鸡粪作为肥料施用到土壤后可能会出一个"二次发酵"过程,迅速分解出大量的游离氮,有可能因局部营养浓度过高而伤害植物的根部。因此,在用快速干燥鸡粪作肥料时,应通过合理控制施肥量、与其他肥料搭配使用以及一些田间管理措施来防止问题发生。

(2)太阳能干燥处理　这种处理方法采用塑料大棚中形成的"温室效应",充分利用太阳能来对鸡粪作干燥处理。专用的塑料大棚长度可达 60～90 米,内有混凝土槽,两侧为导轨,在导轨上安装有搅拌装置。湿鸡粪装入混凝土槽,搅拌装置沿着导轨在大棚内反复行走,并通过搅拌板的正反向转动来捣碎、翻动和推送鸡粪。利用大棚内积蓄的太阳能使鸡粪中的水分蒸发出来,并通过强制通风排除大棚内的湿气,从而达到干燥鸡粪的目的。在夏季,只需要约 1 周的时间即可把鸡粪的含水量降到 10％左右。

在利用太阳能作自然干燥时,有的采用一次干燥的工艺,也有的采用发酵处理后再干燥的工艺。在后一种工艺中,发酵和干燥分别在两个大槽中进行。鸡粪从鸡舍铲出后,直接送到发酵槽中。发酵槽上装有搅拌机,定期来回搅拌,每次能把鸡粪向前推进 2 米。经过 20 天左右,将发酵的鸡粪向前推送到腐熟槽内,在槽内静置 10 天,使鸡粪的含水率降为 30％～40％。然后,把发酵鸡粪转到干燥槽中,通过频繁的搅拌和粉碎,使鸡粪干燥,最终可获得经过发酵处理的干鸡粪产品。这种产品用作肥料时,肥效比未经发酵的干燥鸡粪要好,使用时也不易发生问题。

这种处理方法可以充分利用自然资源,设备投资较少,运行成本也低,因此加工处理的费用低廉。但是,本法受自然气候的影响较大,在低温、高湿的季节或地区,生产效率较低;而且处理周期过长,鸡粪中营养成分损失较多,处理设施占地面积较大。

2.发酵处理

鸡粪的发酵处理是利用各种微生物的活动来分解鸡粪中的有机成分,可以有效地提高这些有机物质的利用率。在发酵过程中形成的特殊理化环境也可基本杀灭鸡粪中的病原体。根据发酵过程中依靠的主要微生物种类不同,可分为有氧发酵和厌氧发酵两类处理。

(1)充氧动态发酵 在适宜的温度、湿度以及供氧充足的条件下,好气菌迅速繁殖,将鸡粪中的有机物质大量分解成易被消化吸收的形式,同时释放出硫化氢、氨等气体。在 $45\sim55℃$ 下处理 12 小时左右,可获得除臭、灭菌虫的优质有机肥料和再生饲料。

我国已开发出"充氧动态发酵机",该机采用"横卧式搅拌釜"结构。在处理前,要使鸡粪的含水率降至 45% 左右,如用鸡粪生产饲料,可在鸡粪中加入少量辅料(粮食),以及发酵菌。这些配料搅拌混合后投入发酵机,由搅拌器翻动,隔层水套中的热水和暖气机散发的热气使鸡粪混合物直接加温,使发酵机内温度始终保持在 $45\sim55℃$。同时向机内充入大量空气,供给好气菌活动的需要,并使发酵产出的氨、硫化氢等废气和水分随气流排出。

充氧动态发酵的优点是发酵效率高、速度快,可以比较彻底地杀灭鸡粪中的有害病原体。由于处理时间短,鸡粪中营养成分的损失少,而且利用率提高。但此法也有些不足之处。

首先,这一处理工艺对鸡粪含水率有一定限制,鸡粪需经过预处理脱水后才能作发酵处理。

其次,在发酵过程中的脱水作用小,发酵产品含水率高,不能长期贮存。

第三,目前设备费用和处理成本尚较高,限制了其推广利用。

(2)堆肥处理 堆肥是一种比较传统的简便方法,是指富含氮有机物与富含碳有机物(秸秆等)在好氧、嗜热性微生物的作用下转化为腐殖质、微生物及有机残渣的过程。在堆肥发酵的过程中,大量无机氮被转化为有机氮的形式固定下来,形成了比较稳定、一致且基本无臭味的产物,即以腐殖质为主的堆肥。在发酵过程中,粗蛋白质也大量被分解。据估测,粗蛋白的含量在堆肥处理后要下降40%,因此堆肥不适于作饲料,而被用作一种肥效持久、能改善土壤结构、维持地力的优质有机肥。

堆肥发酵需要的主要条件有:①氧气:为保证好氧微生物的活动,需要提供足够的氧气,一般要求在堆肥混合物中有25%～30%的自由空间。为此,要求用蓬松的秸秆材料与鸡粪混合,并在发酵过程中经常翻动发酵物。②适当的碳氮比:一般要求该比例为30∶1,可通过加入秸秆量来调节。③湿度控制在40%～50%。④温度保持在60～70℃,这是监测堆肥发酵过程正常进行的重要指标。在其他条件均适合的情况下,好氧微生物迅速增殖活动,代谢过程产生的热量使发酵物内部温度上升。在此温度条件下,可以基本杀灭有害病原体。

堆肥处理方法简单,无需专用设备,因而处理费用低廉,生产出的有机腐殖质肥料利用价值很高。加上可以与死鸡的处理结合起来,因此具有很大的推广价值。

(3)沼气处理 沼气处理是厌氧发酵过程,目前有不少鸡场因清粪工艺的限制,采用水冲清粪,这样得到的鸡粪含水率极高。沼气法可直接对这种水粪进行处理,这是它最大的优点,产出的沼气是一种高热值可燃气体,可为生产、生活提供能源。

但是,沼气处理形成的沼液如果处理不当,容易造成二次污染问题。目前,在对水冲鸡粪作沼气处理时比较好的工艺路线是:①首先去除水冲鸡粪中的羽毛、沙粒等杂质,以免影响发酵效果;②对水冲鸡粪作固液分离,对固体部分作干燥处理,制成肥料或饲料;③液体部分进入增温调节池,然后进入高效厌氧池中生产沼气;④生产沼气后形成的上清液排放到水生生物池塘中,最后进入鱼塘,使上清液的营养成分被水生生物和鱼类利用,同时也基本解决了二次污染问题。

沼气处理的投资很大,产出较低,所以如果没有政府部门的支持,鸡场是很难负担的。

3. 其他处理方法

(1)微波处理　微波是指波长很短的无线电波,其波长范围为1毫米至1米。微波具有热效应和非热效应。其热效应是由物料中极性分子在超高频外电场作用下产生运动而形成的,因而受作用的物料内外同时产热,不需要加热过程,因此整个加热过程比常规加热方法要快数10倍甚至数百倍。其非热效应是指在微波作用过程中可使蛋白质发生变性,因而可达到杀菌灭虫的效果。

由于微波具有上述特点,可用来对鸡粪进行加工处理。由于鸡粪处理量大,所以必须采用大功率加热器。有实验报告指出,采用波段为915兆赫、功率为30千瓦的波源效果较好,不但能获得良好的加热效果,而且也有利于杀灭病原体。实践证明,微波处理鸡粪的灭菌效果很好,制品干燥均匀。但由于微波加热器的脱水功率不太高,因此要求在作微波处理前将鸡粪作摊晒,将含水量降至35％左右,故使微波处理方法的应用受到一定限制,而且一次性投资业较高。

(2)热喷处理　热喷处理是将预干至含水25％～40％的鸡粪装入压力容器(特制)中,密封后由锅炉向压力容器内输送高压水蒸气,在120～140℃温度下保持压力10分钟左右,然后突然将容器内压力减至常压喷放,即得热喷鸡粪饲料。这种方法的特点是,加工后的鸡粪杀虫、灭菌、除臭的效果好,而且鸡粪有机物的消化率可提高13.4％～20.9％。但是这一方法要求先将鲜鸡粪作预干燥,而且在热喷处理过程中因水蒸气的作用,使鸡粪含水量不但没有降低,反而有所增加,未能解决鸡粪干燥的问题,从而使其应用带有一定局限性。

(3)煮化法　将新鲜鸡粪加热至充分沸腾时,搅拌,经10～20分钟后,各种有害物病原已被杀灭,再将鸡粪从锅中掏出来,晾干,制作各种饲料,饲喂畜(禽)。此方法简单易行,适用性广,投入少,但是会损失一部分营养物质。

(4)膨化法　膨化法将鲜鸡粪预摊晒,再掺入谷糠、麦麸等,使含水量在25％以下,利用螺杆膨化机的机械挤压,形成对物料的增温、剪拉和加压作用,达到灭菌、熟化、膨化、提高消化率的目的。此法灭菌彻底,产品可以达到饲料卫生标准,经过膨化后可以提高消化率。

(三)鸡粪在种植中的应用

鸡粪是非常适合于植物生产的优质有机肥。鸡粪中含有 25.5% 的有机物,氮、磷、钾含量高于其他畜禽类,见表9-2。使用鸡粪育施肥,生产成本低,养分全面,释放平稳,肥效持久,能改善土壤结构,增加土壤肥力,提高农作物的产量和品质。较之化肥具有明显的优越性。鸡粪成为农场生态循环体系的一个部分。

表 9-2　鸡粪与其他畜禽粪的肥分比较　　　　　　　　　　%

肥料种类	氮	磷	钾
鸡粪	1.63	1.54	0.85
鸡粪	1.10	1.40	0.62
猪粪	0.56	0.40	0.44
牛粪	0.32	0.25	0.15
羊粪	0.65	0.50	0.25

1. 鸡粪中主要植物养分的含量

鸡粪富含氮、磷、钾等主要植物养分,见表9-3。鸡粪中其他一些重要微量元素的含量也是很丰富的。据测定,1吨鸡粪垫料混合物大约相当于160千克硫酸铵、150千克过磷酸盐和50千克硫酸钾。在土壤中施用鸡粪加工成的有机肥后,可以促进土壤微生物的活动,改善土壤结构,减少水土流失。因此,鸡粪肥料广受欢迎,而作肥料也始终是鸡粪的主要用途。

表 9-3　鸡粪中主要植物养分含量　　　　　　　　　　%

含水率	氮	磷(P_2O_5)	钾(K_2O)
75	1.3	1.1	0.6
50	2.0	2.3	1.2
15	3.5	3.5	2.3
0	4.0	4.5	2.8

注:表中数据为一般估计值,实际含量受饲料营养水平、鸡种、年龄等的影响而有变化。

2.鸡粪肥料的使用

鸡粪作为肥料使用时,必须考虑2个方面的因素:①鸡粪中主要营养元素的含量及其利用率。由于鸡粪成分的含量变化很大,不但受饲料、鸡种、饲养方式、季节等因素的影响,也与鸡粪产出后的处理方式和加工条件密切相关。因此,应当对鸡粪的成分作动态监测。在条件不具备时,也可根据常用的成分表作粗略的估计。②拟施肥土壤的养分需求。在施肥前应当对土壤成分进行化学分析,在植物营养学家的指导下确定合理的养分需要量,并在此基础上计算出鸡粪施用量。如果鸡粪施用量以氮素平衡为基础来确定,则磷的供给量一般会超过作物需要量,钾量对谷物类作物也超过需要量。

由于磷和钾在土壤中能积累,所以在经常施用鸡粪的土地中,磷和钾的含量始终较高。过量的磷和钾不会对作物产生副作用,虽然可能与锌和铁等微量元素结合而影响这些元素的利用,不会造成铁、锌等缺乏。因此,建议以氮平衡为基础来确定实施用鸡粪量。

鸡粪在使用时加入过磷酸盐化肥,可帮助稳定粪肥中的氮素,减少氮素进入空气造成的损失,同时也可增加粪肥中的磷酸含量,提高鸡粪的肥效。如在鸡粪中加入石灰水,也可提高肥效,而且石灰水作为一种优秀的除臭剂,可以减少鸡粪散发出的臭味,有利于鸡粪的处理和利用。

除了在大田生产中使用以外,鸡粪经干燥或有氧发酵后还可用于园艺生产中,成为一种新兴的优质肥料和土壤调节剂。研究表明,鸡粪经发酵后制成的专用肥料,不但松软、易拌,而且无臭味、不带任何病原体和其他种子,所以特别适于盆栽花卉和无土栽培,效果比泥炭还好。将其施入土壤中,可以提高有机物含量植物养分的水平,增加离子交换能力,改善土壤的结构,提高其吸水力。

二、其他废弃物的处理和利用

(一)污水

1.污水的来源

鸡场污水的主要来源有水槽末端流出的浑水,洗刷鸡舍、设备、用具的脏水等,这些污水中有10%~20%的固形物,如饲料、粪便、蛋液、毛屑等,如果任其流淌,特别是进入阴沟,会发酵,产生有害气体,如氨气、硫化氢、沼气等,污染周围环境。污水渗漏到地下,会污染水源。因此,应按照 GB 18596—2001 的要求,尽量减少污水的排放量,并妥善处理。据测定,每只成年产蛋鸡平均产粪103克/天,需冲洗水300克/天,故污水量是很大的。

2.污水排放标准

各鸡场粪便废水排放的有关指标须符合下述污水排放标准。

生化需氧量(BOD):一级,新扩改≤60毫克/升,现行≤80毫克/升。

二级,≤400毫克/升。

化学耗氧量(COD):一级,新扩改≤150毫克/升,现行≤200毫克/升。

二级,≤600毫克/升。

悬浮物(SS):一级,新扩改≤150毫克/升,现行≤200毫克/升。

二级,≤400毫克/升。

凯氏氮(TKN):一级,新扩改≤30毫克/升,现行≤40毫克/升。

总大肠菌群数:一级,新扩改≤10 000 个/升,现行≤10 000个/升。

蛔虫卵数:一级,新扩改≤2 个/升,现行≤2 个/升。

养鸡场排放的粪便污水,由于清运方式和鸡的饲养模式不同,排放量和所含有机成分也有较大差异。如笼养蛋鸡,由于集中饲养,饮水器失控,加上每天粪沟中的粪便需用刮粪机运到舍外,还需用水冲洗粪沟,故粪沟中的含水量较高,不便运输和处理,采用厌氧发酵是处理这类污水的有效方法。平养鸡舍的鸡粪及带垫料的鸡粪,则适用于作堆肥化处理。

3.粪便污水简易净化处理利用

(1)农田淌灌 鸡的粪水通过农田水渠会同灌溉水流入农田淌灌。淌灌时,水中的粪便有机物通过物理沉淀,土壤吸附,微生物分解及作物根系吸收等综合利用,被降解和利用。鸡的粪水在淌灌前必须预先熟化,防止禽粪水中的寄生虫卵及病原引入农田。禽粪水农田淌灌是畜牧业与农业通过农田灌溉渠道因地制宜有机地结合起来的体系,具有投资省、运转费用低及操作简便的优点。

(2)蔬菜田地下渗灌 鸡粪水先经化粪池厌氧消化,消灭致病菌,在解决卫生条件的基础上进行地下渗透、地下渗灌,集灌溉、施肥与污水处理于一体,可发挥多种综合功能,变废为宝,并能使蔬菜生产达到稳定、高产、优质和卫生目标。

(3)鱼塘利用净化 鸡粪水进入鱼塘前,先进行初步的沉淀、过滤处理,去除大部分粗颗粒物质。沉淀过滤污泥经浓缩干化后还田。粪便污水注入鱼塘的量,应以鱼塘面积和水体中有机物本底含量为参考标准,一般鱼塘水质有机物中化学耗氧量应控制在500毫克/升以内,水中溶解氧含量应不低于5毫克/升。

(4)笼养鸡舍粪水分流处理利用 笼养鸡舍内部结构经过简易改进,饮水槽中的饮水不再流入粪沟形成水鸡粪。这样含水量低的干鸡粪由于贮、运、施方便,且肥效较高,深受广大农户欢迎。此外,新鲜鸡粪的养分含量高,可用来生产颗粒有机肥料和膨化饲料,使鸡粪充分得到资源化利用。含残余饲料的饮用水经简易过滤后可回收数量可观的残余饲料,这些饲料可用于养猪或喂鱼,从而降低养猪、养鱼的生产成本。粪水处理工艺流程见图9-1。

总之,不管用哪种方式处理污水,都应达到 GB 18596—2001 规定的排污标准后方可排放。

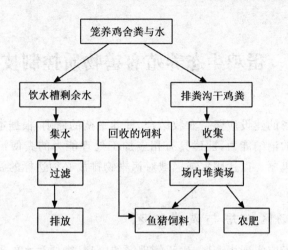

图 9-1 粪水处理工艺流程图

(二)死鸡的处理

我国《畜禽养殖业污染防治技术规程》(HJ/T 81—2001)规定在病死畜禽尸体处理应采用焚烧炉焚烧或填埋的方法。在养殖场比较集中的地方应集中设置焚烧设施,同时对焚烧产生的烟气应采取有效的净化措施。此种方法能彻底消灭死鸡及其所携带的病原体,是一种彻底处理方法,但处理成本高。不具备焚烧条件的养殖场应设置 2 个以上的安全填埋井。进行填埋时,在每次投入尸体后应覆盖一层厚度大约10 厘米的熟石灰,井填满后应用黏土填埋压实并封口。利用土埋法必须遵守卫生防疫要求,尸坑应远离鸡场、鸡舍、居民点和水源,必要时尸体坑内四周应用水泥板等不透水材料砌严。

总之,粪污处理必须坚持农牧结合的原则,经无害化处理后充分还田或利用,实现粪污资源化利用。

第三节 蛋鸡生态养殖有害物质控制技术

养鸡场的建设应坚持农牧结合、种养平衡的原则,根据本场区土地对禽粪便的消纳能力,配建具有相应加工处理能力的粪便污水处理设施或处理机制。以达国家或区域对污染物排放必须达标的要求。

一、场区布局与清粪工艺

养鸡场应实现生产区、生活管理区的隔离,粪便污水处理设施和尸体焚烧炉应设在养殖场的生产区、生活管理区的常年主导风向的下方向或侧风向处。养鸡场的排水系统应实行雨水和污水收集输送系统分离,在场区外设置的污水收集输送系统,不得采取明沟布设。养鸡场应采取干法清粪工艺,采取有效措施将粪及时、单独清出,不可与污水混合排出,并将产生的粪渣及时运至贮存或处理场所。

二、鸡粪便的贮存

养鸡场产生的粪便应设置专门的贮存设施,其恶臭及污染物排放应符合《畜禽养殖业污染物排放标准》。贮存设施的位置必须远离各类功能的地表水体(距离不得小于 400 米),并应设在养殖场生产及生活管理区的常年主导风向的下风向或侧风向处。贮存设施应采取有效的防渗处理工艺,防治粪便污染地下水。对于种养结合的养鸡场,粪便贮存设施的总容积不得低于当地农林作物生产用肥的最大间隔时间内本养殖场所产生粪便的总量。贮存设施应采取设置顶盖等防止降雨(水)进入的措施。

三、污水的处理控制

养殖过程中产生的污水应坚持种养结合的原则,经无害化处理后尽量充分还田,实现污水资源化利用。污水经治理后向环境中排放,应符合《畜禽养殖业污染物排放标准》的规定,有地方排放标准的应执行地方排放标准。污水作为灌溉用水排入农田前,必须采取有效措施进行净化处理(包括机械的、物理的、化学的和生物学的),并须符合《农田灌溉水质标准》(GB 5084—92)的要求。

在养鸡场与农田之间应建立有效的污水输送网络,通过车载或管道形式将处理(置)后的污水输送至农田,要加强管理,严格控制污水输送沿途的弃、撒和跑、冒、滴、漏。养鸡场的污水排入农田前必须进行预处理(采用格栅、厌氧、沉淀等工艺、流程),并应配套设置田间储存池,以解决农田在非施肥期间的污水出路问题,田间储存池的总容积不得低于当地农林作物生产用肥的最大间隔时间内养鸡场排放污水的总量。

对没有充足土地消纳污水的养鸡场,可根据当地实际情况选用下列综合利用措施:①进行沼气发酵,对沼渣、沼液应尽可能实现综合利用,同时要避免产生新的污染,沼渣及时清运至粪便贮存场所;②沼液尽可能进行还田利用,不能还田利用并需要外排的要进行进一步净化处理,达到排放标准。

沼气发酵产物应符合《粪便无公害化卫生标准》(GB 7959—87)。制取其他生物能源或进行其他类型的资源回收综合利用,要避免二次污染,并应符合《畜禽养殖业污染物排放标准》的规定。污水的净化处理应根据养殖规模、当地的自然地理条件,选择合理、适用的污水净化处理工艺和技术路线,尽可能采用自然生物处理方法,达到回用标准或排放标准。污水的消毒处理提倡采用非氯化的消毒措施,要注意防止产生二次污染物。

四、固体粪便的控制

鸡粪便必须经过无害化处理,并且须符合《粪便无害化卫生标准》后,才能进行土地利用,禁止未经处理的粪便直接施入农田。经过处理的粪肥作为土地的肥料或土壤调节剂来满足作物生长的需要,其用量不能超过作物当年生长所需养分的需求量。在确定粪肥的最佳使用量时需要对土壤肥力和粪肥肥效进行测试评价,并应符合当地环境容量的要求。对高降雨区、坡地及沙质容易产生径流和渗透性较强的土壤,不适宜施用粪肥或粪肥使用量过高易使粪肥流失引起地表水或地下水污染时,应禁止或暂停使用粪肥。对没有充足土地消纳利用粪肥的大中型养鸡场,应建立集中处理粪便的有机肥厂或处理(置)机制,实现无害化。

五、减轻养鸡污染的日粮营养控制

在精确估测特定畜禽的营养物质需求参数和准确了解饲料原料组成及生物学特性基础上,通过日粮营养调控及合理使用饲料添加剂可以降低畜禽排泄物中的氮、磷、铜、锌、砷等元素的含量,减少臭气的产生,缓解规模化、集约化畜禽养殖场对环境造成的压力。

(一)严格选择易消化、吸收利用率高的饲料原料

选用符合要求的优质的饲料原料。首先,要选择易消化、营养变异小的原料。据测定,饲料利用率每提高 0.25 个百分点,可以减少粪中 5%～10% 氮的排出量。目前,锌、锰、铁、钴、铜等矿物质通常以氧化物或硫酸盐的形式添加到饲料中,它们在胃中的酸环境下分解为离子,为防止其形成无法吸收的不溶性物质,可利用它们与某些有机配合基(如氨基酸或小分子肽)结合生成的络合物和螯合物做矿物质添加剂,以保证其吸收率。试验表明,使用较低剂量的赖氨酸铜(100 毫克/千克)和

蛋氨酸锌(250 毫克/千克)可以起到相当或高于高剂量硫酸铜和氧化锌的促生长作用。周桂莲等(2000)通过研究不同铁源生物学效价的结果显示,赖氨酸螯合铁和甘氨酸螯合铁的生物学效价分别比硫酸亚铁高 1.73％～48.31％和 2.75％～47.19％。滕冰等(1999)报道,以鸡体锌沉积率或锌表观代谢率为判定指标,以硫酸锌为 100％,各种锌源综合平均生物效价相对值为:①蛋氨酸锌为 155％和 317％,乙二胺四乙酸锌为 141％和 260％。②以硫酸亚铁的利用率为 100％,螯合铁蛋白盐的生物利用率为 125％～185％。据邵建华等(2000)报道,氨基酸螯合铜的吸收率比碳酸盐高 5.8 倍,比硫酸盐高 4.1 倍。③氨基酸螯合铁的吸收率比碳酸盐高 3.6 倍。④氨基酸螯合锌比硫酸盐高 2.3 倍。⑤氨基酸螯合镁比碳酸盐高 1.8 倍,比硫酸盐高 2.6 倍。其次,要选择毒害成分低、无污染、安全性高和抗营养因子易消除的原料。再次,在饲料加工上,对各种谷物饲料原料的粉碎粒度大小要适中,通过科学配方后,混合均匀,在有条件的饲料厂宜采用制粒加工技术,可破坏或抑制饲料中的某些抗营养因子、有害物质,以改善饲料的卫生,提高养分的消化率,减少排出量。据报道,饲料制粒可使干物质和氮的排泄量分别降低 23％和 22％。

(二)利用可利用或有效饲料原料营养素配制日粮

首先,氨基酸需要量的确定。Fuller(1990)认为,确定日粮蛋白质水平,既要考虑配料中氨基酸的消化率和利用率,又要考虑动物利用氨基酸沉积蛋白质的能力。以粗蛋白或总氨基酸为基础配制日粮是很不准确的,因为从饲料蛋白质到动物体细胞中,可利用的氨基酸存在着很大差异。同时,不同饲料中所含氨基酸的消化率可相差 2 倍多,氨基酸的需要量应根据可消化和可利用氨基酸的浓度和摄入量来计算。此外,还要考虑鸡的不同品种以及能量摄入水平、动物所处的环境条件等。

其次,重视确定磷的需要量。谷物和植物蛋白源所提供的饲料中含有大量的磷,然而这些磷大部分与植酸结合,植酸磷不能被动物利用。植物性磷源的生物学效价只有 14％～50％,因为大部分植酸磷都被排出体外。因此以有效磷为基础配置日粮或者选择有效磷含量较高的原料可以降低磷的排出。

(三)科学配制理想蛋白质、氨基酸平衡日粮

研究资料表明,畜禽粪便、圈舍排泄污物、废弃物及有害气体等均与畜禽日粮中的组成成分有关。依据"理想蛋白质模式"配制的日粮,即日粮的氨基酸水平与动物的氨基酸水平相符合,可提高其消化率,减少含氮有机物的排泄量,是控制恶臭物质的重要措施。据报道,通过理想模型计算出的日粮粗蛋白的水平每低出 1 个百分点,粪尿氨气的释放量就下降 10％～12.5％。因此,在满足有效氨基酸需要的基础上,可以适当降低日粮的蛋白质水平。

利用氨基酸平衡营养技术,在基础日粮中适量添加合成氨基酸,相应降低粗蛋白水平,既可节省蛋白质饲料资源,又可减少畜禽排泄物中氮排泄量。畜禽日粮中氮的利用率通常只有 30％～50％,要提高氮的利用率,必须提高日粮氨基酸的平衡。有报道指出,在日粮氨基酸平衡性较好的条件下,日粮蛋白质降低 2 个百分点对动物的生产性能无明显影响,而氮排泄量却能下降 20％;应用相同氨基酸水平而粗蛋白水平低 4％的日粮,可使动物的总氮排泄量降低 49％($P<0.01$),而生产性能未受影响。因此,在畜禽日粮中使用合成氨基酸,能提高日粮氮利用率,减少粪尿氮排出量,从而节约饲料蛋白质,减少了氮的污染。

(四)合理使用环保、营养型饲料添加剂

环保型饲料添加剂的使用不但可提高饲料营养素的消化利用率,减少粪尿的排泄,还可作为抗生素饲料添加剂的替代品,降低养鸡的用药量,从而减轻环境污染。

1.沸石粉等硅酸盐的使用

20 世纪 60 年代,日本首先把天然沸石用于畜牧业,作为畜牧场的除臭剂。前苏联也将沸石称之为"卫生石",不但可把沸石撒在粪便及

其畜舍的地面上,降低舍内有害气体的含量,吸收空气与粪便中的水分,有利于调节环境中的湿度,还可作为添加剂添加到饲料中,以补充畜禽所需要的微量元素,提高日粮的消化利用率,减少粪尿中含氮、硫等有机物质的排放,提高动物的生产性能。周庆民等(1997)报道,在50千克配合鸡饲料中加入1.5千克沸石粉,喂给鸡后,经过21~47天观测,结果鸡舍中氨气浓度的平均下降率为45.78%。汪连松(1998)指出,在蛋鸡料中添加2%的沸石粉,可减轻鸡舍的臭气,防止细菌性腹泻,使产蛋率提高10%左右。此外,其他具有类似结构和独特物理吸附特性的可用于营养型除臭剂的还有膨润土、麦饭石、凹凸棒石、蛭石和海泡石等。

2. 添加酶制剂

目前,应用于饲料中的酶依其作用底物有蛋白酶、纤维素(半纤维素)分解酶、淀粉酶、脂肪酶、非淀粉多糖酶、果胶分解酶和植酸酶等。除植酸酶为单一酶制剂产品外,其余多为复合酶。它们主要来源于微生物(真菌、细菌和酵母等)发酵物,用于动物生产,可以补充机体内源酶的不足,激活内源酶的分泌,破坏植物细胞壁,使营养物质释放出来,提高了淀粉和蛋白质等营养物质的可利用性;破坏饲料中可溶性非淀粉多糖,降低消化道食糜的黏度,增加了营养的消化吸收;同时,可以部分或全部消除植酸、植物凝集素和蛋白酶抑制因子等抗营养成分。

Han(1995)在育雏鸡饲料中添加0.1%植酸酶,结果平均日增重和饲料利用率分别提高1%和4.3%,其中氮和磷的利用率分别提高13%和16%。Simons等(1990)研究结果表明,在每千克鸡日粮添加500~1 500 IU植酸酶,可减少日粮总磷量21%~40%,粪便中磷排泄量降低16%~35%。

3. 有机酸制剂的使用

有机酸可把胃蛋白质酶原激活为胃蛋白酶,促进蛋白质的分解,提高小肠内胰蛋白酶和淀粉酶的活性,减慢胃的排空速度,延长日粮在胃内的消化时间,增进动物对蛋白质、能量和矿物质的消化吸收,提高氮在体内的存留;同时能通过降低胃肠道的pH值改变胃肠道的微生物区系,抑制或杀灭有害微生物,促进有益菌群的生长增殖。木醋酸的 pH 值为 2.3~3.0,可杀死粪便中的产气微生物,从而使粪中的臭气发生量减少,日本利用木醋酸液在养鸡农家广泛使用来防除恶臭物质。赵晓梅等(1997)以针叶树、阔叶树为原料制成的木醋酸液按 0.2%、1%的剂量撒在鸡粪上,可使氨浓度降低,在饲料中添加 0.2%~2%,不但没有影响鸡蛋品质和产蛋量,还对鸡粪臭味有掩蔽效果。

4. 微生态制剂的使用

微生态制剂是指能够促进动物机体内微生物生态平衡的有益微生物或其发酵产物。随着国际上不断要求抗生素添加剂禁止在动物饲料中添加,微生态制剂在养殖中的作用日益显现。目前,市场上微生态制剂有很多,既有单一菌制剂,又有复合菌制剂,使用较多的,如酵母、霉菌、乳酸杆菌、双歧杆菌、光合杆菌、有益微生物群(EM)和益生素等。研究发现,微生态制剂对环境除臭具有明显的效果,其作用机理为:①动物摄入大量的有益微生物后,可改善胃肠道环境,形成生态优势有益菌群,从而抑制了腐败细菌的生长活动,促进了营养素的消化吸收,减少了氨气、硫化氢的释放量和胺类物质的产生;②有益菌群在生长繁殖时能以氨、硫化氢等物质为营养或受体,因此,一部分臭气可被微生物利用;③微生态制剂中的有些微生物(如真菌)还有一定的固氮的功能,从而减少了氨氮(NH_4^+-N)在碱性条件下的挥发,从而改善饲养环境。

李维炯等(1996)试验表明,EM 技术能有效地去除畜禽粪便中的恶臭,总除氨率为 42.12%~69.70%,经 EM 处理的饲料中 17 种氨基酸的含量可提高 28%左右。

5. 低聚糖的使用

低聚糖又称寡糖,是由 2~10 个单糖通过糖苷键链结的小聚合体,介于单体单糖与高密度聚合的多糖之间。中等分子的非淀粉多糖经过相应酶的不完全水解可产生小分子寡糖。研究发现,寡糖仅被一些含有特定糖苷键酶的有益菌利用,发酵产生短链脂肪酸,降低肠道内 pH 值,抑制有害菌的生长与繁殖。同时,低聚糖还可以结合病原菌产生的外源凝集素,避免病原菌在肠道上皮的附着。在饲料中适量添加,可促进动物肠道内双歧杆菌及乳酸菌等有益微生物的增殖,同时抑制沙门氏杆菌、大肠杆菌等病原菌的生长繁殖,改善肠道微生态,增强机体免疫力、防止腹泻;其次还能促进饲料中蛋白质和矿物质等元素的代谢吸收,从而提高动物的生长性能,改善动物的健康状况,降低了粪臭素的产生水平。

汪莉等(2002)在蛋雏鸡日量中添加 0.15%、0.25%和 0.35%的低聚糖,可使鸡只的日增重和饲料报酬显著高于对照组,添加 0.15%～0.35%的低聚糖试验组的氮的排泄率、硫化氢和氨气产生量显著低于对照组。

6. 中草药添加剂的使用

中草药不但可提供给动物丰富的氨基酸、维生素和微量元素等营养物质,能提高饲料的利用率,减少日粮中污染物的排放,促进畜禽生长;而且含有多糖类、有机酸类、甙类、黄酮类和生物碱类等多种天然的生物活性物质,可与臭气分子反应生成挥发性较低的无臭物质,同时中草药还具有杀菌消毒的作用,可增强机体的免疫力,抑制病原菌的生长与繁殖,降低其分解有机物的能力,使臭气减少。云南省畜牧兽医研究所研制的“科宝”除臭剂,系由黄芪、当归、首乌、黄柏、黄连、金荞麦和桉叶等 18 味中草药配制而成,不仅具有保健功能,而且对鸡粪除臭、降低氨浓度有良好效果。张廷钦等(1993)用中草药保健除臭剂“科宝”,结果使鸡舍的氨气含量下降了 32%,蛋鸡产蛋率提高了 17.5%。

通过蛋鸡日粮营养调控措施,不但可提高饲料中营养物质的消化利用率,改善了生产性能,而且减少了生产中药物的使用,降低氮、磷、微量元素和恶臭物质等污染源的排放,保护了生态环境。

六、病死鸡尸体的处理与控制

病死鸡尸体要及时处理,严禁随意丢弃,严禁出售或作为饲料再利用。病死鸡尸体处理应采用焚烧炉焚烧的方法或深坑掩埋的方法。在养殖场比较集中的地区,应集中设置焚烧设施,同时焚烧产生的烟气应采取有效的净化措施,防止烟尘、一氧化碳、恶臭等对周围大气环境的污染。

七、舍内有害物质的控制

鸡舍内由于鸡群的呼吸、排泄以及粪便、饲料等有机物分解,产生了氢、硫化氢、甲烷、粪臭素等有害气体,同时在舍内由于生产工作的进行也使空气中的灰尘、微生物等比舍外大气中的浓度大大增高,所以日常生产中必须要注意通风换气,及时清扫鸡舍。同时为减少舍内微生物数量,防止疾病的传播,须建立严密的防疫制度,而且应把防疫工作放在首位。鸡场尽可能采用"全进全出制",定期清扫、冲洗和消毒;平时应注意通风,减少舍内灰尘、水汽以及有害气体;及时清粪和排除污水,减少其在舍内分解的机会。

思考题

1.最经济有效的清粪工艺是什么?

2.最适宜本地的鸡粪处理方法是什么?

3.如何对鸡场污水进行有效合理的处理和利用?

4.如何通过饲料控制技术降低对环境的污染?

5.如何提高鸡场废弃物处理的生态效益和经济效益?

第十章

无公害鸡蛋生产

导　　读　鸡蛋是营养丰富的高质量蛋白质食品。我国是世界上生产和消费鸡蛋数量最大的国家,是国民质优价廉的蛋白质食品。但是我国鸡蛋的生产技术水平还很低,小规模大群体,疫病复杂,乱用抗生素和饲料添加剂,造成农药、兽药、重金属、致病微生物等物质严重超标,严重影响了人民的身体健康,尤其"红心蛋"事件的发生严重影响了消费者的信心。消费对鸡蛋质量提出了更高的要求。无公害鸡蛋的需求越来越大,前景广阔。

第一节　概念

无公害蛋鸡是指产地环境、生产过程和最终产品符合国家无公害食品标准和规范,经专门机构认定,按照国家《无公害农产品管理办法》的规定,许可使用无公害农产品标识的产品。无公害蛋鸡符合国家食品卫生标准,具有无污染、安全、优质及营养的特点。

无公害鸡蛋针对的公害指的是在生产过程中超标使用的农药、兽药、重金属、致病微生物等物质。无公害鸡蛋与普通鸡蛋的区别在于,无公害鸡蛋要求鸡蛋中不得检出氯霉素、沙门氏菌,并对重金属、农药等有毒有害物质也有一定的标准,并规定不得超过此标准,同时对鸡蛋生产过程中的环境、设施、饲料也有一定的要求。

第二节　无公害食品——鸡蛋的质量标准

(1)鸡蛋来自通过农业部无公害产品认证养鸡场组织生产的。

(2)感官指标应符合表 10-1 的规定。

表 10-1　感官指标

项目	指标
色泽	具有禽蛋固有的色泽
组织形态	蛋壳清洁、无破裂,打开后蛋黄凸起、完整、有韧性蛋白澄清透明、稀稠分明
气味	具有产品固有的气味,无异味
杂质	无杂质,内容物不得有血块及其他鸡组织异物

(3)理化指标应符合表 10-2 的规定。

表 10-2　理化指标

项目	指标
汞(Hg)/毫克/千克	≤0.03
铅(Pb)/毫克/千克	≤0.1
砷(As)/毫克/千克	≤0.5
铬(Cr)/毫克/千克	≤1.0
镉(Cd)/毫克/千克	≤0.05

续表 10-2

项目	指标
六六六(BHC)/毫克/千克	$\leqslant 0.2$
滴滴涕(DDT)/毫克/千克	$\leqslant 0.2$
金霉素(chlortetracycline)/毫克/千克	$\leqslant 1$
土霉素(oxytetracyline)/毫克/千克	$\leqslant 0.1$
磺胺类(以磺胺类总量计)/毫克/千克	$\leqslant 0.1$
呋喃唑酮/毫克/千克	$\leqslant 0.1$

(4)微生物指标应符合表 10-3 的规定。

表 10-3　微生物指标

项目	指标
菌落总数	$\leqslant 5 \times 10^4$
大肠杆菌	$\leqslant 100$
致病菌(沙门氏菌、志贺氏菌、葡萄球菌、溶血性链球菌)	不得检出

第三节　无公害鸡蛋生产技术要点

　　无公害鸡蛋的生产过程对生产环境、生产设施、投入品等都有严格的要求。

一、环境与工艺

(一)鸡场环境

　　产地环境是实施无公害生产的首要因素,只有产地环境的水、大气、土壤、建筑物、设备等符合无公害生产要求,才能从源头上保证蛋鸡

295

健康生长需要,减少环境对蛋鸡生长发育及蛋鸡生产的终产品—鸡蛋的质量产生影响。

鸡场建设选址地势高燥,生态良好,无或不直接接受工业"三废"及农业、城镇生活、医疗废弃物污染的地方建场。位于整个地区的上风头,背风向阳。要求远离村镇和居民点及公路干线 1 千米以上,周围 5 千米内无大中型化工厂、矿厂,距其他畜牧养殖场、垃圾处理场、污水处理池等至少 3 千米以上,鸡场不得建在饮用水源、食品厂上游。养鸡场、鸡蛋运输贮存单位的环境质量应符合《农产品安全质量 无公害畜禽肉产地环境要求》(GB/T 18407.3—2001)的规定。周围环境、空气质量应符合《畜禽场环境质量标准》(NY/T 388)的要求。

(二)工艺布局

鸡场周围要设绿化隔离带,整个养殖、加工等场所布局规范、设置合理,场内生产区、生产管理区、生活区、隔离区应严格分开,完全符合防疫要求,四个区的排列应根据全年主风方向及地势走向(由高到低)依次为生活区、生产管理区、生产区、隔离区。生产区内按工厂化养殖工艺程序建筑,分育雏舍、蛋鸡舍、贮蛋室、贮料室等。鸡场净道和污道要分开。鸡舍地面和墙壁应便于清洗,并能耐酸、碱等消毒药液清洗清毒,具备良好的防鼠、防虫、防鸟等设施。实施全进全出制度,至少每栋鸡舍饲养同一日龄的同一批鸡。鸡场应取得畜牧兽医行政主管部门核发的《动物防疫合格证》。

(三)鸡舍环境

鸡舍内的温度、湿度环境应满足鸡不同阶段的需求。由于鸡舍内的温湿度不仅影响鸡的产蛋率和饲料转化率,而且影响鸡的健康,所以要求鸡舍内的温湿度要使鸡感到舒适,以降低鸡群疾病的发生,提高生产性能。

鸡舍内空气中有毒有害气体含量应符合《畜禽场环境质量标准》(NY/T 388)的要求。鸡舍内的有毒有害气体主要是氨气、硫化氢气体、甲烷、二氧化碳等,如果这些气体超标就会影响鸡的健康。雏鸡舍氨气每立方米不超过 10 毫克,成鸡不超过 15 毫克;硫化氢雏鸡舍不超过 2 毫克,成鸡不超过 10 毫克;二氧化碳每立方米不超过 1 500 毫克;恶臭稀释倍数不超过 70。鸡舍外的场区和生活区要求上述物质含量还低。鸡舍内空气中可吸入颗粒物不超过 4 毫克;总悬浮颗粒物每立方米不超过 8 毫克,微生物数量应控制在每立方米 25 万个以下,空气中的尘埃是细菌的重要携带者。

(四)饮水卫生

保持水质清洁,水质符合《无公害食品 畜禽饮用水水质》(NY/T 5027)的要求。定期清洗消毒饮水设备,避免细菌滋生,减少疫病的发生。

二、投入品的控制

(一)引种

引进雏鸡时,应从具有种鸡经营许可的种鸡场引进,且该场应无鸡白痢、新城疫、禽流感、支原体、禽结核、白血病,并按照《种畜禽调运检疫技术规范》(GB 16567)进行检疫。不得从疫区引进雏鸡。引进的雏鸡,应隔离观察,并经兽医检查确定为健康合格。一栋鸡舍或全场的所有鸡只应来源于同一种鸡场。

(二)饲料和饲料添加剂使用

保证鸡群不同生长阶段的营养需求,饲料的使用严格遵守 NY 5042《无公害食品—蛋鸡饲养饲料使用准则》的规定。饲料原料、饲料添加剂应色泽一致,无氧化、虫害鼠害、结块霉变及异味、异臭等,有害物质及微生物允许量符合 GB 13078《饲料卫生标准》。饲料中使用的营养性饲料添加剂和一般性饲料添加剂产品应是《允许使用的饲料添加剂品种目录》所规定的品种,饲料添加剂产品应是取得饲料添加剂产品生产许可证的正规企业生产的、具有产品批准文号的产品。饲料添加剂的使用要严格遵照产品标签所规定的用法、用量使用。严禁超范围、超剂量使用药物饲料添加剂,严禁使用抗生素滤渣、增色剂,如砷制剂、铬制剂、蛋黄增色剂、铜制剂等。

贮存饲料的场所要选择干燥、通风、卫生、干净的地方,并采取措施消灭苍蝇和老鼠等。

(三)兽药使用

预防、治疗疫病使用兽药时本着对症、高效、低毒、低残留的原则,规范鸡群用药,合理应用酶制剂、益生素及中草药,兽药使用要严格遵守 NY 5040《无公害食品—蛋鸡饲养兽药使用准则》和国家农业部《食品动物禁用的兽药及其化合物清单》、《兽药停药期规定》等,严禁使用无批准文号的兽药,严禁滥用、超剂量使用兽药,使用兽药或药物饲料添加剂时,还必须严格遵守休药期、停药期及配伍禁忌等有关规定。凡产蛋鸡在停药期内其所有产品不得供食用,一律销毁。

三、卫生防疫

(一)鸡场大门口设消毒池和消毒间,消毒池内有足够有效的消毒液

所有人员、车辆及有关用具等均须进行彻底消毒后方准进场。严格禁止外来人员进入生产区。生产人员进场前,要严格遵守防疫制度,经洗澡,更换干净的工作服、鞋后方可进入生产区。在生产区内,工作人员进出鸡舍时,必须洗手消毒,脚踏消毒池。鸡场内要分设净道和污道,人员、动物和相关物品运转应采取单一流向,防止发生污染和疫病传播。每栋鸡舍要实行专人管理,各栋鸡舍用具也要专用,严禁饲养员随便乱窜和互相借用工具。饲养管理人员每年要定期进行健康检查,取得《健康证》后上岗。养鸡场内禁止饲养其他禽类或观赏鸟等动物,

以防止交叉感染。

(二)卫生消毒

鸡舍卫生和鸡场环境卫生是非常重要的,清洁卫生是控制疾病发生和传播的有效手段。

保证鸡舍卫生,要定期清除舍内污物,房顶粉尘、蜘蛛网等,保持舍内空气清洁。保证环境卫生,要定期打扫鸡舍四周,清除垃圾、洒落的饲料和粪便,及时铲除鸡舍周围的杂草。定期灭鼠、灭蚊蝇,对死鼠、死蚊蝇要及时进行无害化处理。

对环境消毒 2 次/周,要选用杀菌效果强的消毒药,如氢氧化钠、生石灰、苯酚、煤酚皂溶液、农福、农乐、新洁尔灭等。对舍内带鸡消毒,每周 2 次,选择腐蚀性小、杀菌力强、杀菌谱广、无残留、安全性强不同成分的消毒药轮换使用,如过氧乙酸、氯制剂、百毒杀等,带鸡消毒要在鸡舍内无鸡蛋的时候进行,以免消毒剂喷洒到鸡蛋表面。定期更换消毒池和消毒盆中的消毒液,保证消毒剂有效。

空舍后将鸡舍彻底清扫干净,然后用高压水枪冲洗,再用 0.2％过氧乙酸或次氯酸钠、季铵盐类、碘伏等消毒剂全面喷洒消毒,装鸡前关闭门窗用福尔马林熏蒸消毒。

定期对蛋箱、蛋盘、喂料器等具有进行消毒,可先用 0.1％新洁尔液或 0.2％过氧乙酸消毒,然后在密闭的室内用福尔马林熏蒸消毒 30分钟以上。

(三)免疫接种

鸡场应依照《中华人民共和国动物防疫法》及其配套法规的要求,充分结合本地疫情调查和鸡场疫源调查结果,制定科学的符合本场实际的免疫程序,鸡群的免疫符合《无公害食品 蛋鸡饲养兽医防疫准则》(NY 5041)的要求。严格按规定程序、使用方法和要求等做好鸡群的免疫接种工作。免疫用具在免疫前后彻底消毒。免疫结束后,工作人员还要将使用疫苗的名称、类型、生产厂商、产品序号等相关资料记入管理日志中备查。

(四)疫病检测

鸡场要按照《中华人民共和国动物防疫法》及其配套法规的要求,结合本地情况,制订好本场的疫病监测方案。常规监测的疫病有:鸡新城疫、禽流感、鸡白痢等。监测过后,要及时采取有效的控制处理措施,并将结果报送所在地区动物防疫监督机构备案。

四、饲养管理

①技术培训:鸡场内要按 NY 5043《无公害食品—蛋鸡饲养管理准则》的要求合理配置技术及生产管理人员,所有人员要一律实行凭证(培训证)上岗制度。场方要定期对生产技术人员进行无公害食品生产管理知识等的继续培训教育,切实提高人员素质。

②温度、湿度、密度、光照根据日龄不同要适宜,做好通风工作,保真空气新鲜。

③饲料每次添加量要合适,保证营养需求。尽量保持饲料新鲜,防止饲料霉变。

④饮水系统不能漏水,以免弄湿垫料或粪便。

⑤鸡蛋收集:

鸡蛋在鸡舍内暴露时间越短越好,从鸡蛋产出到蛋库保存不得超过 2 小时。盛放鸡蛋的蛋箱或蛋托要经过消毒,集蛋人员集蛋前要洗手消毒。集蛋时将破蛋、砂皮蛋、软蛋、特大蛋、特小蛋单独存放,不作为鲜蛋销售,可用于蛋品用工。

鸡蛋收集后进行筛选清洁,外壳要求无粪便、无血迹、无破损,消毒后送蛋库保存。

五、鸡蛋质检

①建立质检组,质检员要具有农业部颁发的内检员证。质检组从事全过程的质量管理工作,建立生产、销售各环节操作规程和全程质量监控记录,各环节间建立质量资料的流转制度,向销售点提供鸡蛋来源及质量监控、检测的数据资料,销售企业向饲养场反馈有关质量检测情况,及时发现和解决有关质量问题。

②鸡蛋入库后,集中净化分级处理消毒后,鸡场质检组技术人员要对每批鲜蛋随机取样,进行质量抽检,严格执行国家制定的常规药残及违禁药物的检验程序,使鸡蛋达到 NY 5039《无公害食品—鸡蛋》所规定的标准要求,对检验合格的出具场方质检证明,随货流通。不合格的,集中销毁,严禁出场销售。

六、包装运输销售

①上市鸡蛋在蛋壳上用可食用墨喷码(标明品牌名称、出厂日期、生产禽场、禽舍代号),再用一次性纸蛋盘或塑料盘盛放,包装材料符合相应的国家食品卫生标准,内包装(销售包装)标志应符合《食品标签通用标准》《GB 7718》的规定,外包装的标志应按《包装储运图示标志》(GB 191)和《运输包装收发货标志》(GB/T 6388)的规定执行。盛放鸡蛋的用具使用前应经过消毒。

②经畜产品质量监测部门根据《无公害食品鸡蛋》(NY 5039)的标准检测合格,允许使用无公害畜产品标志。

③运送鸡蛋的车辆应使用符合食品卫生要求的专用冷藏车或封闭货车,不得让鸡蛋暴露在空气中进行运输。车辆事先要用消毒液彻底消毒。运输鸡蛋应使用的,不得与有对产品发生不良影响的物品混装。

④销售管理:建立详细的销售台账,建立质量追溯体系。

七、病、死鸡处理

①传染病致死的鸡及因病扑杀的死尸应按《畜禽病害肉尸及其产品无害化处理规程》(GB 16548)要求进行无害化处理,鸡场不得出售病鸡、死鸡。

②有治疗价值的病鸡应隔离饲养,由兽医进行诊治。

八、废弃物处理

①鸡场粪便经无害化处理后可以作为农业用肥。

②剩余或废弃的疫苗以及使用过的疫苗瓶无害处理后深埋处理。

③鸡场其他废弃物经无害化处理后深埋。

九、记录

鸡场内要建立完善相应的档案记录制度,对鸡场的进雏日期、进雏数量、来源,生产性能,饲养员,每日的生产记录,如日期、日龄、死亡数、死亡原因、存笼数、温度、湿度、防检疫、免疫、消毒、用药,饲料及添加剂名称,喂料量,鸡群健康状况,产蛋日期、数量、质量,出售日期、数量和购买单位等全程情况详细记录,记录要统一存档保存 2 年以上。

第四节　无公害鸡蛋认证程序

无公害农产品认证包括产地认定和产品认证两个方面。产地认定是产品认证的前提和必要条件,是由省级农业行政主管部门组织实施,认定结果报农业部农产品质量安全中心(以下简称"中心")备案、编号;

产品认证是在产地认定的基础上对产品生产全过程的一种综合考核评价,由中心统一组织实施,认证结果报农业部、国家认监委公告。

一、无公害农产品产地认定工作程序

(一)产地认定申请

申请人向所在地县级以上人民政府农业行政主管部门申领《无公害农产品产地认定申请书》和相关资料,或者从中国农业信息网站(www. agri. gov. cn)下载获取。

申请人向产地所在地县级人民政府农业行政主管部门(以下简称县级农业行政主管部门)提出申请,并提交以下材料:①《无公害农产品产地认定申请书》;②产地的区域范围、生产规模;③产地环境状况说明;④无公害农产品生产计划;⑤无公害农产品质量控制措施;⑥专业技术人员的资质证明;⑦保证执行无公害农产品标准和规范的声明;⑧要求提交的其他有关材料。

(二)产地认定材料审查和现场检查

①县级农业行政主管部门自受理之日起 30 日内,对申请人的申请材料进行形式审查。符合要求的,出具推荐意见,连同产地认定申请材料逐级上报省级农业行政主管部门;不符合要求的,应当书面通知申请人。

②省级农业行政主管部门应当自收到推荐意见和产地认定申请材料之日起 30 日内,组织有资质的检查员对产地认定申请材料进行审查。

③材料审查不符合要求的,应当书面通知申请人。

④材料审查符合要求的,省级农业行政主管部门组织有资质的检查员参加的检查组对产地进行现场检查。

⑤现场检查不符合要求的,应当书面通知申请人。

(三)环境检测

①申请材料和现场检查符合要求的,省级农业行政主管部门通知申请人委托具有资质的检测机构对其产地环境进行抽样检验。

②检测机构应当按照标准进行检验,出具环境检验报告和环境评价报告,分送省级农业行政主管部门和申请人。

③环境检验不合格或者环境评价不符合要求的,省级农业行政主管部门应当书面通知申请人。

(四)产地认定评审及颁证

①省级农业行政主管部门对材料审查、现场检查、环境检验和环境现状评价符合要求的,进行全面评审,并作出认定终审结论。

②符合颁证条件的,颁发《无公害农产品产地认定证书》。

③不符合颁证条件的,应当书面通知申请人。

④《无公害农产品产地认定证书》有效期为 3 年。期满后需要继续使用的,证书持有人应当在有效期满前 90 日内按照本程序重新办理。

二、无公害农产品认证工作程序

(一)产品认证申请

获得产地认定证书的申请人向中心及其所在省(自治区、直辖市)无公害农产品认证承办机构(以下简称省级承办机构)领取《无公害农产品认证申请书》和相关资料,或者从中心网站(www. aqsc. gov. cn)下载。申请人填写并向所在省级承办机构递交以下材料:①《无公害农产品认证申请书》;②《无公害农产品产地认定证书》(复印件);③无公害农产品质量控制措施;④无公害农产品生产操作规程;⑤无公害农产品有关培训情况和计划;⑥申请认证产品的生产过程记录档案;⑦公司加农户形式的申请人应当提供公司和农户签订的购销合同范本、农户名单以及管理措施;⑧营业执照、注册商标(复印件),申请人为个人的需提供身份证复印件;⑨外购原料需附购销合同复印件;⑩初级产品加工厂卫生许可证复印件。⑪要求提交的其他材料。

(二)省级承办机构初审及产品抽检

①省级承办机构收到上述申请材料后,进行登记、编号并录入有关认证信息;

②按照程序文件规定,审查申请书填写是否规范、提交的附报材料是否完整和《无公害农产品产地认定证书》是否有效;

③根据现场检查情况核实申请材料填写内容是否真实、准确,生产过程是否有禁用农业投入品使用和投入品使用不规范的行为;

④申请材料不规范的,省级承办机构应当书面通知申请人补充相关材料;

⑤申请材料初审合格的,通知申请人委托有资质的检测机构进行抽样、检测;

⑥完成认证初审并按规定要求填写《无公害农产品认证报告》;

⑦初审合格的申请材料连同《无公害农产品认证报告》以"报审单"形式按规定报中心畜牧业产品认证分中心,同时将《认证信息登录表》报中心审核处。

(三)专业认证分中心复审

专业认证分中心接收省级承办机构报送的认证申请材料及《无公害农产品认证报告》后复查省级承办机构初审情况和相关申请材料。

①审查生产过程质量控制措施的可行性。

②审查生产记录档案和产品《检验报告》的符合性。

③根据审查过程中发现的问题,通知省级承办机构或申请人补充相关材料,必要时组织现场核查。

④按照审查分工完成认证材料的复审工作,并按规定要求填写《无公害农产品认证报告》。

⑤及时将认证申请审查情况和《无公害农产品认证报告》以"报审单"形式报中心审核处。

(四)中心终审及颁证

中心接受专业认证分中心报送的"报审单"和《无公害农产品认证报告》等材料后,根据专业认证分中心审查推荐情况,组织召开无公害农产品认证评审专家会对材料进行终审。

①符合颁证条件的,由中心主任签发《无公害农产品认证证书》,并核发认证标志;

②不符合颁证条件的,中心书面通知相应的分中心、省级承办机构和申请人。

《无公害农产品认证证书》有效期为3年,期满后需要继续使用的,证书持有人应当在有效期满前90日内按照本程序重新办理。

思考题

1.无公害鸡蛋的质量标准是什么?

2.无公害鸡蛋生产中投入品如何控制?

3.无公害鸡蛋质检有哪些要求?

第十一章

绿色产品——鸡蛋生产技术

导　　读　绿色食品产自优良环境,按照规定的技术规范生产,并使用专用标志的食用农产品及加工品,分为 AA 级和 A 级。生产技术操作规程符合环境质量标准、生产技术标准、产品质量标准、包装储运准则等要求。

随着我国人民生活水平的不断提高和农产品准入制度的实行,家禽生产标准化、清洁化问题凸显出来。一方面,人们为了身体健康,减少"病从口入",崇尚绿色、自然食品,生产安全、优质、健康的禽肉、蛋乃大势所趋;另一方面,欧、美、日等组织和国家早就实行农产品市场准入制度,无公害农产品成了进入市场的最低门槛。在国内,北京、上海已在全国率先实行了食用农产品质量安全市场准入制度。生产无公害畜产品和减少畜牧业对环境的污染越来越引起世界各国的重视。解决畜禽产品的安全性和畜牧业生产对环境的污染问题已成为全球的共同呼声和重要课题。无公害食品是发达国家最低标准的食品,今后将向"绿色"食品方向发展,目前生产"绿色"畜禽产品已成为畜牧业可持续发展的最迫切问题。

第一节　概念

　　"绿色食品"是指产自优良环境,按照规定的技术规范生产,实行全程质量控制,无污染、安全、优质并使用专用标志的食用农产品及加工品。之所以称为"绿色",是因为自然资源和生态环境是食品生产的基本条件,由于与生命、资源、环境保护相关的事物国际上通常冠之以"绿色",为了突出这类食品出自良好的生态环境,并能给人们带来旺盛的生命活力,因此将其定名为"绿色食品"。

　　发展绿色食品必须遵循可持续发展的原则。从保护、改善生态环境入手,以开发无污染食品为突破口,将保护环境、发展经济、增进人们健康紧密地结合起来,促成环境、资源、经济、社会发展的良性循环。

　　绿色食品规定的生产技术规范是指按照标准生产、加工;对产品实施全程质量控制;依法对产品实行标志管理。无污染、安全、优质、营养是绿色食品的特征。无污染是指在绿色食品生产、加工过程中,通过严密监测、控制,防止农药残留、放射性物质、重金属、有害细菌等对食品生产各个环节的污染,以确保绿色食品产品的洁净。绿色食品的优质特性不仅包括产品的外表包装水平高,而且还包括内在质量水准高;产品的内在质量又包括2方面:一是内在品质优良,二是营养价值和卫生安全指标高。

　　为了保证绿色食品产品无污染、安全、优质、营养的特性,开发绿色食品有一套较为完整的质量标准体系。绿色食品标准包括产地环境质量标准、生产技术标准、产品质量和卫生标准、包装标准、储藏和运输标准以及其他相关标准,它们构成了绿色食品完整的质量控制标准体系。

　　为了与一般的普通食品区别开,绿色食品由统一的标志来标识。绿色食品标志由特定的图形来表示。绿色食品标志图形由3部分构成:上方的太阳、下方的叶片和蓓蕾。标志图形为正圆形,意为保护、安全。整个图形描绘了明媚阳光照耀下的和谐生机,告诉人们绿色食品是出自纯净、良好生态环境的安全、无污染食品,能给人们带来蓬勃的生命力。绿色食品标志还提醒人们要保护环境和防止污染,通过改善人与环境的关系,创造自然界新的和谐。

绿色食品标志管理的手段包括技术手段和法律手段。技术手段是指按照绿色食品标准体系对绿色食品产地环境、生产过程及产品质量进行认证,只有符合绿色食品标准的企业和产品才能使用绿色食品标志商标。法律手段是指对使用绿色食品标志的企业和产品实行商标管理。绿色食品标志商标已由中国绿色食品发展中心在国家工商行政管理局注册,专用权受《中华人民共和国商标法》保护。

第二节　绿色食品——鸡蛋标准

绿色食品系指在生态环境质量符合规定标准的产地生产,生产过程允许限量使用限定的化学合成物质,按特定生产操作规程生产、加工,产品质量及包装经检测、检查符合特定标准,并经中国绿色食品标志的产品。

绿色食品的认证标准如下:①产品或产品原料产地必须符合绿色食品的生态环境标准,限制产品生产过程中使用化学肥料、农药和其他化学物质;②畜禽饲养必须符合绿色食品的生产操作规程;③产品必须符合绿色食品质量和卫生标准;④产品外包装必须符合国家食品标签通用标准,符合绿色食品特定的包装、装潢和标签规定。绿色食品标准体系结构框架见图11-1。

绿色食品——鸡蛋质量标准有以下几点:①鸡蛋应来自非疫病区、健康、无病鸡群。鸡的饲养环境、饲料及饲料添加剂、兽药、饲养管理应分别符合《绿色食品产地环境技术条件》、《绿色食品饲料和饲料添加剂》、《绿色食品兽药使用准则》和《绿色食品动物卫生准则》的要求。

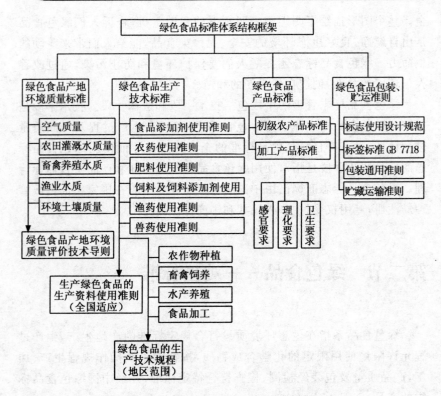

图 11-1　绿色食品标准体系结构框架

②鲜蛋应按《绿色食品蛋与蛋制品》的要求,经检疫、检验合格后,进行包装。蛋制品按《绿色食品蛋与蛋制品》的要求,进行加工生产、包装。

一、感官指标

感官要求应符合以下规定:鲜蛋蛋壳清洁完整,灯光透视时,整个蛋呈橘黄色至橙红色,蛋黄不见或略见阴影。打开后蛋黄凸起、完整、有韧性,蛋白澄清、透明、稀稠分明,无异味,破次率≤7%,劣蛋率≤1%。

二、卫生指标

卫生指标应符合表 11-1 的规定。

表 11-1 卫生指标　　　　毫克/千克

项目	指标
汞(以 Hg 计)	≤0.03
铅(以 Pb 计)	≤0.1
砷(以 As 计)	≤0.5
镉(以 Cd 计)	≤0.05
氟(以 F 计)	≤1.0
铜(以 Cu 计)	≤5
锌(以 Zn 计)	≤20
铬(以 Cr 计)	≤1.0
六六六	≤0.05
滴滴涕	≤0.05
四环素	≤0.2
金霉素	≤0.2
土霉素	≤0.1
呋喃唑酮	≤0.01
磺胺类(以磺胺类总量计)	≤0.1

三、微生物指标

微生物指标应符合表 11-2 的规定。

表 11-2 微生物指标

项目	指标
菌落总数/(cfu/克)	≤5×10⁴
大肠菌群/(MPN/100 克)	<100
沙门氏菌	不得检出

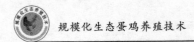

续表 11-2

项目	指标
志贺氏菌	不得检出
金黄色葡萄球菌	不得检出
溶血性链球菌	不得检出

第三节　绿色食品——鸡蛋生产技术

绿色食品鸡蛋的产地环境的外界环境内容十分广泛,概括起来可以分为自然环境和人为环境两大类。构成自然环境的物质种类很多,主要有空气、水、土壤、太阳辐射、动物、植物、微生物等。这些都是鸡赖以生存的物质基础。自然环境按其主要的组成要素可再分为大气环境、水环境、土壤地质环境、生物环境等;鸡的人为环境包括养鸡场建筑物与设备、饲养管理条件、选育方法、以至人的风俗习惯等。

绿色食品生产基地应选择在无污染和生态条件良好的地区。基地选点应远离工矿区和公路铁路干线,避开工业和城市污染源的影响,同时绿色食品生产基地应具有可持续的生产能力。

一、空气环境质量要求

绿色食品产地空气中各项污染物含量不应超过表 11-3 所列的浓度值。

表 11-3　空气中各项污染物的浓度限值表

项目	浓度限值	
	日平均	1 小时平均
总悬浮颗粒物(TSP)(标准状态)/(毫克/米³)	≤0.3	—

续表 11-3

项目	浓度限值	
	日平均	1 小时平均
二氧化硫（SO_2）（标准状态）/（毫克/米^3）	≤0.15	0.5
二氧化氮（NO_2）（标准状态）/（毫克/米^3）	≤0.12	0.24
氟化物（F）（标准状态） /（微克/米^3）	≤ 7	20
/（微克/（分米^2·天））	1.8	

注：①日平均指任何一日的平均指标。②1 小时平均指任何 1 小时的平均指标。③连续采样 3 天，一天 3 次，晨、午和夕各 1 次。④氟化物采样可用动力采样滤膜法或用石灰滤纸挂片法，分别按各自规定的指标执行，石灰滤纸挂片法挂置 7 天。

二、绿色食品产地畜禽养殖用水的要求

绿色食品产地畜禽养殖用水中各项污染物不应超过表 11-4 所列的标准值。

表 11-4 畜禽养殖用水各项污染物的指标要求

项目	标准值
色度	15 度，并不得呈现其他异色
混浊度	3 度
臭和味	不得有异臭、异味
肉眼可见物	不得含有
pH 值	6.5～8.5
氟化物/（毫克/升）	≤1.0
氰化物/（毫克/升）	≤0.05
总砷/（毫克/升）	≤0.05
总汞/（毫克/升）	≤0.001
总镉/（毫克/升）	≤0.01
六价铬/（毫克/升）	≤0.05
总铅/（毫克/升）	≤0.05
细菌总数/（个/毫升）	≤100
总大肠菌群/（个/升）	≤3

三、投入品

(一)饲料必须来源于绿色作物生产基地

饲料生产中普遍存在其原料来源广而杂、原料的污染和农药残留难以控制的问题。绿色食品的生产要求饲料必须有固定的原料产地,而产地必须是绿色作物生产基地。绿色食品生产者应按《绿色食品饲料及饲料添加剂使用原则》供给动物充足的营养。

(二)兽药使用应严格按《中华人民共和国动物防疫法》的规定防止畜禽发病和死亡,力争不用或少用药物

畜禽疾病以预防为主,建立严格的生物安全体系。必要时,进行预防、治疗和诊断疾病所用的兽药必须符合《中华人民共和国兽药典》、《兽药质量标准》、《兽用生物制品质量标准》和《进口兽药质量标准》有关规定。所用兽药必须来自具有生产许可证的生产企业,并且具有企业、行业或国家标准,产品批准文号;或者具有《进口兽药登记许可证》,符合《绿色食品兽药使用准则》。所用兽药的标签必须遵守兽药标签和使用说明书管理规定。使用兽药时还应遵循以下原则。

1)优先使用绿色食品生产资料的兽药产品。

2)允许使用消毒防腐剂对饲养环境、厩舍和器具进行消毒,但不准对动物直接施用。不能使用酚类消毒剂。

3)允许使用疫苗预防动物疾病。但是活疫苗应无外源病原污染,灭活疫苗的佐剂未被动物完全吸收前,该动物产品不能作为绿色食品。

4)允许使用钙、磷、硒、钾等补充药,酸碱平衡药,体液补充药,电解质补充药,营养药,血容量补充药,抗贫血药,维生素类药,吸附药,泻药,润滑剂,酸化剂,局部止血药,收敛药和助消化药。

5)允许使用表11-5中的抗寄生虫药和抗菌药,使用中应注意以下几点:①严格遵守规定的作用与用途、使用对象、使用途径、使用剂量、

疗程和注意事项。②必须遵守停药期。

6)建立并保持患病动物的治疗记录,包括患病家畜的畜号或其他标志、发病时间及症状、治疗用药的经过、治疗时间、疗程、所用药物的商品名称及主要成分。

7)禁止使用有致畸、致癌、致突变作用的兽药。

8)禁止在饲料中添加兽药。

9)禁止使用激素类药品。

10)禁止使用安眠镇静药、中枢兴奋药、镇痛药、解热镇痛药、麻酸药、肌肉松弛药、化学保定药、巴比妥类药等用于调节神经系统机能的兽药。

11)禁止使用基因工程兽药。

表 11-5 生产绿色食品允许使用的抗寄生虫和抗菌化学药品和抗生素

药名	剂型	途径	动物	剂量	停药期
Diclazuril 地克珠利/(毫克/升)	溶液	饮水	鸡	0.5～1	5 天
Erythromycin 红霉素/(毫克/升)	硫氰酸盐粉剂	饮水	鸡	125	5 天,产蛋禁用
Lincomycin 林可霉素/(毫克/千克)	片剂	口服	鸡	10	5 天,产蛋禁用
Neomycin 新霉素/(毫克/升)	可溶粉	饮水	禽	50～75	5 天,产蛋禁用
Spectinomycin/(克/升)	可溶粉	饮水	鸡	1	5 天,产蛋禁用
大观霉素/(克/升)	可溶粉(＋林可)	饮水	鸡	0.5～0.8	5 天,产蛋禁用
Tylosin/(毫克/升)	可溶粉	饮水	鸡	500	1 天,产蛋禁用
泰乐菌素/(毫克/千克)	酒石酸注射剂	皮下,肌肉	禽	5～13	14 天

四、卫生防疫

①制定确实可行兽医卫生防疫制度,严格落实。保持鸡场环境和鸡舍的清洁卫生,做好各个环节的消毒工作,消灭病源切断传播途径。饲养管理人员每年要定期进行健康检查,取得《健康证》后上岗。养鸡场内禁止饲养其他禽类或观赏鸟等动物,以防止交叉感染。

②免疫接种

鸡场应依照《中华人民共和国动物防疫法》及其配套法规的要求,充分结合本地疫情调查和鸡场疫源调查结果,制定科学的符合本场实际的免疫程序。严格按规定程序、使用方法和要求等做好鸡群的免疫接种工作。免疫用具在免疫前后彻底消毒。免疫结束后,工作人员还要将使用疫苗的名称、类型、生产厂商、产品序号等相关资料记入管理日志中备查。

③疫病检测。参照第十章执行。

五、质检

①建立质检组,质检员要具有农业部颁发的内检员证。质检组从事全过程的质量管理工作,建立生产、销售各环节操作规程和全程质量监控记录,各环节间建立质量资料的流转制度,向销售点提供鸡蛋来源及质量监控、检测的数据资料,销售企业向饲养场反馈有关质量检测情况,及时发现和解决有关质量问题。

②鸡蛋入库后,集中净化分级处理消毒后,鸡场质检组技术人员要对每批鲜蛋随机取样,进行质量抽检,对检验合格的出具场方质检证明,随货流通。不合格的,集中销毁,严禁出场销售。

六、包装运输销售

①上市鸡蛋在蛋壳上用可食用墨喷码(标明品牌名称、出厂日期、生产禽场、禽舍代号),再用一次性纸蛋盘或塑料盘盛放,包装材料符合相应的国家食品卫生标准,内包装(销售包装)标志应符合《食品标签通用标准》《GB 7718》的规定,外包装的标志应按《包装储运图示标志》(GB 191)和《运输包装收发货标志》(GB/T 6388)的规定执行。盛放鸡蛋的用具使用前应经过消毒。

②运送鸡蛋的车辆应使用符合食品卫生要求的专用冷藏车或封闭货车,不得让鸡蛋暴露在空气中进行运输。车辆事先要用消毒液彻底消毒。运输鸡蛋应使用的,不得与有对产品发生不良影响的物品混装。

③销售管理。建立详细的销售台账,建立质量追溯体系。

七、病、死鸡处理、废弃物处理

参照第十章执行。

八、记录

鸡场内要建立完善相应的档案记录制度,对鸡场的进雏日期、进雏数量、来源,生产性能,饲养员,每日的生产记录,如日期、日龄、死亡数、死亡原因、存笼数、温度、湿度、防检疫、免疫、消毒、用药,饲料及添加剂名称,喂料量,鸡群健康状况,产蛋日期、数量、质量、出售日期、数量和购买单位等全程情况详细记录,记录要统一存档保存3年以上。

第四节 绿色食品认证

一、绿色食品认证申请人资格

按照《绿色食品标志管理办法》第 5 条中规定:"凡具有绿色食品生产条件的单位和个人均可作为绿色食品标志使用权的申请人"。为了进一步规范管理,对标志申请人条件具体做了如下规定:①申请人必须要能控制产品生产过程,落实绿色食品生产操作规程,确保产品质量符合绿色食品标准要求;②申报企业要具有一定规模,能承担绿色食品标志使用费;③乡、镇以下从事生产管理、服务的企业作为申请人,必须要有生产基地,并直接组织生产;乡、镇以上的经营、服务企业必须要有隶属于本企业,稳定的生产基地;④申报加工产品企业的生产经营须 1年以上。

二、绿色食品认证程序

绿色食品认证程序简述如下。

(一)认证申请

申请人向中国绿色食品发展中心(以下简称中心)及其所在省(自治区、直辖市)绿色食品办公室、绿色食品发展中心(以下简称省绿办)领取《绿色食品标志使用申请书》、《企业及生产情况调查表》及有关资料,或从中心网站(网址:www. greenfood. org. cn)下载。申请人填写并向所在省绿办递交《绿色食品标志使用申请书》、《企业及生产情况调查表》及以下材料:①保证执行绿色食品标准和规范的声明;②生产操作规程(种植规程、养殖规程、加工规程);③公司对"基地＋农户"的质量控制体系(合同、基地图、基地和农户清单、管理制度);④产品执行标准;⑤产品注册商标文本(复印件);⑥企业营业执照(复印件);⑦企业质量管理手册;⑧要求提供的其他材料(通过体系认证的,附证书复印件)。

(二)受理及文审

省绿办收到上述申请材料后,进行登记、编号,5 个工作日内完成对申请认证材料的审查工作,并向申请人发出《文审意见通知单》,同时抄送中心认证处。申请认证材料不齐全的,要求申请人收到《文审意见通知单》后 10 个工作日提交补充材料。申请认证材料不合格的,通知申请人,本生长周期不再受理其申请。

(三)现场检查、产品抽样

省绿办应在《文审意见通知单》中明确现场检查计划,并在计划得到申请人确认后委派 2 名或 2 名以上检查员进行现场检查。检查员根据《绿色食品 检查员工作手册》(试行)和《绿色食品产地环境质量现状调查技术规范》(试行)中规定的有关项目进行逐项检查。每位检查员单独填写现场检查表和检查意见。现场检查和环境质量现状调查工作在 5 个工作日内完成,完成后 5 个工作日内向省绿办递交现场检查评估报告和环境质量现状调查报告及有关调查资料。

现场检查合格,可以安排产品抽样。凡申请人提供了近一年内绿色食品定点产品监测机构出具的产品质量检测报告,并经检查员确认,符合绿色食品产品检测项目和质量要求的,免产品抽样检测。现场检查合格,需要抽样检测的产品安排产品抽样:①当时可以抽到适抽产品的,检查员依据《绿色食品产品抽样技术规范》进行产品抽样,并填写《绿色食品产品抽样单》,同时将抽样单抄送中心认证处。特殊产品(如动物性产品等)另行规定。②当时无适抽产品的,检查员与申请人当场确定抽样计划,同时将抽样计划抄送中心认证处。③申请人将样品、产品执行标准、《绿色食品产品抽样单》和检测费寄送绿色食品定点产品监测机构。现场检查不合格,不安排产品抽样。

(四)环境监测

绿色食品产地环境质量现状调查由检查员在现场检查时同步完成。经调查确认,产地环境质量符合《绿色食品产地环境质量现状调查技术规范》规定的免测条件,免做环境监测。根据《绿色食品产地环境质量现状调查技术规范》的有关规定,经调查确认,必要进行环境监测的,省绿办自收到调查报告2个工作日内以书面形式通知绿色食品定点环境监测机构进行环境监测,同时将通知单抄送中心认证处。定点环境监测机构收到通知单后,40个工作日内出具环境监测报告,连同填写的《绿色食品环境监测情况表》,直接报送中心认证处,同时抄送省绿办。

(五)产品检测

绿色食品定点产品监测机构自收到样品、产品执行标准、《绿色食品产品抽样单》、检测费后,20个工作日内完成检测工作,出具产品检测报告,连同填写的《绿色食品产品检测情况表》,报送中心认证处,同时抄送省绿办。

(六)认证审核

省绿办收到检查员现场检查评估报告和环境质量现状调查报告后,3个工作日内签署审查意见,并将认证申请材料、检查员现场检查评估报告、环境质量现状调查报告及《省绿办绿色食品认证情况表》等材料报送中心认证处。中心认证处收到省绿办报送材料、环境监测报告、产品检测报告及申请人直接寄送的《申请绿色食品认证基本情况调查表》后,进行登记、编号,在确认收到最后一份材料后2个工作日内下发受理通知书,书面通知申请人,并抄送省绿办。中心认证处组织审查人员及有关专家对上述材料进行审核,20个工作日内做出审核结论。

①审核结论为"有疑问，需现场检查"的，中心认证处在2个工作日内完成现场检查计划，书面通知申请人，并抄送省绿办。得到申请人确认后，5个工作日内派检查员再次进行现场检查。

②审核结论为"材料不完整或需要补充说明"的，中心认证处向申请人发送《绿色食品认证审核通知单》，同时抄送省绿办。申请人需在20个工作日内将补充材料报送中心认证处，并抄送省绿办。

③审核结论为"合格"或"不合格"的，中心认证处将认证材料、认证审核意见报送绿色食品评审委员会。

(七)认证评审

绿色食品评审委员会自收到认证材料、认证处审核意见后10个工作日内进行全面评审，并做出认证终审结论。认证终审结论分为2种情况：①认证合格。②认证不合格。结论为"认证不合格"，评审委员会秘书处在做出终审结论2个工作日内，将《认证结论通知单》发送申请人，并抄送省绿办。本生产周期不再受理其申请。

(八)颁证

中心在5个工作日内将办证的有关文件寄送"认证合格"申请人，并抄送省绿办。申请人在60个工作日内与中心签订《绿色食品标志商标使用许可合同》。中心主任签发证书。

思考题

1. 绿色食品的概念是什么？

2. 绿色食品生产有哪些标准？

3. 实行全程质量控制涵盖哪些方面？

第十二章

有机食品——鸡蛋生产

导　　读　随着生活水平的提高,人们越来越关注健康问题,频频出现的食品安全危机也让人们更加不安,选择安全又有营养的食品成为关注的焦点。随着消费者健康和环保意识日渐增强,全球有机产品销量持续增长,发展中国家的有机农业已经呈现出快速增长的态势,在有些发达国家,其市场份额已达到 5%～10%。

第一节　概念

有机食品已经成为一类比较成熟的安全食品,成为国际上通行的环保生态食品,受到广大消费者的欢迎,并得到了政府部门的高度重视。目前,已在全球范围内掀起高潮,全球许多国家已调整有机产业发展的比例,积极扶持有机产品企业。从源头防止农产品污染,建立统一规范的农产品质量安全标准体系,开展农产品和食品认证工作也成为各级政府大力推进的一项重要工作。

有机食品在不同的语言中有不同的名称,国外最普遍的叫法是"Orgacic Food",在其他语种中也有称生态食品、自然食品等。联合国粮农和世界卫生组织(FAO/WHO)的食品法典委员会(CODEX)将这类称谓各异但内涵实质基本相同的食品统称为"Organic Food",中文译为"有机食品"。有机食品不同于"无公害食品"和"绿色食品"。

所谓有机食品指在生态环境质量符合规定标准的产地生产,生产过程中基本不使用化学合成物质,按特定的生产操作规程生产、加工,产品质量及包装经检测、检查符合特定标准,并经中国绿色食品发展中心认定,许可使用有机食品标志的产品。

有机农业的特征是:①不使用人工合成物质如化学农药、化肥、生长调节剂、饲料添加剂;②生产遵循自然规律,与自然保持和谐一致,采用一系列与生态和环境友好的技术,维持一种可持续稳定发展的农业生产过程;③不采用基因工程获得的生物及其产物。在具备这些特征的农业体系中生产出来的产品才可以申请有机产品认证。

有机食品标志采用人手和叶片为创意元素。我们可以感觉到2种景象:其一是一只手向上持着一片绿叶,寓意人类对自然和生命的渴望;其二是2只手一上一下握在一起,将绿叶拟人化为自然的手,寓意人类的生存离不开大自然的呵护,人与自然需要和谐美好的生存关系。有机食品概念的提出正是这种理念的实际应用。人类的食物从自然中获取,人类的活动应尊重自然的规律,这样才能创造一个良好的可持续的发展空间。

第二节　有机食品——鸡蛋质量标准

有机食品一鸡蛋中各种化学合成农药及药物均不得检出,其他指标应达到农业部绿色食品——鸡蛋行业标准。

家禽生产需经过转换期后,方可作为有机产品出售。转换期(conversion)是从按照有机产品标准开始管理至生产单元和产品获得有机认证之间的时段。蛋用家禽为6周。

在同一场中,同时生产相同或难以区分的有机、有机转换或常规产品的情况,称之为平行生产。如果一个养殖场同时以有机方式及非有机方式养殖同一品种或难以区分的畜禽品种,则应满足下列条件,其有机养殖的畜禽才可以作为有机产品销售:①有机畜禽和非有机畜禽的圈栏、运动场地和牧场完全分开,或者有机畜禽和非有机畜禽是易于区分的品种;②贮存饲料的仓库或区域分开并设置了明显标记;③保留了有机畜禽和非有机畜禽的分群、饲喂、治疗等详细记录;④有机畜禽不能接触非有机饲料和禁用物质的贮藏区域。

第三节　有机食品——鸡蛋生产技术要点

有机食品——鸡蛋的生产是一项系统工程,饲养环境、投入品、质量管理均有严格的要求,只有严格控制各个环节,才能生产出合格的有机鸡蛋。

一、饲养条件

（一）畜禽的饲养环境（圈舍、围栏等）必须满足下列条件，以适应畜禽的生理和行为需要

①足够的活动空间和时间；鸡只运动场地可以有部分遮蔽。

②空气流通，自然光照充足，但应避免过度的太阳照射。

③保持适当的温度和湿度，避免受风、雨、雪等侵袭。

④足够的垫料。

⑤足够的饮水和饲料。

⑥不使用对人或鸡只健康明显有害的建筑材料和设备。

（二）畜禽饮用水水质应符合表 12-1 的要求

表 12-1　畜禽饮用水水质要求

项目			标准值	
			畜	禽
感官性状及一般化学指标	色度/°	≤	色度不超过 30	
	浑浊度/°	≤	不超过 20	
	臭和味	≤	不得有异臭、异味	
	肉眼可见物	≤	不得含有	
	总硬度（以 $CaCO_3$ 计）/（毫克/升）	≤	1 500	
	pH	≤	5.5～9	6.8～8.0
	溶解性总固体/（毫克/升）	≤	4 000	2 000
	氯化物（以 Cl^- 计）/（毫克/升）	≤	1 000	250
	硫酸盐（以 SO_4^{2-} 计）/（毫克/升）	≤	500	250
细菌学指标≤	总大肠菌群/个/100 毫升	≤	成年畜 10,幼畜和禽 1	
毒理学指标	氟化物（以 F^- 计）/（毫克/升）	≤	2.0	2.0
	氰化物/（毫克/升）	≤	0.2	0.05
	总砷/（毫克/升）	≤	0.2	0.2
	总汞/（毫克/升）	≤	0.01	0.001

续表 12-1

项目			标准值	
			畜	禽
毒理学指标	铅/(毫克/升)	≤	0.1	0.1
	铬(六价)/(毫克/升)	≤	0.1	0.05
	镉/(毫克/升)	≤	0.05	0.01
	硝酸盐(以 N 计)/(毫克/升)	≤	30	30
	马拉硫磷/(毫克/升)	≤	0.25	
	内吸磷/(毫克/升)	≤	0.03	
	甲基对硫磷/(毫克/升)	≤	0.02	
	对硫磷/(毫克/升)	≤	0.003	
	乐果/(毫克/升)	≤	0.08	
	林丹/(毫克/升)	≤	0.004	
	百菌清/(毫克/升)	≤	0.01	
	甲萘威/(毫克/升)	≤	0.05	
	2,4-D/(毫克/升)	≤	0.1	

二、引种

1)应引入有机禽。当不能得到有机禽时,允许引入常规禽,但蛋用鸡,不超过 18 周龄。

2)允许引入常规蛋鸡,每年引入的数量不能超过同种成年有机蛋鸡总量的 10%。以下情况,经认证机构许可该比例可以放宽到 40%:①不可预见的严重自然灾害或人为事故;②养殖场规模大幅度扩大;③养殖场发展新的鸡品种。所有引入的常规畜禽必须经过相应的转换期。

3)所有引入的蛋鸡都不能受到转基因生物及其产品的污染,包括涉及基因工程的育种材料、疫苗、兽药、饲料和饲料添加剂等。

三、饲料

1）鸡应以有机饲料饲养。饲料中至少应有 50％来自本养殖场饲料种植基地或本地区有合作关系的有机农场。饲料生产应符合有机作物种植的要求。

2）在养殖场实行有机管理的第一年，本养殖场饲料种植基地按照本标准要求生产的饲料可以作为有机饲料饲喂本养殖场的畜禽，但不能作为有机饲料出售。

3）当有机饲料供应短缺时，允许购买常规饲料。但每种动物的常规饲料消费量在全年消费量中所占比例不得超过 15％（以干物质计）。畜禽日粮中常规饲料的比例不得超过总量的 25％（以干物质计）。出现不可预见的严重自然灾害或人为事故时，允许在一定时间期限内饲喂超过以上比例的常规饲料。饲喂常规饲料须事先获得认证机构的许可，并详细记录饲喂情况。

4）家禽的日粮中必须配以粗饲料、青饲料或青贮饲料。

5）配合饲料中的主要农业源配料都必须获得有机认证。

6）在生产饲料、饲料配料、饲料添加剂时均不得使用转基因生物或其产品。

7）禁止使用以下方法和产品：①给畜禽饲喂同科动物及其制品；②未经加工或经过加工的任何形式的动物粪便；③经化学溶剂提取的或添加了化学合成物质的饲料。

四、饲料添加剂

1）使用的饲料添加剂应在农业部发布的饲料添加剂品种目录中。

2）允许使用氧化镁、绿砂等天然矿物和微量元素。

3）添加的维生素应来自发芽的粮食、鱼肝油、酿酒用酵母或其他天然物质。

4)禁止使用以下产品:①化学合成的生长促进剂(用于促进生长的抗生素、激素和微量元素);②化学合成的开胃剂;③防腐剂(作为加工助剂时例外);④化学合成的色素;⑤非蛋白氮(尿素);⑥化学提纯的氨基酸;⑦转基因生物或其产品。

五、饲养管理

1)保护动物的健康和福利,有机养殖强调尊重动物的个性特征,禁止断喙、断趾、强制换羽。繁殖提倡自然繁殖,但允许采用人工授精。

2)养殖全过程科学管理,充分利用动物自身的生存能力和遗传优势,避免应激。

3)对于放养鸡,只有在放牧草场转换至少12个月,且已满足畜牧生产标准一定时间后,该鸡场生产的鸡蛋才能按"有机产品"出售。

4)饲养蛋禽允许用人工照明来延长光照时间,但每天的总光照时间不得超过16小时。

5)应使所有鸡都应在适当的季节到户外自由运动。但以下情况允许例外:①特殊的鸡舍结构使得畜禽暂时无法在户外运动,但应限期改进;②圈养比放牧更有利于土地资源的持续利用。

6)应采取必要的保护措施,避免鸡只遭受野生捕食动物的伤害。

7)禁止强迫喂食。

六、疾病防治

(一)有机鸡群疾病预防

有机鸡群疾病预防应依据以下原则进行:①根据地区特点选择适应性强、抗性强的品种;②根据鸡群需要,采用轮牧、提供优质饲料及合适的运动等饲养管理方法,增强鸡群的非特异性免疫力;③确定合理的鸡群饲养密度,防止鸡群密度过大导致的健康问题。

（二）免疫接种

鸡场应依照《中华人民共和国动物防疫法》及其配套法规的要求，充分结合本地疫情调查和鸡场疫源调查结果，制定科学的符合本场实际的免疫程序，当鸡场有发生某种疾病的危险而又不能用其他方法控制时，允许紧急预防接种（为了促使母源体抗体物质的产生而采取的接种）。但接种的疫苗不能是转基因疫苗。

（三）禁止使用抗生素或化学合成的兽药对鸡只进行预防性治疗

可以采用中兽医、针灸、植物源制剂和顺势疗法等自然疗法医治鸡只疾病。当采用多种预防措施仍无法控制鸡只疾病或伤痛时，允许在兽医的指导下对患病鸡只使用常规兽药，但必须经过该药物的停药期的 2 倍时间（如果 2 倍停药期不足 48 小时，则必须达到 48 小时）之后，鸡蛋才能作为有机产品出售。

禁止为了刺激畜禽生长而使用抗生素、化学合成的抗寄生虫药或其他生长促进剂。禁止使用激素控制畜禽的生殖行为（诱导发情、同期发情、超数排卵等）。但激素可在兽医监督下用于对个别动物进行疾病治疗。必须对疾病诊断结果、所用药物名称、剂量、给药方式、给药时间、疗程、护理方法、停药期进行记录。

七、质量管理

（一）应编制和保持有机产品生产、经营质量管理手册

该手册应包括以下内容：①有机产品生产、经营者的简介；②有机产品生产、经营者的经营方针和目标；③管理组织机构图及其相关人员的责任和权限；④有机生产、经营实施计划；⑤内部检查；⑥跟踪审查；⑦记录管理；⑧客户申、投诉的处理。

(二)应配备内部员并通过培训取得资格证书

(三)内部检查

建立内部质检制度,以保证有机生产、管理体系及生产过程符合GB/T 19630.1~GB/T 19630.4 的要求。对本企业的质量管理体系进行检查,并对违反本部分的内容提出修改意见;配合认证机构的检查和认证;向认证机构提供内部检查报告。

八、记录的控制

有机食品—鸡蛋生产应建立并保护记录。记录应清晰准确,并为有机生产活动提供有效证据。记录至少保存5年,并应包括但不限于以下内容。

①鸡群养殖历史记录及最后一次使用禁用物质的时间及使用量。

②种鸡繁殖材料的种类、来源、数量等信息。

③对养鸡场要有完整的存栏登记表。其中包括所有进入该场鸡只的详细信息(品种、产地、数量、进入日期等)。

④养鸡场要记录所有兽药的使用情况,包括:购入日期和供货商;产品名称、有效成分及采购数量;被治疗动物的识别方法;治疗数目、诊断内容和用药剂量;治疗起始日期和管理方法;销售鸡蛋的最早日期。

⑤养鸡场要登记所有饲料的详情,包括种类、成分和其来源等。

九、建立质量追踪体系

为保证有机生产完整性,应建立完善的追踪系统,保存能追溯实际生产全过程的详细记录以及可跟踪的生产批号系统。

第四节　有机食品鸡蛋的产品认证

有机食品鸡蛋要严格按照 GB/T 19630.1～GB/T 19630.4 的要求生产,经中国绿色食品发展中心认定,准许使用有机食品标志后方可作为有机食品鸡蛋销售。

一、有机食品认证程序

(一)申请

①申请人填写《有机食品认证申请书》和《有机食品认证调查表》,并按《有机食品认证书面资料清单》并按要求准备相关材料。

②申请人向分中心提交《有机食品认证申请书》、《有机食品认证调查表》以及《有机食品认证书面资料清单》要求的文件。

③申请人按《有机产品》国家标准第 4 部分 的要求,建立本企业的质量管理体系、质量保证体系的技术措施和质量信息追踪及处理体系。

(二)文件审核

①分中心将企业申报材料提交给认证中心。

②认证中心对申报材料进行文件审核。

③审核合格,认证中心向企业寄发《受理通知书》、《有机食品认证检查合同》(简称《检查合同》)并同时通知分中心。

④认证中心根据检查时间和认证收费管理细则,制订初步检查计划和估算认证费用。

⑤当审核不合格,认证中心通知申请人且当年不再受理其申请。

⑥申请人确认《受理通知书》后,与认证中心签订《检查合同》。

⑦根据《检查合同》的要求，申请人交纳相关费用，以保证认证前期工作的正常开展。

(三)实地检查

①企业寄回《检查合同》及缴纳相关费用后，认证中心派出有资质的检查员。

②检查员应从认证中心或分中心处取得申请人相关资料，依据本准则的要求，对申请人的质量管理体系、生产过程控制体系、追踪体系以及产地、生产、加工、仓储、运输、贸易等进行实地检查评估。

③必要时，检查员需对土壤、产品抽样，由申请人将样品送指定的质检机构检测。

(四)编写检查报告

①检查员完成检查后，按认证中心要求编写检查报告。

②检查员在检查完成后两周内将检查报告送达认证中心。

(五)综合审查评估意见

①认证中心根据申请人提供的申请表、调查表等相关材料以及检查员的检查报告和样品检验报告等进行综合审查评估，编制颁证评估表。

②提出评估意见并报技术委员会审议。

(六)颁证决定

认证决定人员对申请人的基本情况调查表、检查员的检查报告和认证中心的评估意见等材料进行全面审查，作出同意颁证、有条件颁证、有机转换颁证或拒绝颁证的决定。证书有效期为1年。当申请项目较为复杂(养殖、渔业、加工等项目)时，或在一段时间内(6个月)，召开技术委员会工作会议，对相应项目作出认证决定。

①同意颁证。申请内容完全符合有机食品标准，颁发有机食品

证书。

②有条件颁证。申请内容基本符合有机食品标准，但某些方面尚需改进，在申请人书面承诺按要求进行改进以后，亦可颁发有机食品证书。

③有机转换颁证。申请人的基地进入转换期1年以上，并继续实施有机转换计划，颁发有机转换基地证书。从有机转换基地收获的产品，按照有机方式加工，可作为有机转换产品，即"转换期有机食品"销售。

④拒绝颁证。申请内容达不到有机食品标准要求，技术委员会拒绝颁证，并说明理由。

（七）有机食品标志的使用

根据证书和《有机食品标志使用管理规则》的要求，签订《有机食品标志使用许可合同》，并办理有机食品商标的使用手续。

（八）保持认证

①有机食品认证证书有效期为1年，在新的年度里，COFCC会向获证企业发出《保持认证通知》。

②获证企业在收到《保持认证通知》后，应按照要求提交认证材料、与联系人沟通确定实地检查时间并及时缴纳相关费用。

③保持认证的文件审核、实地检查、综合评审、颁证决定的程序同初次认证。

二、认证流程图

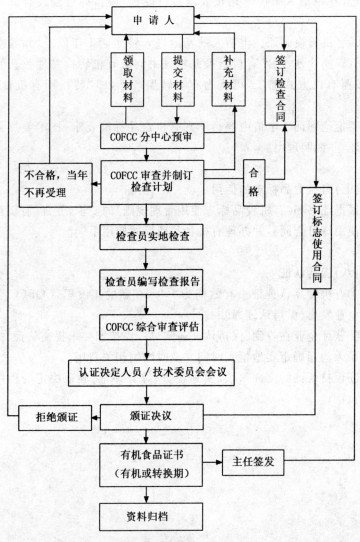

图 12-1　有机食品认证流程图

思考题

1.有机鸡蛋与绿色鸡蛋有什么区别？

2.转换期的概念是什么？蛋用禽的转换期是多长？

3.有机鸡蛋生产对饲料有何要求？

参考文献

[1] 李英,等. 规模化生态放养鸡. 2 版. 北京:中国农业大学出版社. 2010

[2] 王立克,等. 不同品种鸡蛋品质及营养成分比较研究. 畜牧与兽医. 2005,37(7):33-34

[3] 郭春燕,等. 不同品种鸡蛋品质的比较研究. 家禽科学. 2007,2:12-14

[4] 毕英佐. 影响蛋壳质量的因素及改善措施. 中国家禽. 2007,29(4):28-29

[5] 殷若新. 影响鸡蛋品质的因素分析. 家禽科学. 2009,9:20-21

[6] 高素敏,等. 卢氏绿壳鸡蛋的品质评价. 广东农业科学. 2008,6:97-99

[7] 李英,等. 生态放养柴鸡关键技术问答. 北京:金盾出版社,2010

[8] 中华人民共和国农业部. 中华人民共和国农业行业标准——鸡饲养标准.北京:中国标准化出版社.

[9] 佟建明. 蛋鸡无公害综合饲养技术. 北京:中国农业出版社,2003

[10] 林伟. 蛋鸡高效健康养殖关键技术. 北京:化学工业出版社,2009

[11] 高玉鹏,等. 无公害蛋鸡安全生产手册. 北京:中国农业出版社,2008

[12] 傅润亭,等. 无公害蛋鸡标准化生产. 北京:中国农业出版社,2006

[13] 郭强. 现代蛋鸡生产新技术. 北京:中国农业出版社,2005

[14] 臧素敏,等. 蛋鸡无公害标准化养殖技术. 石家庄:河北科学技术出版社,2006

[15] 杨宁. 现代养鸡生产. 北京:中国农业大学出版社,1994

［16］黄仁录. 蛋鸡标准化生产技术. 北京:中国农业大学出版社,2003

［17］杨宁. 家禽生产学. 北京:中国农业出版社,2002

［18］范红结,等. 新编鸡场疾病控制技术. 北京:化学工业出版社,2010

［19］陈杖榴. 兽医药理学. GB/T 19630.1～19630.4－2005 有机产品.北京:中国农业出版社,2002